Moritz Werling
Optimale aktive Fahreingriffe

Weitere empfehlenswerte Titel

Fahrzeugtechnik
D. Schramm et al., 2017
ISBN 978-3-486-71620-7, e-ISBN 978-3-486-85514-2,
e-ISBN (EPUB) 978-3-11-039884-7

Fahrerunterstützung bei Seitenwind
D. Keppler, 2017
ISBN 978-3-11-054011-6, e-ISBN 978-3-11-054205-9,
e-ISBN (EPUB) 978-3-11-054022-2, Set-ISBN 978-3-11-054206-6

Hochleistungsbremsen
C. Oger, 2016
ISBN 978-3-11-047103-8

Automatisierungstechnik
J. Lunze, 2016
ISBN 978-3-11-046557-0, e-ISBN 978-3-11-046562-4,
e-ISBN (EPUB) 978-3-11-046566-2

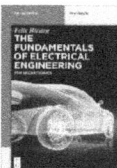

The Fundamentals of Electrical Engineering
F. Hüning, 2015
ISBN 978-3-11-034991-7, e-ISBN 978-3-11-034990-0,
e-ISBN (EPUB) 978-3-11-030840-2

Moritz Werling

Optimale aktive Fahreingriffe

für Sicherheits- und Komfortsysteme in Fahrzeugen

DE GRUYTER
OLDENBOURG

Autor
Dr.-Ing. Moritz Werling
Krumbacherstr. 7
80798 München
Deutschland
Moritz.werling@bmw.de

ISBN 978-3-11-052941-8
e-ISBN (PDF) 978-3-11-053192-3
e-ISBN (EPUB) 978-3-11-052983-8
Set-ISBN 978-3-11-053193-0

Library of Congress Cataloging-in-Publication Data
A CIP catalog record for this book has been applied for at the Library of Congress.

Bibliografische Information der Deutschen Nationalbibliothek
Die Deutsche Nationalbibliothek verzeichnet diese Publikation in der Deutschen
Nationalbibliografie; detaillierte bibliografische Daten sind im Internet über
http://dnb.dnb.de abrufbar.

© 2017 Walter de Gruyter GmbH, Berlin/Boston
Satz: VTeX UAB, Lithuania
Druck und Bindung: CPI books GmbH, Leck
Coverabbildung: Chesky_W/iStock/thinkstock
♾ Gedruckt auf säurefreiem Papier
Printed in Germany

www.degruyter.com

Meiner Familie

Vorwort

Das vorliegende Buch stellt im Wesentlichen meine Habilitationsschrift „Optimale Fahreingriffe für Sicherheits- und Komfortsysteme" dar, eingereicht beim Karlsruher Instituts für Technologie (KIT). Das Habilitationsvorhaben wurde am 1. Juni 2016 erfolgreich abgeschlossen.

Die Inhalte entstanden im Rahmen meiner Tätigkeit als Entwicklungsingenieur in der BMW Forschung und Technik GmbH im wissenschaftlichen Austausch mit dem KIT. Während dieser spannenden fünf Jahre wurde mir die Möglichkeit geboten, an herausfordernden Themenstellungen der Fahrerassistenz und des automatisierten Fahrens zu arbeiten. Für die dabei gewährten zeitlichen und finanziellen Freiheiten, interessante Themenstellungen eigenständig zu identifizieren, theoretisch zu durchdringen, technisch umzusetzen, praktisch zu demonstrieren und schließlich frei zu publizieren, möchte ich mich bei meinen Vorgesetzten ganz herzlich bedanken.

Unvergesslich macht diese Zeit jedoch erst die tägliche Zusammenarbeit mit gleichermaßen begeisterten, kompetenten und hilfsbereiten Kollegen, den Ingenieuren, Technikern, Doktoranden und Studenten. An dieser Stelle seien Dr. Philipp Reinisch, Benjamin Gutjahr, Michael Heidingsfeld, Udo Rietschel, Arne Purschwitz, Dr. Sebastian Gnatzig, Dr. Peter Zahn, Lawrence Louis, Yves Pilat, Dr. Georg Tanzmeister, Martin Friedl, Stefan Galler, Martin Medler, Andreas Lawitzky und Dr. Daniel Althoff genannt.

Auf akademischer Seite gilt mein besonderer Dank Herrn Prof. Dr. habil. Georg Bretthauer, ohne den es nicht zu dieser Arbeit gekommen wäre. Er war nicht nur Hauptgutachter, sondern ein ständiger Motivator, ein aufrichtiger Mentor, ein geschickter Arrangeur und ein gründlicher Korrektor. Weiter danke ich Herrn Prof. Dr. Christoph Stiller für die Übernahme des Korreferats, den regelmäßigen fachlichen Austausch und die tatkräftige Unterstützung bei meiner Vorlesung „Verhaltensgenerierung für Fahrzeuge" an seinem Lehrstuhl. Ebenso spreche ich meinen Dank für die Übernahme des Korreferats Herrn Prof. Dr. Dieter Ammon und Herrn Prof. Dr. Roland Kasper aus.

Auch möchte ich Herrn PD Dr. Lutz Gröll für die gemeinsame Betreuung von Studenten und Doktoranden bedanken sowie für die zurückliegende Wissensvermittlung während meiner Institutstätigkeit, die die Grundlage zu dieser Arbeit darstellt.

Mein Dank gilt auch Herrn Prof. Dr. Matthias Althoff für den wissenschaftlichen Austausch sowie die gründliche Durchsicht der Arbeit und seine wertvollen Anmerkungen.

Zu guter Letzt bedanke ich mich bei meiner Frau Anja für die vielfältige Unterstützung, vor allem für das entgegengebrachte Verständnis hinsichtlich zahlreicher Wochenenden und Urlaubstage, die in die Arbeit geflossen sind.

München, im Juni 2016   *Moritz Werling*

DOI 10.1515/9783110531923-201

Inhalt

1 Einleitung

It has often proved true that the dream of yesterday
is the hope of today and the reality of tomorrow.

Robert Goddard

1.1 Bedeutung und Einordnung

Trotz steigender Benzinpreise ist die Nachfrage nach motorisiertem Individualverkehr ungebrochen [30]. Besonders in den Industrienationen ist seit vielen Jahrzehnten der Pkw als erschwingliches Mobilitätsmittel etabliert, da er seine Insassen bequem und flexibel zum Ziel bringt. Gleichzeitig trübt jedoch das zunehmende Verkehrsaufkommen, vor allem in Ballungsräumen, die Fahrfreude. Denn wenngleich auch der zähfließende Verkehr eine ermüdende Eintönigkeit nach sich zieht, wird dem Fahrer fortwährend eine hohe Konzentrationsfähigkeit abverlangt, sodass er jederzeit in der Lage ist, ein Notmanöver sicher durchzuführen.

Gesteigerte Alltagsbelastungen wie Zeitdruck, Leistungsverdichtung und Informationsflut stellen, insbesondere vor dem Hintergrund einer alternden Gesellschaft [16], die Konzentrationsfähigkeit allerdings permanent auf die Probe [38]. So wundert es nicht, dass nach 20 Jahren stetig sinkender Opferzahlen in 2011 die Summe der Verkehrstoten auf deutschen Straßen erstmalig wieder anstieg [190]. Auch heute sterben hierzulande noch durchschnittlich neun Menschen täglich und es werden mehr als 180 schwer verletzt.

Ein hohes Potential, die Unfallzahlen zukünftig weiter zu reduzieren, wird der Unterstützung des Fahrers durch neue elektronische Zusatzeinrichtungen zugesprochen, den modernen Fahrerassistenzsystemen [17, 48, 141, 218] (FAS, engl. advanced driver assistance systems, ADAS). So können bereits heute in Serie befindliche Notbremsassistenten überschlägig eine 28-prozentige Reduktion schwerer Unfälle mit Personenschaden vorweisen [70]. Bei Lkw wird gar die Wirkung eines Spurhalteassistenten auf 49 Prozent weniger Unfälle durch Spurverlassen auf Autobahnen beziffert [4].

Ungeachtet der Zahlen tritt beim emotionsgeprägten Autokauf allerdings häufig die Bequemlichkeit in den Vordergrund. Die seit einigen Jahren verfügbaren Komfortsysteme wie Einparkassistent und stop-and-go-fähiger Abstandsregeltempomat erfreuen sich immer größerer Beliebtheit und sind längst ein bedeutendes Differenzierungsmerkmal der Fahrzeughersteller geworden [128]. Dabei subventioniert, als bemerkenswerter Nebeneffekt, die für die Komfortassistenzsysteme erforderliche Umfeldsensorik langfristig die Verkehrssicherheit. Schließlich können die bereits im Fahrzeug befindlichen Radare, Kameras und Laserscanner von den Sicherheitssystemen mit genutzt werden. In ähnlicher Weise leisten auch zukünftige Sicherheitssysteme wiederum ihren Beitrag zur Reduzierung des Fahrzeuggewichts und damit zu einer

DOI 10.1515/9783110531923-001

Effizienzsteigerung, wenn Unfallpräventionssysteme wie der aktive Fußgängerschutz derart verlässlich geworden sind, dass gewichtige passive Sicherheitsmaßnahmen ersetzt werden können.

Das aus technischer Sicht hervorstechendste Merkmal der zuvor aufgeführten Sicherheits- und Komfortassistenzsysteme ist der aktive Fahreingriff. So wird beim Notbremsassistenten zur Beeinflussung der Fahrzeuglängsbewegung automatisch die Bremse betätigt, falls es aufgrund der Reaktionszeit des Fahrers für eine Warnung zu spät ist. Der Parkassistent wiederum steuert die elektromechanische Lenkung an und zirkelt damit selbständig in enge Parklücken.

Noch sind die serienmäßigen Eingriffe entweder auf niedrige Geschwindigkeiten, geringe Intensitäten oder eine kurze Aktivierungsdauer beschränkt. Die nationalen und internationalen Forschungs- und Entwicklungsaktivitäten bei Fahrzeugherstellern und Automobilzulieferern zeugen allerdings vom Bestreben, langfristig über eine rein unterstützende Assistenzfunktion hinaus zu einer Teil-, Hoch- oder gar Vollautomatisierung [27] zu gehen. Das erfordert allerdings die Aufhebung der zuvor aufgeführten Fahreingriffsbeschränkungen, sodass das volle Dynamikpotential des Fahrzeugs ausgeschöpft werden kann.

Die vorliegende Arbeit behandelt die Optimierung und Realisierung dieser aktiven Fahreingriffe sowie deren Zusammenspiel bei der Umsetzung von Sicherheits- und Komfortfunktionen unterschiedlicher Automatisierungsgrade. Im Fokus stehen hierbei ausgewählte mathematische Methoden und Verfahren aus dem Ingenieursbereich (Regelungstechnik) und der Informatik (Robotik), die eine hochgradige Relevanz für die behandelte Thematik aufweisen oder gar bereits erfolgreich in Serien- und Prototypensystemen zur Anwendung gekommen sind. Anhand ebendieser Anwendungen aber auch neuer Funktionen wird die methodische Umsetzung der Verfahren praktisch erläutert, wodurch parallel ein tiefer Einblick in die Herausforderungen aktueller Forschungssysteme gegeben wird.

1.2 Entwicklungsstand

Auch wenn das im Jahr 1940 eingeführte Automatikgetriebe, die seit 1952 verfügbare Servolenkung und der seit 1955 verbaute Bremskraftverstärker bereits in die Fahrzeugquer- und -längsdynamik eingreifen, so hat sich bis heute der Fahrer so an sie gewöhnt, dass ihre Unterstützung gar nicht mehr als Assistenzfunktion wahrgenommen wird. Neuland wurde 1978 mit der Einführung des Antiblockiersystems (ABS) betreten, da erstmalig eine elektronische Zusatzeinrichtung zur Anwendung kam, welche Bremseingriffe im Millisekundenbereich ermöglicht. Dank gesteigerter Rechenleistung der sog. Steuergeräte sind seither eine ganze Reihe weiterer Assistenzfunktionen verfügbar, die beispielweise durch aktive Fahreingriffe das Durchdrehen der Räder beim Anfahren (Antischlupfregelung, ASR), das Schleudern des Fahrzeugs beim Ausweichen und in Kurven (Elektronisches Stabilitätsprogramm, ESP), das ungewollte Zurückrollen am Berg (Hill Hold Control) sowie das zu zaghafte Bremsen in Notsituationen (Bremsassistent) verhindern.

Während sich die zuvor aufgeführten Funktionen mit der Messung bzw. Beobachtung des eigenen Fahrzeugzustands begnügen, gehen Systeme wie der Abstandsregeltempomat (Adaptive Cruise Control, ACC), der Notbremsassistent, der Einparkassistent und der aktive Spurhalteassistent einen Schritt weiter. Mittels Radar-, Kamera- und Ultraschallsensorik macht sich das Fahrzeug ein Bild seiner Umgebung und berechnet entsprechend der umzusetzenden Assistenzfunktion die erforderlichen Fahreingriffe. Um aus Wettbewerbsgründen möglichst früh eine bestimmte Funktion in Serie zu bringen, wurde hierbei in den meisten Fällen kein generelles Regelungskonzept umgesetzt, sondern vielmehr eines, das genau auf ein bestimmtes Standardszenario maßgeschneidert ist. Langfristig geht damit nicht nur ein erhöhter Entwicklungsaufwand der Einzelfunktion einher[1], es steigt auch der Integrationsaufwand für das Gesamtfahrzeug enorm, sodass generelle Fahreingriffskonzepte gesucht werden.

Für fahrerlose Forschungssysteme im Umfeld der DARPA Urban Challenge[2] stellt sich die Situation ganz anders dar. In 2007 demonstrierten die Finalisten des internationalen Wettkampfes eindrucksvoll, s. z.B. [10, 105, 146, 166, 191, 204], wie souverän sich die stimmigen Gesamtkonzepte ihren Weg durch den, wenn auch stilisierten[3], Vorstadtverkehr suchten. Jede weitgehend zufällig zu Tage tretende Verkehrssituation stellte nur einen Sonderfall für die implementierten Universalkonzepte dar. So manövrierte derselbe Algorithmus, der das Fahrzeug zwischen seinesgleichen parkierte, zielstrebig durch große Parkplatzanlagen oder ließ es zügig am Sackgassenende wenden. Seither sorgen die Weiterentwicklungen der selbstfahrenden Automobile, insbesondere auf öffentlichen Straßen und dank neuer Gesetzgebungen im definierten Rechtsumfeld [85], häufig für Schlagzeilen [46, 80, 212].

Weniger davon wachgerüttelt als vielmehr in der ohnehin verfolgten Entwicklungsstrategie bestätigt, arbeitet aktuell die wettbewerbsgeprägte Automobilindustrie fieberhaft daran, die neuen wissenschaftlichen Erkenntnisse aus der Forschung baldmöglichst als kundenwertige Assistenzfunktionen anzubieten. Dabei stellt neben den Kostenaspekten die Anwesenheit des Fahrzeugführers eine große Herausforderung dar. Bei sicherheitskritischen Fahreingriffen will er ja nicht voreilig „unterstützt" werden, sodass das Assistenzsystem häufig die Situation sich weiter zuspitzen lassen muss, bevor es eingreifen darf. Bei den Komfortsystemen hingegen dient er auf absehbare Zeit als Rückfallebene. Da der Mensch aber nur für kurze Zeiträume seine Aufmerksamkeit automatisierten Abläufen schenken kann, um bei Bedarf korri-

---

1 Beispielsweise vergingen nach der Einführung des ersten Parkassistenten viele Jahre bis neben dem Parallel- auch ein Quer-Einparken beherrscht wurde.

2 Von der Defense Advanced Research Projects Agency ausgetragener Wettkampf zur Förderung der Entwicklung autonomer Fahrzeuge.

3 Die Wettkampfregeln klammerten z.B. Fußgänger, Fahrrad- oder Motorradfahrer von vornherein aus.

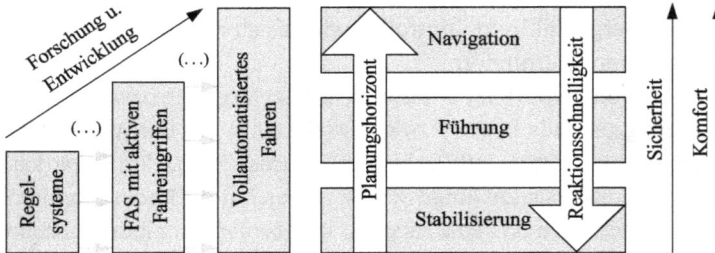

Abb. 1.1: Weiterentwicklungstendenzen aus Sicht aktiver Fahreingriffe dargestellt am Drei-Ebenen-Modell [41].

gierend einzugreifen, muss er mit geeigneten Maßnahmen aktiv in die Regelaufgabe einbezogen werden. Zusätzlich erfolgt der Fahreingriff häufig, insbesondere in den Aktivierungsübergängen, in Kooperation mit dem Fahrzeugführer, sodass viel Entwicklungs- und Applikationsaufwand betrieben werden muss, bis die Systeme auf breite Fahrerakzeptanz stoßen.

Zusammenfassend kann festgehalten werden, dass die Fahrerassistenz auf dem Weg ist, sich von reinen Fahrdynamik-Regelsystemen hin zur Vollautomation zu entwickeln (s. Abb. 1.1 und für eine detaillierte Prognose bspw. [205]). Die Primäraufgabe der aktiven Fahreingriffe verlagert sich damit von der Fahrzeugstabilisierungsebene hin zur sog. Fahrzeugführungsebene, dem neuen Themenfeld moderner Assistenzsysteme, vgl. [42]. Hierbei besteht die große Herausforderung darin, den Fahrzeugführer bedarfsgerecht zu unterstützen, ohne ihn zu bevormunden.

Während die Fahrzeugstabilisierung, vereinfacht gesprochen, von den Ingenieurwissenschaften, und die Fahrzeugnavigation (s. Abb. 1.1) von der Informatik dominiert wird, überlappen sich beide Disziplinen auf der Fahrzeugführungsebene. Grund dafür ist, dass dort das Automobil, ein dynamisches System, dessen zielgerichtete Beeinflussung die Aufgabe der Regelungstechnik ist [60, 136, 202], in Interaktion mit seiner Umgebung tritt, welches das Themengebiet der Robotik darstellt [186, 198]. Generell befasst sich die Regelungstechnik vor allem mit der Stabilität sowie der Robustheit gegenüber Störungen und Modellfehler eines Systems, beides entscheidende Punkte bei der Funktionsabsicherung von Assistenzsystemen. Die Informatik hingegen widmet sich unter anderem der Lösung stark abstrahierter Probleme mit hoher Komplexität, eine ganz wesentliche Domäne für die „Intelligenz" zukünftiger Fahrzeuge [48].

Beide Wissenschaften bedienen sich mathematischer Prinzipien, Methoden und Verfahren, insbesondere aus dem Bereich der Optimierung, die entsprechend der jeweiligen Herangehensweise erfolgreich auf die Fahrzeugführung angewandt wurden. Trotz der thematischen Nähe findet eine direkte Gegenüberstellung, sicherlich erschwert durch die Verwendung unterschiedlicher Fachterminologien, in den seltensten Fällen statt. Gerade aber in einer interdisziplinären Entwicklungsmethodik liegen enorme Chancen, die von Fahrassistenzforschern und -entwicklern genutzt werden sollten, um modernen Sicherheits- und Komfortsystemen zur Serienreife zu verhelfen.

1.3 Ziele und Aufgaben

Das Hauptziel der vorliegenden Arbeit ist, die Problemstellung aktiver Fahreingriffe derart zu beleuchten, dass Forschungs- oder Entwicklungsteams ein verständlicher Methodenapparat an die Hand gegeben wird, der sie dazu befähigt, neue Sicherheits- und Komfortfunktionen systematisch umzusetzen. Im Einzelnen sind hierzu folgende Teilziele zu erarbeiten:
- Darstellung der Führungs- und Stabilisierungsaufgabe aus Fahrersicht sowie Verdeutlichung der Implikationen für moderne Assistenzsysteme (Kapitel 2)
- Übersichtsartige Darstellung der Funktionsweise von Fahrzustands- und Umfelderfassung sowie Aktorik einschließlich ihrer Schnittstellen zum Planungsmodul der Fahreingriffe (Kapitel 2)
- Ableitung eines übergeordneten Fahreingriffskonzepts, welches für typische Assistenzaufgaben das Zusammenspiel von Manöverplanung und -ausführung einheitlich beschreibt (Kapitel 3)
- Veranschaulichung mathematischer Methoden zum Nachweis der Durchführbarkeit und Stabilität von Fahrmanövern (Kapitel 3)
- Systematisierte Darstellung moderner Manöveroptimierungsmethoden, deren Bewertung hinsichtlich Echtzeitanforderungen und Eignung für verschiedene Einsatzbereiche (Kapitel 4 bis 6) sowie Herausarbeitung von Empfehlungen zu ihrer Kombination (Kapitel 7)

Insbesondere wird durch die hierbei behandelte Materie bei der Beantwortung folgender wichtiger Fragen direkt Hilfestellung gegeben oder auf weiterführende Literatur verwiesen:
- Wann und wie muss ein Sicherheitssystem eingreifen? Wie sieht das Zusammenspiel mit dem Fahrer während des Eingriffs aus?
- Wie kann das Fahrzeug über eine seriennahe Sensorik ermitteln, wo es sich befindet oder gerade hinbewegt? Wie ist das Fahrzeugumfeld aus Sicht der Manöverplanung zu repräsentieren?
- Welche Dynamiken und physikalischen Grenzen des Fahrzeugs einschließlich seiner Aktorik gilt es an welcher Stelle im System zu beachten? Was kann vernachlässigt werden?
- Welche Störungen und Parameterschwankungen treten in der Praxis auf und wie können sie effektiv kompensiert werden?
- Wie können Regelziele, -fehler und -stellgrößen vorteilhaft definiert werden und wie sind die Schnittstellen zwischen den Einzelsystemen entsprechend zu gestalten?

– Wie und wo entstehen Rückkopplungen bei der Trajektorienplanung und was muss hierbei beachtet werden?
– Welche Optimierungskriterien gibt es bei der Planung von Fahreingriffen? Wie können Nebenbedingungen wie Kollisionsfreiheit und fahrphysikalische Grenzen berücksichtigt werden?

Die Gliederung und die Inhalte der vorliegenden Arbeit orientieren sich am modellprädiktiven Regelkreis [129], der vereinfacht in der oberen Hälfte von Abb. 1.2 dargestellt ist. Anhand dessen vermittelt Kapitel 2 die Grundlagen aktiver Fahreingriffe. Während im Anschluss die Stabilität und Robustheit des modellprädiktiven Regelkreises umfassend in Kapitel 3 diskutiert wird, erfolgt die Abhandlung der Fahrzeugführungsaufgabe, also die Trajektorienoptimierung, auf mehrere Kapitel verteilt. Die Gliederung orientiert sich dabei an der klassischen Aufteilung der Methoden zur Lösung dynamischer Optimierungsaufgaben in *Dynamische Programmierung, Direkte* und *Indirekte Optimierungsmethoden* (Kapitel 4–6). Sie gewinnen bei der Entwicklung von Fahrerassistenzsystemen der Führungsebene weiter an Bedeutung, sodass ihnen der dreifache Kapitelumfang zuteil wird. Kapitel 7 stellt die wesentlichen Eigenschaften der Optimierungsmethoden gegenüber und gibt ergänzend Empfehlungen zu deren vorteiligen Kombination. Zusätzliche werden dem Neueinsteiger auf dem Gebiet etablierte Handlungshinweisen für die effiziente Erprobung neuer Assistenzfunktionen vermittelt.

Damit gibt die vorliegende Arbeit erstmalig einen systematisierten Überblick zu Methoden, Systemkomponenten sowie deren Verknüpfungen zu Sicherheits- und Komfortsystemen mit aktiven Fahreingriffen. Bei der pädagogischen Themenaufbereitung orientiert sie sich insgesamt an Studenten, Einsteigern und Fortgeschrittenen. Insbesondere bei der Definition der Aufgabenverteilung und dem Zusammenspiel zwischen permanenter Manöveroptimierung und unterlagerter Fahrzeugstabilisierung

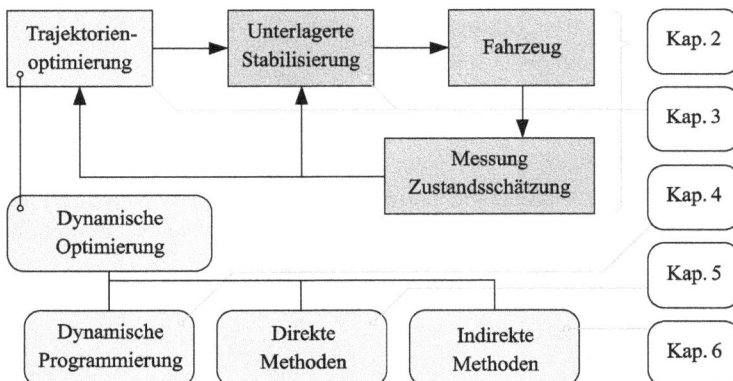

Abb. 1.2: Gliederung der Arbeit dargestellt am modellprädiktiven Regelkreis.

wird wissenschaftliches Neuland betreten. Darüber hinaus werden neue Algorithmen der Fahrzeugstabilisierungs- und der Fahrzeugführungsebene detailliert hergeleitet und anhand realer Fahrversuche und Simulationen validiert, sodass zusätzlich ein tiefer Einblick in den Kern neuer Assistenzsysteme gegeben wird.

2 Problemstellung aktiver Fahreingriffe

Es ist nicht genug, zu wissen, man muss auch anwenden;
es ist nicht genug zu wollen, man muss auch tun.

Johann Wolfgang von Goethe

In vielen automatisierungstechnischen Anwendungen kommen sog. Mehrschicht-bzw. Mehrebenensteuerungen [136] zum Einsatz, die auf dem Prinzip der Dekomposition und Koordination komplexe Aufgabenstellungen[1] lösen [170]. Aufgrund hoher Anforderungen an die Funktionsrobustheit und -qualität stellen Fahrerassistenzsysteme hier keine Ausnahme dar.

Die Unterteilung moderner Assistenzfunktionen in geeignete Hierarchieebenen ist jedoch keinesfalls trivial, da sie immer von Kompromissen begleitet wird. Infolgedessen wird im vorliegenden Kapitel zunächst das menschliche Verhalten in Form eines etablierten Fahrermodells beschrieben und dazu regelungstechnische Parallelen gezogen. Hierbei stellt sich heraus, dass die Trajektorienoptimierung des Fahrmanövers eine zentrale Rolle einnimmt, da sie nicht nur optimale Fahrzeugbewegungen berechnet, sondern auch durch die Rückführung des Fahrzeug-Istzustands eine qualitativ hochwertige Stabilisierung realisiert. Aufgrund von Einschränkungen bei der praktischen Umsetzung aktorischer Eingriffe ist jedoch in jedem Fall die Trajektorienoptimierung mit einer unterlagerten Regelung zu kombinieren, was später genauer erläutert wird.

Der Entwurf und die Umsetzung aktiver Fahreingriffe erfordert generell ein breites Verständnis über die der Fahrerassistenzfunktion zur Verfügung stehenden Schnittstellen zur Aktorik und Sensorik, da erst so das volle Potential bestehender Fahrzeugarchitekturen ausgeschöpft werden kann. Viel wichtiger noch: Sind die grundsätzlichen Zusammenhänge zwischen Eingangs- und Ausgangsdaten verstanden, befähigt das den Entwickler einer Fahrerassistenzfunktion, bei auftauchenden Problemen mit dem jeweiligen Schnittstellenpartner konstruktiv Verbesserungen zu erarbeiten, die das Gesamtsystem auf eine höhere Leistungsebene heben. Aus diesem Grund werden die für die Fahrerassistenzfunktion wichtigsten Aspekte der hinter den etablierten Schnittstellen befindlichen Hardware- und Softwarekomponenten genauer betrachtet. Dabei wird, wann immer möglich, eine zukunftsgerichtete Perspektive eingenommen.

---

[1] Als Beispiel sei eine Ablaufsteuerung genannt, die entsprechend einem optimierten Prozess-Grobschema entworfen wird, sodass in Abhängigkeit des aktuellen Prozessschritts eine gezielte Anpassung der nachgeschalteten Steuer- oder Optimierungsalgorithmen erfolgt. Letztere können dann wiederum nach konkretisierten Maßgaben zwischen verschiedenen Sensoren und Aktoren umschalten.

DOI 10.1515/9783110531923-002

Ausgangsseitig gehören zu den Schnittstellensystemen die elektromechanische Servolenkung, das elektrohydraulische Bremssystem und der Fahrzeugantrieb. Eingangsseitig handelt es sich um das Sensorcluster (bestehend aus Drehraten- und Beschleunigungssensoren), die Geschwindigkeits- und Schwimmwinkelschätzung, die Module der lokalen und globalen Eigenlokalisierung sowie die Fahrzeugumfeld-Erfassung und -Prädiktion.

Abschließend wird im Kapitel die grundsätzliche Herangehensweise bei der Systemaktivierung von Assistenzfunktionen erläutert. Hierzu wird auf das Konzept der sog. *Systemzustände einer unvermeidlichen Kollision* und darauf aufbauende subjektive Kritikalitätsmaße zurückgegriffen.

2.1 Klassifikationsschema der menschlichen Fahraufgabe

2.1.1 Drei-Ebenen-Modell

Entsprechend [42] besteht die übergeordnete Aufgabe des Fahrers darin, das Kraftfahrzeug mit Hilfe von Fahreingriffen unter Berücksichtigung der verfügbaren Information sicher an einen Zielort zu überführen. Eine Unterteilung in hierarchisch verknüpfte Einzelaufgaben kann über das Drei-Ebenen-Modell erfolgen [41], das bereits in der Einleitung in Abb. 1.1 herangezogen wurde und starke Ähnlichkeit mit einem kaskadierten Regelkreis [74] aufweist, s. Abb. 2.1. Hierbei umfasst die **Navigationsaufgabe** die Bestimmung einer optimalen Fahrroute in Abhängigkeit des aktuellen Fahrzeugortes und der momentanen Verkehrslage zu diskreten Zeitpunkten, wie zum Fahrtantritt oder Befund einer Straßensperrung. Die Umsetzung der Fahrroute in konkrete Fahrmanöver ist Aufgabe der nachgeschalteten **Führungsebene**. Sie wählt unter Berücksichtigung der aktuellen Fahrzeugposition und -bewegung sowie des prädizierten Fahrraums unter vielerlei Gesichtspunkten, wie Komfort, Verbrauch und Verkehrssicherheit, das zukünftige Fahrmanöver aus. Dessen Realisierung erfolgt mittels motorischer Eingriffe in Lenkrad und Pedalerie und wird aufgrund der hierbei zu unterdrückenden Störungen als **Stabilisierungsaufgabe** bezeichnet.

Abweichend von der Darstellung des Fahrzeugnormalbetriebs in [42] wird in Abb. 2.1 den besonderen Anforderungen bei kritischen Fahrmanövern wie dem Ausweichen Rechnung getragen. Sie verlangen dem Fahrer auf der Führungsebene nicht nur eine genaue Manöverplanung ab, sondern auch eine permanente Berücksichtigung bestimmter Komponenten des aktuellen Fahrzustands (Fahrzustand 2). Beim Spurhalten im Normalbetrieb werden nämlich, ungeachtet des Fahrzeugzustands, von der Führungsebene lediglich die Sollspur und die Sollgeschwindigkeit an die Stabilisierungsebene weitergeleitet, die dann Abweichungen von den Sollvorgaben minimiert. Während eines fahrphysikalisch anspruchsvollen Manövers hingegen, muss der Fahrer auf der Führungsebene darauf Rücksicht nehmen, wie sein Fahr-

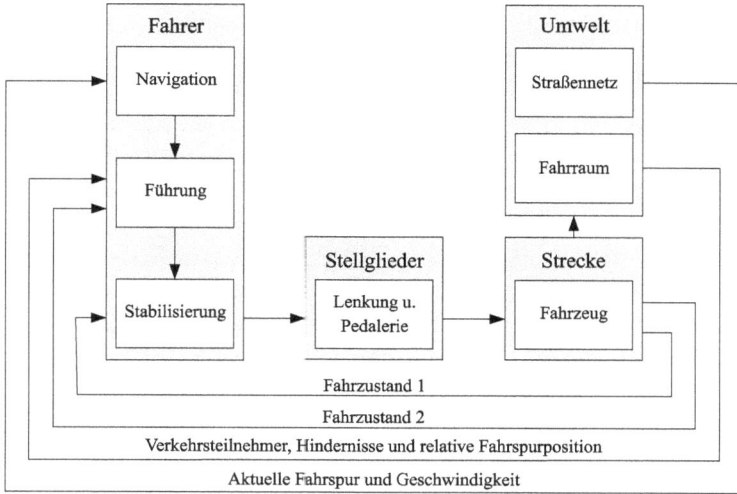

Abb. 2.1: Für kritische Fahrsituationen und erfahrene Fahrzeugführer modifiziertes Drei-Ebenen-Modell, vgl. [43].

zeug tatsächlich reagiert. Das setzt ein gutes Fahrgefühl[2] für den Fahrzeugzustand und die Fahrbahnbeschaffenheit voraus. Bei rutschigem Untergrund beispielsweise folgt das Fahrzeug häufig nicht so schnell der Lenkbewegung wie erwartet, sodass ein ungeübter Fahrer versucht ist, durch weiteres Einlenken auf der ursprünglichen Ausweichtrajektorie zu bleiben und dadurch eine Verstärkung des sog. *Untersteuerns* riskiert. Der geübte Fahrer hingegen erkennt frühzeitig, dass sein Fahrzeug „über die Vorderräder schiebt" und korrigiert das Manöver unter Berücksichtigung des aktuellen Fahrzustands auf der Führungsebene. Hierdurch entscheidet er sich u. U. für ein zum Hindernis hin knapperes, dafür aber fahrphysikalisch realisierbares Ausweichmanöver, mit dem er eine Kollision erfolgreich vermeidet. Das lässt vermuten, dass der Fahrer mit steigender Erfahrung einen immer größeren Teil des Fahrzustands auf der Führungsebene berücksichtigt.

2.1.2 Regelungstechnische Betrachtungsweise

Aus regelungstechnischer Sicht wird der Fahrer bei seiner Fahraufgabe in jedem Zeitschritt mit einem Optimalsteuerungsproblem [60] konfrontiert, vgl. [163, 164], dessen permanente Lösung bei Berücksichtigung des aktuellen Fahrzustands und der Um-

---

[2] Ein im deutschsprachigen Automobilsport verbreiteter, scherzhafter Ausdruck ist hierfür das sog. *Popometer*.

gebungsinformation zu einer Stabilisierung des Gesamtsystems führt (s. später Abschn. 2.2). Das zugrunde gelegte Optimierungskriterium setzt sich i. Allg. aus Fahrzeit, Verbrauch, Komfort und Sicherheit zusammen. Im Sinne der Optimierungsnebenbedingungen ist zusätzlich zur Fahrphysik auch die jeweils geltende Straßenverkehrsordnung einzuhalten. Die Lösungsfindung einer so abstrakten Aufgabenstellung erfordert jedoch auch vom Menschen die eingangs angesprochene Dekomposition in spezifizierte Teilaufgaben und motiviert das Drei-Ebenen-Modell des vorherigen Abschnitts. Dieses gilt es nun unter dem Aspekt der Optimierung genauer zu beleuchten.

In der Mathematik werden bei einem sog. Multi-level-Optimierungsansatz große Probleme hierarchisch abstrahiert und in den dabei entstehenden Subproblemen nach teils unterschiedlichen Kriterien optimiert. Auch die Regelungstechnik macht sich die Herangehensweise bei der zuvor erwähnten Mehrebenensteuerung zunutze [136]. Sie adressiert damit gleichzeitig drei wichtige und mit den ihr auferlegten Echtzeitanforderungen unmittelbar verknüpfte Aspekte: den Optimierungshorizont,[3] die Zykluszeit[4] und die Systemzustandsdimension.[5] Ein weitreichender Optimierungshorizont ist für das Auffinden einer langfristig guten Strategie erforderlich und sollte sich an den langsamsten Dynamiken der Strecke orientieren. Die Systemstabilität des durch die Zustandsrückführung in der permanenten Optimierung geschlossenen Regelkreises hingegen verlangt eine so kurze Zykluszeit, dass auch die schnellsten Streckendynamiken berücksichtigt und damit robust stabilisiert werden können. Aufgrund der beschränkten Rechenleistung eines jeden Computers steht aber ein langer Optimierungshorizont mit einer kurzen Zykluszeit im Widerspruch. Er kann durch eine hierarchische bzw. kaskadische Problemaufteilung, wenn auch kompromissbehaftet, aufgelöst werden, indem in der Signalkette sukzessive immer mehr Zustände des Fahrzeugs berücksichtigt werden.

Konkret spiegelt sich das im Drei-Ebenen-Modell darin wider, dass auf **Navigationsebene**
-   die Fahrzeit und der Verbrauch optimiert werden,
-   die Fahrphysik zu vernachlässigen ist (Abstraktion auf Punktbewegung),
-   sich die Zykluszeit auf wenige Optimierungen pro Minute beschränkt und
-   sich der Optimierungshorizont über mehrere Stunden erstrecken kann.

Das Ergebnis ist eine Fahrroute, welche der Optimierung auf Fahrzeugführungsebene als Referenz dient und weiter verfeinert werden muss.

Die **Fahrzeugführungsebene** wiederum setzt sie nach Möglichkeiten um und optimiert dabei die zukünftige Fahrzeugbewegung
-   unter Sicherheits- und Komfortaspekten (primär),

---

3 Zeitintervall in die Zukunft, auf dem das Streckenverhalten betrachtet wird.
4 Verstreichende Zeitspanne bis in der Optimierung die neue Messinformation Berücksichtigung findet.
5 Anzahl der dem Optimierungsproblem zugrunde gelegten Modell-Systemzustände.

- unter Berücksichtigung der Fahrphysik,
- auf einem Optimierungshorizont von wenigen Sekunden,
- dafür aber so häufig wie möglich, um schnell auf den veränderlichen Verkehr und den Fahrzeugzustand reagieren zu können.

Das Resultat stellt ein optimiertes Fahrmanöver dar, das von der **Stabilisierungsebene** trotz Modellunsicherheiten hinreichend genau mittels Eingriffen in die Fahrzeugquer- und -längsdynamik auszuführen ist.

Da sowohl auf der Stabilisierungsebene als auch auf der darüber liegenden Führungsebene der Fahrzeugzustand rückgeführt wird, übernimmt auch die Führungsebene einen Teil der Stabilisierungsaufgabe. Um etwaige Wechselwirkungen innerhalb der Module eines Fahrerassistenzsystems erkennen und beurteilen zu können, wird die Thematik noch genauer in Kapitel 3 beleuchtet.

2.2 Begriffserläuterungen der Regelungstechnik und Robotik

Im Kontext moderner Fahrerassistenzsysteme häufig anzutreffende Termini sind *Trajektorien-* und *Pfadplanung*, welche der Regelungstechnik und Robotik entstammen. Da die vorliegende Arbeit ihren Fokus auf die Optimierung auf Fahrzeugführungsebene legt, soll an der Stelle dem Leser deren Ursprungsgedanke vermittelt und ein Überblick über eng damit verbundene Begrifflichkeiten verschafft werden. Es sei jetzt schon angemerkt, dass in der Fachliteratur aufgrund unterschiedlicher Forschungsschwerpunkte die Verwendung der Begriffe nicht einheitlich erfolgt.

2.2.1 Trajektorien- und Pfadplanung

Die industrielle Praxis der Regelungstechnik ist geprägt von sog. Arbeitspunkten und deren Wechsel [83, 136]. Hierbei wird über eine lange Zeit hinweg eine konstante Referenz vorgegeben, deren Stabilisierung Aufgabe der Regelung ist (*Festwertregelung*). Wird nun zwischen weit auseinander liegenden Arbeitspunkten abrupt umgeschaltet, so läuft der Regler Gefahr, in die (im Reglerentwurf oftmals unmodellierten) Stellgrößenbeschränkungen zu laufen, sodass sich die Strecke destabilisiert (*Regler-* bzw. *Strecken-Windup* [91]). Zur Vermeidung solcher Effekte wird der zeitliche Sollverlauf der Führungsgröße zwischen den Arbeitspunkten entsprechend der verfügbaren Stellgröße gewählt [83] und die Festwertregelung durch eine (asymptotische) *Folgeregelung* ersetzt, s. Abb. 2.2. Zur Beschreibung des Sollverlaufs $x_r(t)$ (hier für den Systemzustand) reicht häufig ein Referenzpolynom entsprechender Ordnung, bei dem die Transitionszeit T_{trans} so minimiert wird, dass die Beschränkungen für die Stellgröße u (in Abb. 2.3 auf u_{min}) nicht aktiv werden, s. z.B. [222]. Bemerkenswert ist an der Stelle, dass keine Rückkopplung des Systemzustands x auf der Planungsebene stattfindet, mit Ausnahme der Systeminitialisierung (s. x_0 in Abb. 2.2), etwa beim Anfahren. Mit anderen Worten: Die Trajektorienplanung verlässt sich darauf, dass die unterlagerte Regelung korrekt arbeitet.

Der Begriff „Planung" impliziert jedoch keinesfalls, dass immer eine Optimierung stattfindet. Für einfache Problemstellungen reicht es nämlich aus, die funktionale Darstellung des Übergangs $x_r(t)$ so zu wählen, dass nach Festlegung der Stetigkeitsanforderung und Transitionszeit kein Freiheitsgrad für eine Optimierung verbleibt. Erfordert die regelungstechnische Aufgabenstellung jedoch eine (möglicherweise zyklische) Optimierung, impliziert die Verwendung des Begriffs „Trajektorienplanung" dann i. Allg. den Einsatz einer *nachgelagerten* Folgeregelung, s. Absch. 3.3.3.

Die Robotik verwendet den Begriff „Trajektorienplanung" jedoch in einem etwas anderen Kontext. Häufig kann die Roboterumgebung als statisch angesehen werden, sodass die Zeit t eine untergeordnete Rolle spielt. Wenn nämlich die Roboterdynamik weitgehend geschwindigkeitsunabhängig ist, dann kommt es vielmehr auf die richtige Abfolge der Stelleingriffe an (häufig in Abhängigkeit der zurückgelegten Wegstrecke s, welche dann die unabhängige Variable darstellt), und es wird von *Pfad-* oder *Bahnplanung* gesprochen [120, 121]. Der Begriff „Trajektorienplanung" wird nur dann herangezogen, wenn das Planungsergebnis in Abhängigkeit von der Zeit vorliegt. Im einfachsten Fall reicht es hierfür aus, den Pfad mit einem Geschwindigkeitsprofil zu überlagern [121].

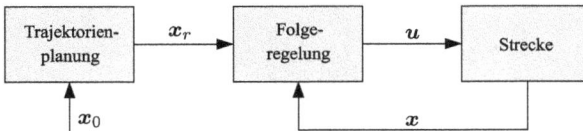

Abb. 2.2: Arbeitsweise einer Trajektorienplanung mit Folgeregelung.

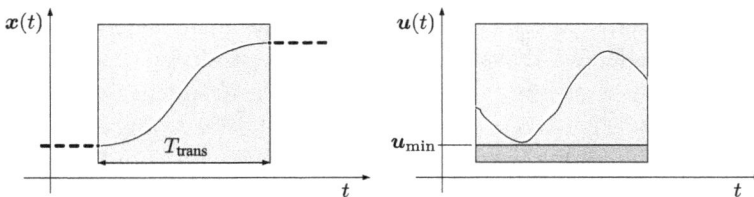

Abb. 2.3: Signalverläufe eines Arbeitspunktwechsels bei der Trajektorienplanung mit Folgeregelung: Geplante Referenzverläufe des Zustands und der Stellgröße in Weiß, tatsächliche Verläufe in Schwarz; T_{trans} bezeichnet die Transitionszeit zwischen den Arbeitspunkten und u_{min} die (untere) Stellgrößensättigung.

2.2.2 Optimalsteuerung

Treten beim Arbeitspunktwechsel zu den Stellgrößenbeschränkungen zusätzlich Gü-
tekriterien wie die Minimierung der Stellenergie hinzu, oder soll die verfügbare Stellgröße besser ausgenutzt werden, um die Transitionszeit weiter zu verkürzen, so wird
in der Regelungstechnik die Methode der *Optimalsteuerung* [60] angewandtIm Mittelpunkt steht hierbei die Optimierung des Modellverhaltens als Reaktion auf das System-
eingangssignal u. Genauer gesagt wird nicht nur über eine endliche Anzahl von Parametern optimiert, etwa über Polynomkoeffizienten, sondern die optimale Steuertrajektorie $u^*(t)$ als solche gesucht. Dies stellt ein unendlichdimensionales Problem dar, sodass auch die Begriffe *Strukturoptimierung, Dynamische Optimierung* oder *Unendlich-
dimensionale Optimierung* verwendet werden [60].

Wie die Methodenbezeichnung vermuten lässt, handelt es sich bei u^* zunächst
um eine reine Steuerung, die entsprechend Abb. 2.4 als $u(t) = u^*(t)$ direkt auf die Strecke gegeben werden kann. Das optimale Ergebnis wird aber nur in Abwesenheit von
Störungen und Modellfehlern erreicht (s. Abb. 2.5). Da bei der Berechnung jedoch die
optimale Modelltrajektorie $x^*(t)$ abfällt, kann sie im Sinne der Trajektorienplanung (s.
Abschn. 2.2.1) als Referenz $x_r(t) = x^*(t)$ herangezogen und mit einer nachgeschalteten
Folgeregelung entsprechend Abb. 2.3 stabilisiert werden.

Auch zur Erfüllung der Fahraufgabe muss, wie eingangs erwähnt, in jedem Zeitschritt ein Optimalsteuerungsproblem gelöst werden, was im Assistenzsystem über
die in den Kap. 4, 5 und 6 etablierten Methoden erfolgt.

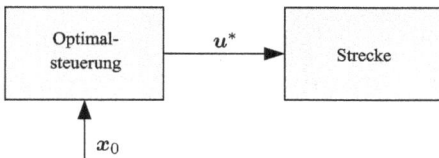

Abb. 2.4: Arbeitsweise der Optimalsteuerung [60].

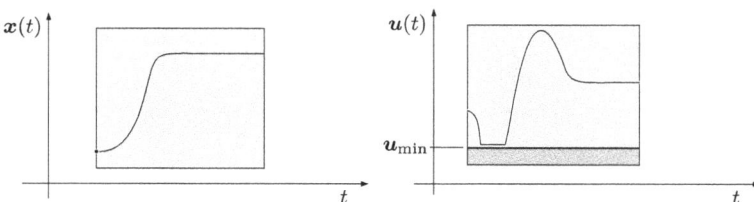

Abb. 2.5: Signalverläufe der Optimalsteuerung: Geplante Referenzverläufe des Zustands und der
Stellgröße in Weiß, tatsächliche Verläufe in Schwarz; u_{min} bezeichnet die (untere) Stellgrößensättigung; Aufgrund von Störungen kommt es zu einer merklichen Endabweichung zwischen geplanter
und tatsächlicher Trajektorie.

2.2.3 Optimale und Modellprädiktive Regelung

Das Fahrzeugumfeld ist stetig von nur schwer vorhersehbarem Wechsel geprägt, und damit ändert sich auch ständig das Optimierungsproblem. Ausgedehnte Fahreingriffe erfordern deshalb eine permanente Optimierung, die der neuen Umfeldinformation Rechnung trägt. Wird in der Regelungstechnik ein Optimalsteuerungsproblem ausgehend vom aktuellen Systemzustand x permanent gelöst und das Ergebnis auf die Regelstrecke gegeben, so ergibt sich aufgrund der Rückführung ein geschlossener Regelkreis, s. Abb. 2.6 und 2.7. Anschaulich erfolgt die Stabilisierung des Systems über die Rückführung dadurch, dass der Systemzustand x die Wirkung der vorangegangen Störungen widerspiegelt [60]. Hierbei sind sich zufällige, impulsförmige Störungen vorzustellen, die das prädizierte Streckenverhalten nicht in Frage stellen. Im Unterschied zur Stabilisierung einer Trajektorie mittels nachgeschalteter Folgeregelung, die das System bei Impulsstörungen lediglich (mit hohen Stellgrößen!) auf die alte Referenz $x_r(t)$ zurückführt, wird hier der aktuell gemessene Systemzustand optimal berücksichtigt.

Kann eine sehr schlanke, ggf. sogar analytische Lösung für das der Regelung zugrundeliegende Optimalsteuerungsproblem gefunden werden, so wird (tendenziell) von *Optimaler Regelung* [60] gesprochen. Die Verwendung des Begriffs *Modellprädiktive Regelung* (*model predictive control*, MPC) [57] hingegen deutet auf ein für analytische Methoden zu schwieriges Optimalsteuerungsproblem hin, das in jedem Schritt

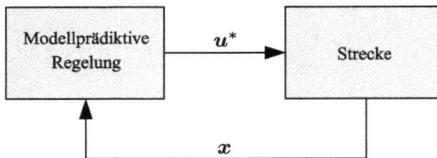

Abb. 2.6: Arbeitsweise der modellprädiktiven Regelung, vgl. [60].

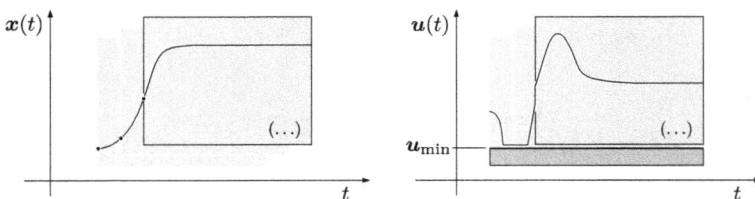

Abb. 2.7: Signalverläufe der modellprädiktiven Regelung, vgl. [76]: Auf einem sich zeitlich verschiebenden Horizont zyklisch geplante Referenzverläufe des Zustands und der Stellgröße in Weiß, tatsächliche Verläufe in Schwarz; u_{min} bezeichnet die (untere) Stellgrößensättigung.

numerisch auf einem verkürzten und sich zeitlich mitbewegenden[6] Optimierungshorizont gelöst werden muss. Das trifft im Übrigen auch auf die Optimierung von Fahrmanövern zu, s. Abschn. 3.1. Anhaltende, nicht vernachlässigbare Störungen und Modellfehler erfordern jedoch zusätzliche Maßnahmen, die genauer in Abschn. 3.3 diskutiert werden.

2.3 Aktorik und Stellgrößen

Bei dem Entwurf und der Implementierung fahraktiver Sicherheits- und Komfortfunktionen ist ein tiefergehendes Verständnis über die technische Realisierung der Aktorikeingriffe von Lenkung, Bremse und Gas unverzichtbar. Insbesondere die mit der eingesetzten Hardware eng verkoppelten Möglichkeiten und Einschränkungen der Stellgrößenüberlagerung mit dem Fahrer sind von substantieller Bedeutung, da das Fahrerassistenzsystem, zumindest für kurze Zeit, mit dem Fahrer kooperiert. Darüber hinaus haben sich bestimmte Regelgrößen in den jeweiligen Aktoriksteuergeräten etabliert, die als vereinheitlichte Schnittstellen der Fahrerassistenz zur Verfügung stehen und somit die Stellgröße des überlagerten Regelkreises repräsentieren. Die Kenntnis über diese abstrahierten Schnittstellen und die mit ihren unterlagerten Reglern verbundenen Dynamiken erleichtern den Funktionsentwurf enorm, da sie „böse Überraschungen" verhindern. Darum wird im Folgenden der Aufbau und die Funktionsweise moderner Lenk-, Brems- und Antriebssysteme aus Fahrerassistenzsicht genauer beleuchtet.

2.3.1 Lenkaktorik

Im Pkw-Bereich kann in den letzten Jahren ein stetiger Übergang von hydraulischen hin zu elektrischen Lenksystemen (*Electric Power Steering*, EPS) verzeichnet werden [106]. Hierbei wird die herkömmliche Lenkunterstützung des druckbeaufschlagten Servoöls durch die Magnetfeldkraft des Elektromotors ersetzt. Das bringt den Vorteil mit sich, dass nur dann Energie benötigt wird, wenn der Fahrer auch lenkt und der Verbrauch erheblich gesenkt[7] werden kann.

Gleichzeitig eröffnet die Ansteuerung des Elektromotors die Möglichkeit, dem Fahrer ein haptisches Feedback über das Lenkrad zu geben oder gar direkt die Lenkbe-

---

6 Es ist daher auch die Rede von *receding horizon control*.

7 Bei einem Mittelklassefahrzeug mit einem 2,0 l Benzinmotor können Verbrauchseinsparungen von bis zu 0,5 l/100 km erreicht werden [156].

wegung vorzugeben.[8] Damit ist die EPS das wichtigste Stellglied der Fahrerassistenz zur Beeinflussung der Fahrzeugquerdynamik.

2.3.1.1 Systemkomponenten und -aufbau

Wie in Abb. 2.8 dargestellt, kann die Lenkunterstützung des Elektromotors (M) je nach Gewichtung der Einflussfaktoren Kosten, Energieverbrauch, Akustik und Bauraum an der Lenksäule oder Zahnstange über ein Servogetriebe (G_M) eingeleitet werden. Über eine Drehmomentsensorik (S) wird das Fahrerhandmoment (M_{Hand}) gemessen und mittels der im Steuergerät befindlichen Software in das Motormoment (M_{Motor}) umgerechnet. Über die meist ebenfalls im Steuergerät integrierte Leistungselektronik erfolgt die entsprechende Ansteuerung des Motors [156]. Die hohe Flexibilität einer Steuergerätesoftware ermöglicht hierbei, den Unterstützungsgrad in Abhängigkeit des Fahrzustands nahezu beliebig zu variieren.

Beim Einsatz von variablen Übersetzungen im Zahnstangenlenkgetriebe (G_H) kann (abhängig vom Lenkwinkel) dem gesteigerten Lenkwinkelbedarf beim Parkieren und Rangieren Rechnung getragen werden. Eine noch höhere Flexibilität wird durch ein, wenn auch mit hohen Kosten verbundenes, Lenkwinkelüberlagerungssystem realisiert. Es sorgt durch einen weiteren Elektromotor in Kombination mit einem entweder vor oder unmittelbar nach dem Lenkmomentsensor installierten Winkelüberlagerungsgetriebe für eine zusätzliche Verdrehung in der Lenksäule, sodass nahezu beliebige Übersetzungen realisiert werden können.

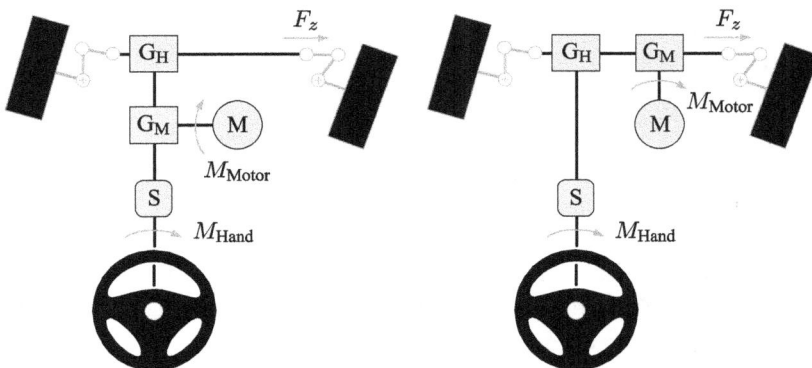

Abb. 2.8: Lenksäulen-basiertes (links) und Zahnstangen-basiertes EPS-System (rechts) mit Motor (M), Handmomentsensor (S), Servogetriebe (G_M) und Zahnstangenlenkgetriebe (G_H), vgl. [156].

---

8 Bei hydraulischen Lenksystemen erfordert das zusätzlich einen sog. Handmomentsteller, der auf hydraulische oder elektrische Weise das Fahrerhandmoment am Lenkrad nachahmt.

Die beschriebenen und weitgehend entkoppelten Einflussmöglichkeiten auf Lenkmoment und Lenkwinkel bzw. Spurstange und Radwinkel der Räder führen dazu, dass bereits heute Lenkfreiheitsgrade geschaffen werden, die einem Steer-by-Wire-System [153] sehr nahe kommen [106].

2.3.1.2 Funktionsweise

Das dem herkömmlichen Hydrauliklenksystem nachempfundene Regelungsprinzip zur Bestimmung des elektrischen Servomoments beruht auf der progressiven Verstärkung des Handmoments. Wie in Abb. 2.9 dargestellt, wird das gemessene Handmoment entsprechend einem geschwindigkeitsabhängigen Kennfeld $K(v)$ überproportional verstärkt und damit über das Servogetriebe das Lenksystem beaufschlagt. Hierdurch wird erreicht, dass sich (unter Vernachlässigung von Reibungseffekten) die stationäre Zahnstangenkraft F_z, Abb. 2.8, zu

$$F_z = i_{\text{Hand}}M_{\text{Hand}} + i_{\text{Motor}}M_{\text{Motor}} \tag{2.1}$$
$$= i_{\text{Hand}}M_{\text{Hand}} + i_{\text{Motor}}K(v;M_{\text{Hand}}) \tag{2.2}$$

ergibt, wobei i_{Hand} und i_{Motor} die jeweiligen Gesamtübersetzungen der Momente auf die Zahnstangenkraft darstellen.

Die Höhe des Unterstützungsgrads aus dem Kennfeld hat einen entscheidenden Einfluss auf das Lenkgefühl. So wird durch dessen Geschwindigkeitsadaption hin zu einer reduzierten Servounterstützung bei höheren Geschwindigkeiten erreicht, dass der Fahrer vermehrt die Zahnstangenkraft an der Lenkung verspürt und damit eine differenzierte Rückmeldung von der Fahrbahn erhält. Beim Parkieren und Rangieren hingegen, wo die Zahnstangenkräfte am höchsten ausfallen, kann auf diese Informationsquelle verzichtet werden, sodass zugunsten des Komforts der Unterstützungsgrad deutlich erhöht wird [156].

Eine weitere Verbesserung des Lenkgefühls wird über eine sog. Reibungs- und Trägheitskompensation erzielt, wobei das Ziel ist, die inhärenten mechanischen Ei-

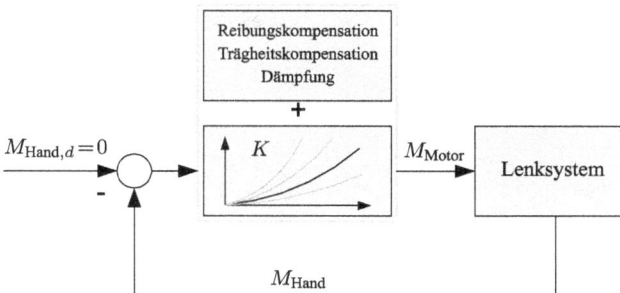

Abb. 2.9: Herkömmliches Regelungsprinzip der elektrischen Servolenkung, vgl. [156].

genschaften des Lenksystems so weit durch das Motormoment zu kompensieren, dass auch im instationären, reibungsbehafteten Fall Gleichung (2.2) näherungsweise gilt. Da hierdurch das Lenksystem sehr empfindlich auf Anregungen der Straße und des Fahrers reagiert, muss gleichzeitig die Lenkbewegung über das Motormoment gedämpft werden, s. Abb. 2.9, was regelungstechnisches Know-how der Lenkungshersteller erfordert.

Formal ergibt sich hierdurch der in Abb. 2.9 dargestellte Regelkreis,[9] dessen (bleibende) Regelabweichung von Null das Handmoment darstellt [156]. Das Lenkgefühl ist dadurch unmittelbar mit der Regelung verbunden. Darüber hinaus besteht im regelungstechnischen Sinne keine direkte Möglichkeit für Fahrerassistenzfunktionen, zusätzliche Handmomente aufzubringen, sodass neue Regelungskonzepte entworfen wurden, die als Regelgröße eine intern berechnete Handmomentreferenz, das „Soll-Lenkgefühl", heranziehen. Aufgrund ihrer prognostizierten hohen Bedeutung werden nun auch sie kurz erläutert.

Während sich das herkömmliche Regelungsprinzip stark an der hydraulischen Arbeitsweise einer Servolenkung orientiert, löst sich das neue Konzept davon völlig. Es begreift vielmehr die EPS mit ihren gesteigerten Freiheitsgraden als ganzheitliches Mechatroniksystem, dessen primäres Regelziel die Realisierung eines Sollhandmoments $M_{\text{Hand,d}}$ ist [156], s. Abb. 2.10. Die Kompensation der Reibung und Trägheit, welche ja Teil der Regelstrecke sind, erfolgt hierbei automatisch.

Für die Handmomentregelung selbst eignet sich prinzipiell die gesamte Bandbreite an Regelungsverfahren. Die Sollmomentberechnung wiederum ist aktueller Forschungsgegenstand, s. beispielsweise [192], wobei dafür das idealisierte Kräftegleichgewicht (2.1) an der Zahnstange ein guter Anhaltspunkt ist. Aus Kostengründen steht in der Praxis kein Messsignal für die Zahnstangenkraft F_z zur Verfügung, sodass

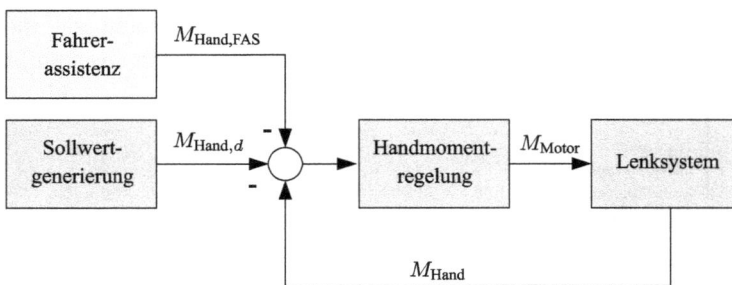

Abb. 2.10: Moderne Handmomentregelung der elektrischen Servolenkung, vgl. [156].

---

9 Die Darstellungsweise der vorliegenden Arbeit beruht durchgängig auf einem Regelfehler, welcher als Differenz zwischen Soll- und Istwert definiert ist. Das hat zur Folge, dass sich im Standardregelkreis die Vorzeichen des Komparators (dargestellt als Kreis in Abb. 2.9) umdrehen.

es über Fahrzeugmodelle aus dem aktuellen Fahrzustand geschätzt werden muss. Letztendlich entscheidet deren Güte über die Qualität der Reifenkraftrückmeldung an den Fahrer.

Für die Fahrerassistenz ist aber ein ganz anderer Punkt entscheidend. Durch die gegenüber des herkömmlichen Regelungsprinzips geänderte Struktur ist es nun möglich, ein zusätzliches Fahrerhandmoment $M_{\text{Hand,FAS}}$ (entkoppelt von der Auslegung der Handmomentregelung) vorzugeben, s. Abb. 2.10, das sich direkt als Offset zur gewohnten Lenkhaptik dem Fahrer bemerkbar macht und eine Vielzahl von Assistenzfunktionen wie die Spurhalteunterstützung ermöglicht.

Im Unterschied zu Assistenzsystemen mit Lenkunterstützungsfunktion, bei denen der Fahrer die Hände am Lenkrad behält (es wird auch von *shared guidance* [23] gesprochen), stellt sich bei den automatisierten Lenkfunktionen, wie dem automatischen Einparken, das Reglerentwurfsziel für die EPS anders dar. Anstelle der Umsetzung einer Lenkhaptik tritt eine genaue Winkelregelung, sodass sich die Reifen des Fahrzeugs entsprechend der umzusetzenden Assistenzfunktion bewegen. Für Parksysteme hat sich als Schnittstelle ein Lenkradwinkel-Referenzsignal $\delta_{h,d}$ etabliert,[10] welches über die Lenkkinematik aus dem angestrebten Lenkwinkel δ_d an den Reifen zu berechnen ist. Anschließend wird es der EPS über den Fahrzeug-Bus übermittelt und dort eingeregelt.

Das dabei zugrundeliegende Verfahren, s. Abb. 2.11, bedient sich der vor allem in der Antriebstechnik verbreiteten Kaskadenregelung, s. beispielsweise [74] und auch Abschn. 3.3. Der Entwurf erfolgt typischerweise von den inneren, d.h. stellgrößennahen, hin zu den äußeren Regelkreisen, die sukzessive weitere Teile der Strecke mit einbeziehen, s. Abb. 2.11. Hierbei liefert der Ausgang des jeweils überlagerten Reglers das Referenzsignal des unterlagerten. Im konkreten Fall der Lenkradwinkelregelung wird ganz innen eine auf den in der EPS verbauten Elektromotor abgestimmte Momentregelung eingesetzt. Die darüber liegenden Regelkreise stabilisieren, i. Allg. als modifizierte PID-Regelungen, die Lenkrate ω und schließlich den Lenkradwinkel δ_h, wozu beide als Messsignal vorliegen müssen. Aufgrund der nach innen schneller werdenden Dynamik ist es ratsam, zumindest die beiden inneren Regelkreise auf dem Steuergerät

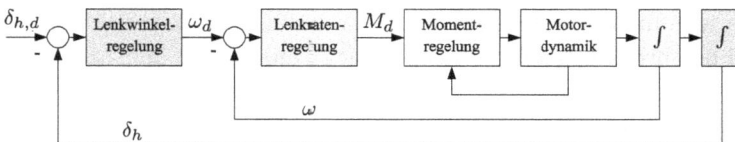

Abb. 2.11: Kaskadierter Lenkwinkelregelkreis mit außen liegender Winkelstabilisierung sowie unterlagerter Lenkraten- und Motormomentregelung, vgl. z.B. [74].

---

10 Alternativ eignet sich auch die Zahnstangenposition, der sog. Zahnstangenhub.

der EPS umzusetzen, da ansonsten die latenzbehaftete Übertragung von und zu der EPS zu einer erheblichen Minderung der erreichbaren Regelqualität führt.

Eine Lenkwinkelregelung, wenn auch mit geringer Dynamik und reduzierter Winkelamplitude von unter fünf Grad, kommt auch bei der elektromechanischen Hinterachslenkung zum Einsatz [156]. Analog zur Lenkkinematik der Vorderachse werden die Räder der Hinterachse durch einen zusätzlichen elektrischen Aktor mit entsprechendem Getriebe gleichsinnig eingelenkt; eine mechanische Kopplung zum Lenkrad existiert jedoch nicht.

2.3.2 Bremsaktorik

Eine ganze Reihe von bremsaktiven Sicherheits- und Komfortfunktionen sowie der zunehmende Bedarf an rekuperativem Verzögern bei Elektro- und Hybridfahrzeugen führten zur Entwicklung von elektro-hydraulischen Bremsen (EHB) [25]. Sie basieren in weiten Bereichen auf konventionellen hydraulischen Radbremsen, setzen jedoch eine energetische Bremspedalentkopplung um, sodass die Bremskraft des Fahrers beliebig mit externen Bremsmomenten, etwa zur automatischen Notbremsung, überlagert werden kann. Da die EHB grundsätzlich das Potential besitzt, analog zur EPS, bestehende Systeme langfristig komplett abzulösen, wird im Folgenden ihre Funktionsweise ausgeführt.

2.3.2.1 Systemkomponenten und -aufbau
Anders als bei herkömmlichen Bremssystemen, bei denen das Pedalgefühl durch den eigentlichen Bremsmechanismus entsteht, betätigt bei der EHB der Fahrer lediglich einen gedämpften Federmechanismus, den sog. *Simulator*. Über daran angeschlossene Druck- und Wegsensoren wird dabei die ermittelte Wunschverzögerung des Fahrers abgeleitet. Sie kann dann, und darin liegt der große Vorteil, beliebig mit externen Signalen überlagert werden, bevor die entsprechende Sollverzögerung über brake-by-wire eingeregelt wird. Bremst der Fahrer, so kann das System z.B. eigenständig entscheiden, wie die angeforderte Sollverzögerung idealerweise auf Rekuperations- und Bremsmoment aufzuteilen ist.

Im Folgenden wird die EHB basierend auf einem leistungsstarken elektrischen Zentraldruckaktor beschrieben, der dank eines linear angetriebenen Kolbenverdrängers einen latenzarmen und pulsationsfreien Druckaufbau gewährleistet; beides Voraussetzung für eine hohe Regelgüte der überlagerten Sicherheits- und Komfortfunktionen.

2.3.2.2 Funktionsweise
Die Arbeitsweise der EHB wird aus Abb. 2.12 ersichtlich, worin alle Ventile im stromlosen Zustand abgebildet sind. Den nehmen sie bei einem elektrischen Systemausfall

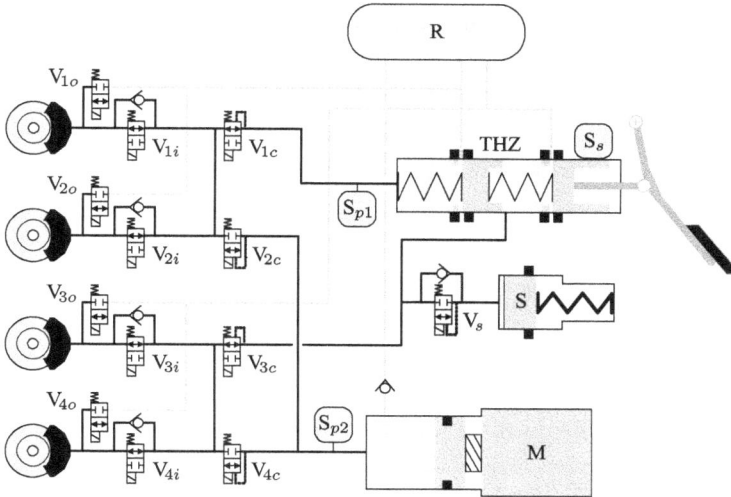

Abb. 2.12: Elektrohydraulisches Bremssystem (EHB) mit Tandemhauptbremszylinders (THZ), elektrischem Zentraldruckaktor (M), Simulator (S), Ventilen (V_{ij}), Weg- (S_s) und Drucksensoren (S_{pi}) sowie Bremsflüssigkeitsreservoir (R); vgl. [25].

ein, sodass die mechanische Rückfallebene wirksam wird. Betätigt der Fahrer dann das Bremspedal, so wird aus den beiden[11] Kammern des Tandemhauptbremszylinders THZ durch die geöffneten Trennventile V_{1c} und V_{3c} und ABS-Einlassventile $V_{1i} - V_{4i}$ Öl zu den Bremsen gefördert, das infolge der geschlossenen ABS-Auslassventile $V_{1o} - V_{4o}$ und Trennventile V_{2c} und V_{4c} den Druck p aufbaut. Aufgrund des geschlossenen Simulatorventils V_s ist hierbei der Simulator S abgekoppelt, sodass die vom Fahrer auf das Pedal übertragene Betätigungsenergie ausschließlich dem behelfsmäßigen Verzögern der Räder dient.

Im Normalbetrieb sind V_{1c} und V_{3c} geschlossen sowie V_s, V_{2c} und V_{4c} geöffnet. Hierdurch gelangt das vom Fahrer verdrängte Volumen ausschließlich in den Simulator, der das angestrebte Pedalgefühl realisiert. Über den Drucksensor S_{p1} und den Wegsensor S_s berechnet sich das Wunschbremsmoment des Fahrers und wird mit ggf. vorhandenen externen Vorgaben überlagert. Der abgeleitete Zielbremsdruck wird schließlich über den Zentraldruckaktor (M) unter Rückführung des Messwerts des Drucksensors S_{p2} durch die offenen Ventile V_{2c} und V_{4c} in den beiden Bremskreisen eingeregelt. Über den sog. C^*-Wert[12] der Bremse, die Bremskolbenfläche A und den effektiven Bremsradius r_{eff} berechnet sich das Bremsmoment zu

$$M_B = C^* \cdot r_{\text{eff}} \cdot A \cdot p \, ,$$

---

11 Aus Redundanzgründen werden Bremssysteme immer in zwei getrennte Bremskreise aufgeteilt.
12 Verhältnis der in den Reibflächen entstehenden Umfangskraft zur aufgebrachten Spannkraft.

worüber durch Auflösen der Sollbremsdruck an den Rädern bestimmt werden kann, der dann vom an den Fahrzeug-Bus angeschlossenen Bremssteuergerät eingeregelt wird. Durch die vom Fahrer vollkommen entkoppelte Vorgabe von Bremsmomenten ist aus Fahrerassistenzsicht die mit brake-by-wire verknüpfte Flexibilität im vollen Umfang gegeben, ohne dass auf eine mechanische Rückfallebene verzichtet werden muss.

Zur radselektiven Bremsung, die für das ABS und ESP von so großer Bedeutung ist, können die Ventile $V_{1i} - V_{4i}$ und $V_{1o} - V_{4o}$ einzeln angesteuert werden, sodass der in den Bremsbacken anliegende Druck aufgebaut, gehalten oder abgelassen werden kann.

2.3.3 Antrieb

Im Unterschied zu den Lenk- und Bremssystemen ist beim Verbrennungsmotor schon längst eine By-wire-Ansteuerung etabliert, das sog. *E-Gas* [99]. Das Gaspedal des Fahrers ist dabei nicht mehr mechanisch an den Motor gekoppelt, sondern besitzt einen Sensor zur Bestimmung des Pedalhubs, entsprechend dessen Messwert die Öffnung der elektronischen Drosselklappe eingestellt wird. Aufgrund des anhaltend hohen Stellenwerts des Verbrennungsmotors im Individualverkehr werden die für die Fahrerassistenz relevanten Aspekte der Motorregelung und der Getriebesteuerung nun nacheinander beleuchtet.

2.3.3.1 Funktionsweise der Motorregelung

Bei einer modernen sog. *drehmomentorientierten Regelung* [69, 200] wird nicht einfach der ausgelesene Fahrerpedalwert α_d entsprechend eines simplen Kennfelds auf die Drosselklappenstellung α_e übertragen und damit eine mechanische Verbindung nachgeahmt. Vielmehr werden, analog zur Bremsmomentregelung in Abschn. 2.3.2.2, die Freiheitsgrade eines elektronischen Steuergeräts dazu genutzt, aus dem Fahrerpe-

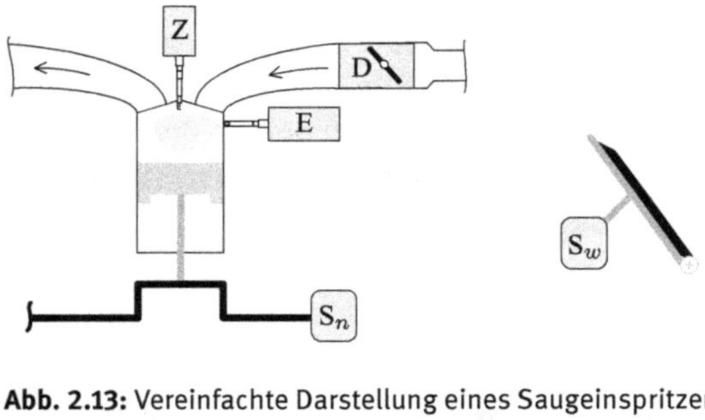

Abb. 2.13: Vereinfachte Darstellung eines Saugeinspritzer-Motors mit Pedalwertgeber (S_w), Motordrehzahl-Sensor (S_n), Drosselklappe (D), Einspritzventil (E) und Zündspule (Z); vgl. [99].

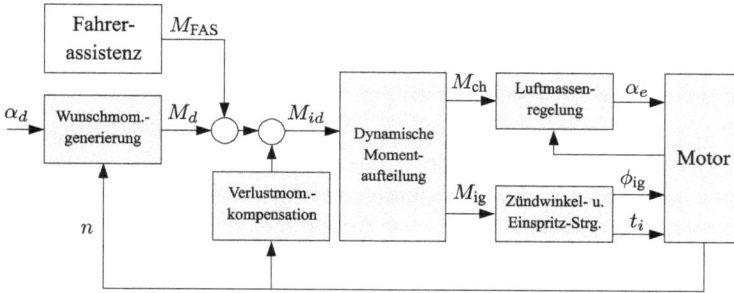

Abb. 2.14: Drehmomentorientierte Regelung eines Saugmotors mit dynamischer Aufteilung des gewünschten inneren Drehmoments in ein niederfrequentes Basisdrehmoment für die Luftfüllung M_{ch} und ein hochfrequentes Zusatzmoment M_{ig} für Zündwinkel und Einspritzdauer, vgl. [99].

dalwert (erfasst durch S_w, s. Abb. 2.13) zunächst ein Wunschantriebsmoment M_d abzuleiten,[13] s. Abb. 2.14. Nach Belieben kann es mit externen, z.B. von der Fahrerassistenz herrührenden Signalen M_{FAS} zu einem Sollmoment überlagert werden.

Nach der anschließenden Verlustmomentkompensation der Motorsteuerung, die der inneren Verlustleistung des Motors Rechnung trägt, wird nun der große Vorteil eines Steuergeräts ausgespielt. Die stark verzögerte Reaktion des Motormoments auf Änderungen der Drosselklappe, die auf die Trägheit des angesaugten Luftstroms zurückzuführen ist, erweist sich nämlich als großer Nachteil für den Fahrer und vor allem für ein sicherheitskritisches Assistenzsystem wie eine Antriebs-Schlupf-Regelung (ASR). Einen unmittelbaren Einfluss auf das innere Motormoment besitzen hingegen die Zündung und Einspritzung, da sie kurbelwellensynchron arbeiten. Aus dem Grund erfolgt entsprechend Abb. 2.14 eine Aufteilung des gewünschten inneren Drehmoments M_{id} in ein niederfrequentes Basisdrehmoment M_{ch} für die Luftfüllung, eingeregelt mittels Drosselklappenwinkel α_e, und ein hochfrequentes Zusatzmoment M_{ig}, realisiert durch Veränderung des Zündwinkels ϕ_{ig} und der Einspritzdauer t_i (s. Abb. 2.14). Die jeweiligen Berechnungen basieren dabei auf der Invertierung des Drehmoment- bzw. Luftmassenmodells in Abhängigkeit verschiedener Messgrößen wie der Motordrehzahl n.

Auf Basis eines guten Motormodells ist es nun nicht nur möglich, vorgegebene Antriebsmomente umzusetzen, sondern auch das Schleppmoment (Motormoment bei $\alpha_d = 0$) hinreichend genau zu schätzen, sodass es zum automatischen Verzögern im angeforderten Bremsmoment bereits berücksichtigt werden kann. Sowohl beim Soll- als auch Istwert des Antriebsmoments handelt es sich in modernen Fahrerassistenzarchitekturen bereits um Radantriebsmomente, sodass die Getriebeübersetzung des aktuellen Gangs berücksichtigt ist.

---

13 Je nach Fahrmodus (*Sport, Eco* etc.) wird zwischen unterschiedlichen Pedalcharakteristiken umgeschaltet.

2.3.3.2 Funktionsweise der automatischen Getriebesteuerung

Aufgrund ihrer komfortsteigernden, effizienten und umweltschonenden Arbeitswei-se sind Automatikgetriebe aus dem Antriebsstrang nicht mehr wegzudenken. Insbe-sondere bei der Realisierung von Komfortassistenzsystemen der Längsführung, na-mentlich das ACC, führen sie zu einer großen Entlastung, da andernfalls der Fahrer schalten muss. Ohne ins Detail von dem aufwändigen elektro-mechanischen Aufbau und der Regelung einzelner Komponenten eines Automatikgetriebes zu gehen, soll das Automatikgetriebe auf seine aus Fahrerassistenzsicht wichtigsten Eigenschaften, definiert durch Momentübersetzung und Schaltpunkte, reduziert werden.

In Verbindung mit Motor und Differential legt das Automatikgetriebe über die Gangwahl das Antriebsmoment an den Reifen fest. Als Hauptkriterien stehen sich da-bei das maximal entfaltbare Antriebsmoment und der möglichst geringe Verbrauch ge-genüber [79]. Um den Kompromiss besser aufzulösen, werden dem Fahrer unterschied-liche Schaltprogramme (z.B. *Eco* und *Sport*) angeboten. Davon unabhängig kann per-manent über Kickdown die Maximalleistung des Motors abgefragt werden.

Die Gangwahl eines Schaltprogramms erfolgt über sog. Schaltkennlinien, die ei-nen bestimmten Gangwechsel (z.B. von 1 nach 2) in Abhängigkeit der Pedalstellung und der Geschwindigkeit auslösen, s. Abb. 2.15. Zur Vermeidung von Schaltpendeln unterscheidet sich die Kennlinie des Hoch- von der des Herunterschaltens, sodass ei-ne Hysterese entsteht. Zur Optimierung des Schaltvorgangs, welcher im Unterschied zum Handschalter unter Last erfolgt, wird neben dem Kupplungsdruck der jeweiligen Gänge auch eine Abschwächung des Motormoments angefordert [79], s. Abschn. 2.3.3.

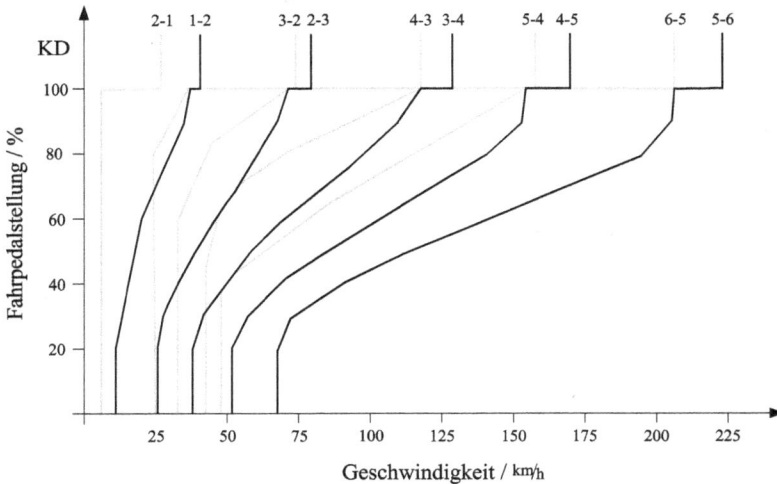

Abb. 2.15: Qualitativer Verlauf der Schaltkennlinien eines 6-Gang-Automatikgetriebes [79], Hoch-schalten in Schwarz, Herunterschalten in Grau, Kickdown (KD).

Für die Fahrerassistenz hat sich als Schnittstelle zum Antrieb, analog zum Radbremsmoment, das Gesamtantriebsmoment als Summe der angetriebenen Räder etabliert. Der damit verbundene Hauptvorteil liegt darin, dass aus Fahrerassistenzsicht kein Wissen über den Antriebsstrang vorhanden sein muss, da das Zusammenspiel aus Getriebe- und Motorsteuerung das Sollmoment bestmöglich umsetzt. Soll darüber hinaus die Antriebskraft unter den einzelnen Rädern umverteilt werden (es wird auch von *torque vectoring* [51, 16C] gesprochen), so muss dies über ein sog. Sperrdifferential[14] erfolgen. Es bremst die Ausgleichsbewegung der einzelnen Räder und sorgt damit für eine, wenn auch verlustbehaftete Umverteilung der Antriebskraft. Insbesondere bei variierendem Fahrbahnuntergrund kann dadurch die Traktion deutlich verbessert werden.

Damit sind alle zur Realisierung aktiver Fahreingriffe verfügbaren Stellgrößen qualitativ beschrieben und es kann im nächsten Abschnitt auf die Systemeingangsgrößen eingegangen werden.

2.4 Sensorik, Mess- und Schätzgrößen

Sowohl die Trajektorienoptimierung als auch ein Großteil der unterlagerten Regler beruhen auf dem Prinzip der Zustandsrückführung (im Unterschied zur Ausgangsrückführung). Es verwundert in der Praxis daher nicht, dass das Leistungsvermögen des Gesamtsystems maßgeblich von der Qualität der Sensorik und Messgrößenaufbereitung bestimmt wird. Schließlich kann das Fahrzeug weitaus bessere Entscheidungen über die einzuschlagende Trajektorie treffen, wenn es genaue Kenntnis über seinen eigenen Fahrzustand und den anderer Verkehrsteilnehmer (Abstand, Bewegungsrichtung etc.) besitzt. Zugleich wird die Stabilisierungsebene durch ein latenzarmes Messsignal dazu befähigt, auf Störungen schnell zu reagieren, um eine optimierte Trajektorie möglichst genau umzusetzen. Im Folgenden wird daher die den Assistenzfunktionen im Fahrzeug zur Verfügung stehende Information beschrieben und ein kurzer Einblick in die für sie wesentlichen Aspekte der Entstehung gegeben. Die Einteilung in Eigenfahrzeug- (im Folgenden mit Ego bezeichnet) und Fahrzeugumfeld-bezogene Information erweist sich hierbei als zweckmäßig.

2.4.1 Fahrzustandserfassung

So wie der menschliche Fahrer über seine vestibuläre[15] und visuelle Wahrnehmung muss ein Assistenzsystem über die Fahrzeugsensorik den aktuellen Fahrzustand er-

---

14 Zur Unterscheidung beschreibt eine Differentialsperre eine hinzuschaltbare mechanische Verbindung, die keinerlei Drehzahlunterschied zwischen den Rädern zulässt.
15 Das Gleichgewichtsorgan wird auch als Vestibularapparat bezeichnet.

fassen und das möglichst präzise. Hierzu steht ihm insbesondere die Inertialsensorik zur Verfügung, welche im Fahrzeug als sog. *Sensorcluster* die Beschleunigungen und Drehraten in den für die Fahrdynamik relevanten Richtungen misst. Darüber hinaus sind mit der gewonnenen Messinformation unter Einbezug weiterer Messgrößen die Fahrzeuglängs- und Quergeschwindigkeit zu schätzen, da sie aus Kostengründen in Serienfahrzeugen nicht direkt gemessen werden.

2.4.1.1 Funktionsweise Sensorcluster [169]

Während für Stabilitätsprogramme wie das ESP neben der Quer- und Längsbeschleunigung die Drehrate um die Fahrzeughochachse als Messgröße ausreichend ist, erfordern automatische Überrollschutzsysteme von Fahrzeugen mit erhöhtem Schwerpunkt zusätzlich die Erfassung der Drehrate um die Fahrzeugquer- und -längsachse. Das sog. *Sensorcluster* umfasst nun zentral die entsprechend ihrer Messachsen ausgerichteten Beschleunigungs- und Drehratensensoren und stellt deren Messsignale auf dem Fahrzeug-Bus den Steuergeräten zur Verfügung [169]. Im Automobilbereich haben sich sog. *mikro-elektro-mechanische* (MEM) Beschleunigungs- und Drehratensensoren etabliert, die aus filigranen mechanischen Silizium-Strukturen und elektronischen Auswerteeinheiten bestehen. Zwar unterscheiden sich die Sensoren im Aufbau von Hersteller zu Hersteller, in ihrer grundsätzlichen Funktionsweise decken sie sich jedoch. Zur Erklärung sei Abb. 2.16 betrachtet, in der das Messprinzip der Querbeschleunigung verdeutlicht wird. Die elastisch gelagerte Masse m erfährt bei einer Beschleunigung a die Trägheitskraft F_a, was zu einer kapazitiv messbaren Auslenkung führt, sodass über die Federsteifigkeit und Masse auf a geschlossen werden kann. Alternativ wird die Masse durch eine schnelle Lageregelung in ihrer Position gehalten, womit die erforderliche Kompensationskraft der Regelung der Trägheitskraft entspricht. Das erhöht den Messbereich (Amplitude und Grenzfrequenz), da die Masse sehr nahe am Nullpunkt der Auslenkung bleibt und somit ein lineares Systemverhalten gewährleistet ist.

Die Messung der Drehrate erfolgt ebenfalls unter Ausnutzung von Trägheitseffekten. Allerdings werden hierzu zwei miteinander verbundene Masseschwinger

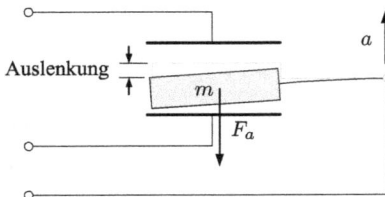

Abb. 2.16: Funktionsweise eines mikro-elektro-mechanischen Beschleunigungssensors: Aufgrund der zu messenden Beschleunigung a erfährt die Masse m eine Messkraft F_a, die zu einer zur Beschleunigung proportionalen Auslenkung führt [169].

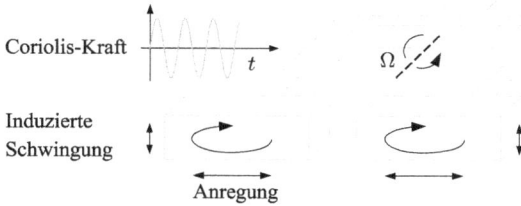

Abb. 2.17: Funktionsweise eines mikro-elektro-mechanischen Drehratensensors: Durch die Coriolis-Kraft erfahren die zur Oszillation angeregten Massen eine der Drehrate Ω proportionale Querauslenkung [169].

angeregt, sodass sie gegensätzlich in ihrer gemeinsamen Resonanzfrequenz ($\approx 1\,\mathrm{kHz}$) schwingen, s. Abb. 2.17. Bei einer Drehbewegung Ω senkrecht zur Oszillationsbewegung erfahren dann die Massen die Coriolis-Kraft, was eine Schwingung aus der Ebene heraus mit einer Amplitude proportional zur Gierrate induziert, die wiederum elektrostatisch gemessen werden kann [169].

2.4.1.2 Geschwindigkeits- und Schwimmwinkeschätzung

Da die Dynamik des Fahrzeugs grundlegend von seiner Geschwindigkeit beeinflusst wird, erfordern die meisten Assistenzfunktionen ein genaues Längsgeschwindigkeitssignal $v_x(t)$. Gerade aber im fahrphysikalischen Grenzbereich weisen die Reifen erheblichen Schlupf[16] auf, sodass von den Raddrehzahlsensoren (s. [169]) nur unzureichend auf die Fahrzeuggeschwindigkeit geschlossen werden kann. Ebenso verhält es sich bei der Fahrzeugquergeschwindigkeit $v_y(t)$, die bei einem schleudernden Fahrzeug ganz erhebliche Werte annehmen kann. Wenn auch im Rennsport und Erprobungsbetrieb Geschwindigkeitsmesssysteme über Grund verwendet werden (optisch [92] oder mittels hoch genauer, GPS-gekoppelter Inertialsensorik [177]), so verbietet sich aus Kostengründen deren Einsatz im Serienfahrzeug. Da aufgrund des Messrauschens bei einer reinen Aufintegration der Drehraten- und Beschleunigungssignale die Genauigkeit rapide abnimmt, müssen die Geschwindigkeiten geschätzt werden, was der Zuhilfenahme von Fahrzeugmodellen bedarf.

Die Längsgeschwindigkeitsschätzung erfolgt so, dass auch während einer ABS-Bremsung einzelne Räder gezielt „unterbremst" werden und dadurch nach kurzer Zeit stabil laufen. Aus der sich dann ergebenden Raddrehzahl kann über das anliegende Radbremsmoment (s. Abschn. 2.3.2.2) und die Reifencharakteristik auf die Geschwin-

---

16 Die normierte Geschwindigkeitsdifferenz zwischen Fahrbahn und Reifen in der Kontaktfläche wird als Schlupf bezeichnet.

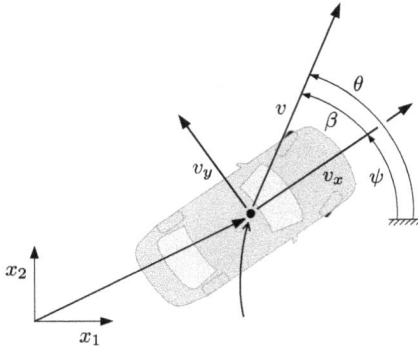

Abb. 2.18: Bewegungskinematik des Fahrzeugs innerhalb eines ortsfesten Koordinatensystems $[x_1, x_2]$.

digkeit über Grund geschlossen werden. Unter Berücksichtigung des Lenkwinkels und der Giergeschwindigkeit wird dann die Umrechnung in den Schwerpunkt vorgenommen. Über die Differentialgleichung der Längsgeschwindigkeit erfolgt die Sensorfusion mittels erweitertem Kalman-Filter [104], s. [221].

Ähnlich verhält es sich bei der Querbewegung, wobei i. Allg. anstelle von v_y die zum Fahrzeug relative Bewegungsrichtung

$$\beta = \arctan(v_y/v_x) \,,$$

der sog. *Schwimmwinkel*, als Zustandsgröße herangezogen wird, s. Abb. 2.18. Analog zur Längsgeschwindigkeitsschätzung wird über die Differentialgleichung der Querbewegung der Schwimmwinkel mittels erweitertem Kalman-Filter aus der Fahrzeugdrehrate um die Hochachse, der Querbeschleunigung und dem Lenkwinkel geschätzt [115, 124, 221].

2.4.2 Eigenlokalisierung

Wie bereits 1986 praktisch nachgewiesen wurde [34], kann bei vorhandenen Fahrbahnmarkierungen ein Fahrzeug der Spur selbständig folgen, und das ohne jegliche Art einer globalen Eigenlokalisierung. Schließlich reicht es aus, wenn regelmäßig die Fahrzeugrelativposition und -ausrichtung zu den Spurmarkierungen aus einer Kamera bestimmt und Abweichungen von der so bestimmten Fahrbahnmitte über Lenkbefehle minimiert werden.[17] Die Robotik verwendet hierfür auch den Begriff *visual servoing* [2], da Regelabweichungen direkt aus dem Sensor bezogen werden. Dasselbe Prinzip findet in Fahrzeuglängsrichtung in der serienmäßig verfügbaren Komfortfunktion ACC ebenfalls Anwendung [207], die mit dem nach vorne gerichteten Radar die

---

17 Eine Alternative stellt das Einlassen von stromdurchflossenen Drähten oder das Einschlagen von Magneten in die Fahrbahn dar, s. beispielsweise [139, 195].

Relativbewegung zum Vorderfahrzeug vermisst und einen vorgegebenen Abstand automatisch über Brems- und Motoreingriffe einregelt. Problematisch wird es allerdings, wenn bereits für kurze Zeit die Regelgrößen nicht verfügbar sind (z.B. kurzzeitiges Gegenlicht beim Spurhalten), da dann aufgrund der fehlenden Messgröße vom Regler keine Stellgröße berechnet werden kann.

Für einige Anwendungen im Fahrzeug verbietet sich gar funktionsbedingt das Prinzip des visual servoing. So kann zwar ein Einparkassistent durch einen seitlichen Sensor die Größe und Relativposition einer Parklücke bei der Vorbeifahrt gut bestimmen, während des Manövers ist diese Information aber aufgrund der veränderten Sensorperspektive nicht verfügbar, sodass die Position relativ zur Parklücke anderweitig geschätzt werden muss. Ähnlich verhält es sich beim Ausweichen, während dessen eine nach vorne gerichtete Sensorik aufgrund der starken Drehbewegung um die Fahrzeughochachse (das sog. Gieren) kurz nach dem Auslenken das Hindernis verliert. Die übergeordnete Fragestellung ist in den Situationen demnach, wohin sich das Hindernis oder die Spur relativ zum Fahrzeug innerhalb des letzten Zeitabschnitts bewegt haben. Um das zu beantworten, bietet es sich an, mit Hilfe der geschätzten Egobewegung und fahrzeugfester Umfeldsensorik die Hindernisbewegung über Grund zu ermitteln, über der Zeit zu verfolgen [141] und, falls erforderlich, zu prädizieren. Wenn auch noch die geschätzte Egobewegung aufintegriert wird, dann kann trotz kurzzeitig verdecktem Hindernis auf dessen Relativposition zum Fahrzeug geschlossen werden. Die Aufintegration wird auch als Koppelnavigation bezeichnet und in Abschn. 2.4.2.1 erläutert.

Sollen hingegen global referenzierte Informationen wie Straßenkarten herangezogen werden, dann ist zusätzlich eine globale Positionsbestimmung (beispielsweise über GPS) erforderlich, was in Abschn. 2.4.2.2 beleuchtet wird.

2.4.2.1 Lokale Bestimmung von Egoposition und -ausrichtung

Ungeachtet der Ursache einer Bewegung beschäftigt sich die Kinematik mit der Bewegung von Körpern im Raum und ist damit Grundlage der Fahrzeugbewegung. Zur Beschreibung der rotatorischen und translatorischen Bewegung in der Ebene reicht die Geschwindigkeit v eines fahrzeugfesten Referenzpunkts über Grund sowie dessen aktuelle Bewegungsrichtung θ (Kursrichtung) und die Fahrzeugorientierung ψ aus, wobei θ und ψ relativ zu einem ortsfesten Koordinatensystem definiert werden. Wie anhand von Abb. 2.18 nachvollzogen werden kann, genügt die Position $[x_1, x_2]$ dann der Differentialgleichung

$$\dot{x}_1 = v \cos \theta$$
$$\dot{x}_2 = v \sin \theta.$$

Der Kurswinkel wiederum lässt sich aufteilen in

$$\theta = \psi + \beta,$$

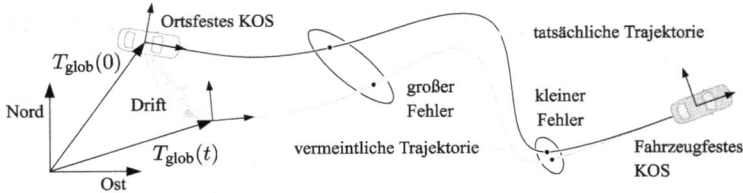

Abb. 2.19: Veranschaulichung der mit Drift verbundenen ortsfesten Koordinaten.

wobei β die Bewegungsrichtung relativ zum Fahrzeug beschreibt, s. Abb. 2.18. Falls der Bezugspunkt im Fahrzeugschwerpunkt liegt, wird β auch als Schwimmwinkel bezeichnet, s. Abschn. 2.4.1.2.

Ist auf eine direkte Bestimmung der Fahrzeugausrichtung, etwa durch einen Kompass, zu verzichten, so muss zusätzlich die Fahrzeuggierrate $r = \dot{\psi}$ gemessen oder geschätzt[18] werden, und es ergibt sich insgesamt die Fahrzeugbewegung zu

$$\dot{x}_1 = v\cos(\psi + \beta)$$
$$\dot{x}_2 = v\sin(\psi + \beta)$$
$$\dot{\psi} = r\,.$$

Die sog. Koppelnavigation (engl. *dead reckoning*) stellt nun nichts weiter dar, als die Aufintegration der drei[19] Differentialgleichungen, was problemlos numerisch erfolgen kann. Da die Raddrehzahlen in die Geschwindigkeit eingehen, wird in dem Zusammenhang in der Fahrerassistenz häufig auch der Ausdruck *Odometrie*[20] gebraucht.

Bei der Aufintegration akkumulieren sich allerdings über der Zeit das Sensorrauschen von r, der Schätzfehler in der Geschwindigkeit v und dem Schwimmwinkel β sowie die numerischen Ungenauigkeiten auf. Dieses als *Drift* bezeichnete Phänomen ist in Abb. 2.19 aus der Sicht einer Fahrerassistenzfunktion verdeutlicht. Dabei wird die Ursprungsposition (weißes Fahrzeug) mit der aktuellen Fahrzeugposition (graues Fahrzeug) durch die tatsächlich gefahrene Trajektorie (schwarze Linie) verbunden. Aufgrund der mit der Koppelnavigation verbundenen Fehler verschlechtert sich die Positions- und Orientierungsschätzung je länger die Fahrt andauert, sodass die vermeintlich gefahrene Trajektorie (grau) immer stärker von der tatsächlichen abweicht.

---

18 Bei langsamer Fahrt liefert das kinematische Einspurmodell eine sehr genaue Schätzung für die Gierrate, s. Abschn. 3.4.1.

19 In der Schifffahrt, dem Ursprung der Koppelnavigation, entfällt die letzte Gleichung, da dort ein Kompass verwendet werden kann, dessen Einsatz sich aufgrund von Feldstörungen im Fahrzeug verbietet. Die relative Fahrtrichtung β über Grund wird durch die sog. *Beschickung* berücksichtigt, welche der Versetzung durch Strömung und Wind Rechnung trägt [44].

20 Positionsbestimmung anhand der zurückgelegten Wegstrecke; bei Schätzung der Fahrzeugbewegung aus der Kamera wird gar von *visual odometry* gesprochen [119].

Genauer gesagt: Kehrt das Fahrzeug wieder zum mutmaßlichen Ursprung der Trajektorie zurück, so weicht es dann um den aktuellen Drift in seiner Position und Ausrichtung von den eigentlichen Werten ab.

Für viele Anwendungen stellt der auf den Drift zurückzuführende Fehler jedoch kein Problem dar, weil sich die meisten Assistenzfunktionen lediglich auf Zeitpunkte zurückbeziehen, die nicht weit in der Vergangenheit liegen (s. kleine und große Ellipsen in Abb. 2.19).

2.4.2.2 Globale Bestimmung von Egoposition und -ausrichtung

Für die Umsetzung moderner Assistenzfunktionen der Führungsebene sind detaillierte Umfeldinformationen wie zukünftiger Straßenverlauf und Vorfahrtsregelungen vonnöten, die durch aktuelle Umfeldsensorik und deren Auswertealgorithmik nur unzureichend zur Verfügung gestellt werden können. Insbesondere die im Rahmen der DARPA Urban Challenge entstandenen Arbeiten [10, 105, 146, 204] belegen jedoch, dass ein solches Defizit größtenteils durch global-referenzierte Daten ausgeglichen werden kann. Maßgeblich für die Verlässlichkeit der Karteninformation ist dabei neben der Genauigkeit vor allem deren Aktualität. Während es ausreichend sein kann, die Straßeninformation außerhalb von Baustellen nur einmal am Tag auf dem Fahrzeug zu aktualisieren, erfordern dynamische Gefahrenquellen, wie liegen gebliebene Fahrzeuge oder gar an eine Kreuzung herannahende Fahrradfahrer, eine permanente, latenzarme Informationsübertragung mittels Fahrzeug-zu-Fahrzeug- oder Fahrzeug-zu-Infrastruktur-Kommunikation (Car-to-X, kurz C2X), s. beispielsweise [228, 239].

Unabhängig von der Aktualisierungsrate ist es zur Nutzung der übermittelten Karteninformation wichtig zu wissen, an welcher Stelle der Karte und mit welcher Ausrichtung sich das Egofahrzeug befindet, was wiederum eine hinreichend genaue Bestimmung der globalen Fahrzeugposition und -ausrichtung erfordert.

Eine Möglichkeit hierfür stellt die Verwendung von GPS (Global Positioning System) dar, das schon heute die Unterstützung des Fahrers durch Navigationsgeräte ermöglicht. Die Qualität und Verfügbarkeit von GPS unterliegt insbesondere im städtischen Bereich jedoch starken Schwankungen, sodass nach Alternativen gesucht wird [67, 127, 157]. Für Hilfestellung sorgt hierbei die Robotik mit einer Vielzahl von Lokalisierungsverfahren [20], die mittels Laserscannern [229] und Videokameras [118] die Umgebung erfassen und geeignete Landmarken bestimmen. Sind deren Positionen ebenfalls in einer Karte verzeichnet, kann über Triangulation auf die Roboterposition und -ausrichtung geschlossen[21] und das Ergebnis mit der lokalen Positionsschätzung des vorherigen Abschnitts fusioniert werden. Angesichts der vermehrt eingesetzten Umfeldsensoren im Fahrzeug wird eine solche landmarkenbasierte Lokalisierung

---

21 Erfolgt die Kartenerstellung auf Basis der gleichzeitigen Schätzung der Position aus Umfelddaten, so wird von *simultaneous localization and mapping* (SLAM) gesprochen, s. beispielweise [67, 114, 198].

auch für die Fahrerassistenz interessant, sodass auf serientaugliche Alternative zum GPS in den nächsten Jahren zu hoffen ist.

In der Funktionsarchitektur ist grundsätzlich bei der Wahl der Koordinatenursprünge darauf zu achten, dass sich Korrektursprünge der globalen Eigenlokalisierung nur auf Module auswirken, die auch wirklich auf eine absolute Position und Ausrichtung angewiesen sind. Eine saubere Trennung zwischen lokalen und globalen Koordinatensystemen, wie sie in A.1 vorgeschlagen wird, ist daher unabdingbar.

2.4.3 Fahrzeugumfeld-Modellierung und -Prädiktion

Während für Assistenzsysteme der Stabilisierungsebene wie ESP die Schätzung des eigenen Fahrzeugzustands ausreicht (s. Abschn. 2.4.1), so erfordert die Realisierung von Komfort- und Sicherheitsfunktionen der Führungsebene noch zusätzlich die Erfassung des Fahrzeugumfelds. Bereits heute ist eine Fülle von Umfeldsensorik im Serieneinsatz, namentlich Video, Radar, Lidar und Ultraschall, deren jeweilige Messinformationen aufgrund unterschiedlicher Genauigkeiten und Erfassungsbereiche fusioniert werden. Angesichts der steigenden Funktionsanzahl im Fahrzeug ist es hierbei jedoch erstrebenswert, von einer funktionsspezifischen Sensordatenverarbeitung abzukommen, wie sie in der Serie aktuell gang und gäbe ist, und stattdessen die Messinformation zu einem generellen Abbild der Verkehrsszene zu fusionieren. Es kann dann als sog. *Umfeldmodell* [138] den verschiedenen Assistenzfunktionen zentral bereitgestellt werden.

Die Fahrzeugumfeld-Erfassung stellt allerdings eines der umfangreichsten Kapitel der Fahrerassistenz dar, sodass an dieser Stelle nur auf deren grundsätzlichen Aufbau und die für die Führungsebene wichtigsten Aspekte eingegangen werden kann. Zu letzteren zählen vor allem die Repräsentationsform der Hindernisse und der geschätzten Zustände einschließlich Unsicherheiten. Welche Einzelschritte erforderlich sind, um von der zu jedem Messzeitpunkt erfassten Rohsensordateninformation zu einer Zustandsschätzung und Prädiktion der Umfeldobjekte zu gelangen, wird nun kurz skizziert.

2.4.3.1 Mehrobjektverfolgung

Nahezu alle bekannten Verfahren der *Mehrobjektverfolgung* entsprechen der in Abb. 2.20 dargestellten Systemarchitektur [138]. In ihr werden im ersten Schritt die Rohdaten der Umfeldsensorik (Kamerabild [31], Lidar-Punktewolke [147], Radar-Echo [37] etc.) auf Merkmale untersucht, die für die jeweilig zu erfassende Hindernisklasse (z.B. Fahrzeug, Fußgänger) sprechen. Das Ergebnis dieser *Objektdetektion* ist eine Liste individuell erkannter Objekte, die im anschließenden Schritt der *Objektassoziation* den bereits aus vorangegangenen Messungen verfolgten Hindernissen zugeordnet

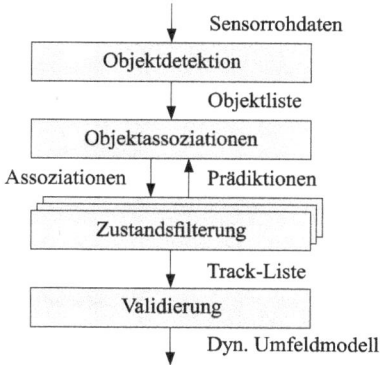

Abb. 2.20: Vereinfachte Darstellung der Einzelmodule in der Mehrobjektverfolgung, s. auch [138].

werden müssen. Die Bewegungsschätzung eines jeden Objekts erfolgt anschließend unter Verwendung eines *Zustandsfilters*, in dessen sog. Filterinnovation die von der Assoziation dem Objekt zugeordneten Messungen eingehen. Hierbei ist die Bewegung des Eigenfahrzeugs, s. Abschn. 2.4.1, zu berücksichtigen.

Aufgrund der variablen Objektanzahl und der Unvollkommenheit der Objektdetektion (Beschränkung des Sensorerfassungsbereichs, Falsch- und Fehldetektionen) sind des Weiteren Entscheidungsregeln zur Aufnahme und Löschung von Objekthypothesen zu implementieren (*Track-Management*). Ähnliche Mechanismen greifen in der *Objektvalidierung*, welche u. a. von der verstrichenen Zeit in der Track-Liste (Alter) und der Detektionshäufigkeit auf die *Existenzwahrscheinlichkeit* eines Objekts schließen. Bei Überschreitung eines definierten Schwellwertes erfolgt dann die Übernahme des Objekts in das Fahrzeugumfeldmodell, wo dessen Schätzwerte den Assistenzsystemen zur Verfügung stehen.

In der klassischen Systemarchitektur kommen für die Detektions- und Assoziationsaufgabe meist separate *ML-Schätzer*[22] zum Einsatz, und für die Zustandsfilterung wird gemeinhin auf *rekursive Bayes-Filter* (z.B. Kalman-Filter) zurückgegriffen [198].

Die Hauptkritik an einer sequenziellen Abarbeitung der Einzelschritte liegt darin, dass die eingesetzte Zustandsfilterung zwar Unsicherheiten im Zustand berücksichtigt, nicht jedoch allgegenwärtige Unsicherheiten der Objektexistenz und -assoziation. Die Folge sind sporadische Falsch- und Fehlobjekte im Umfeldmodell. Neue, vielversprechende Ansätze wie [138] hingegen adressieren die Unsicherheiten der Detektion, Datenassoziation und Zustandsschätzung in einem ganzheitlichen Filter auf Basis der *vereinheitlichten integrierten probabilistischen Datenassoziation*. Sie zielen damit auf eine drastische Reduktion von Falsch- und Fehlobjekten ab, was in den nächsten Jahren in der Automobilpraxis unter Beweis zu stellen ist.

---

22 Die Maximum-Likelihood-Methode bezeichnet ein parametrisches Schätzverfahren, das den zu bestimmenden Parameter so auswählt, dass die Messung am plausibelsten erscheint.

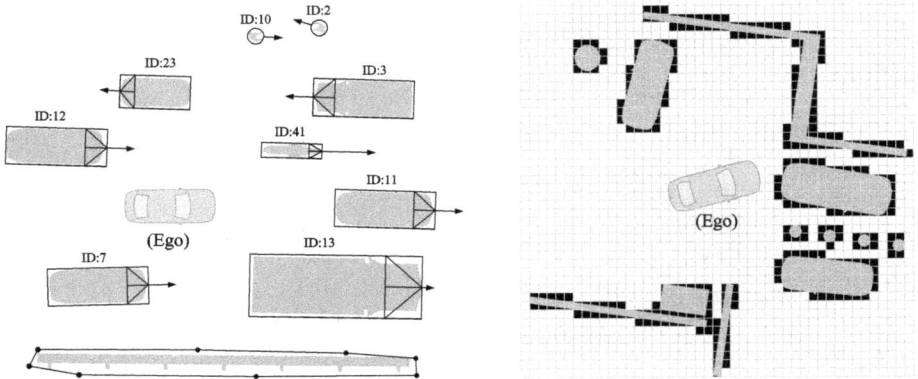

Abb. 2.21: Repräsentationsformen des dynamischen (links) und statischen (rechts) Fahrzeugumfelds mittels Objektlisten (links) und Belegungskarte (rechts), tatsächliche Objektabmaße in Grau.

In jedem Fall ist das Ergebnis eine probabilistische Wissensrepräsentation des Fahrzeugumfeldes in Form einer Objektliste, s. links in Abb. 2.21. Sie beinhaltet neben dem jeweiligen Objekttyp (z.B. Pkw, Fußgänger, Motorradfahrer) die zugehörigen Verteilungsdichten (repräsentiert durch Mittelwert und Varianz) der Objektposition und -ausrichtung sowie weitere Bewegungsmodell-Zustände wie Geschwindigkeiten, Gierraten oder Beschleunigungen [130]. Des Weiteren werden die in der Objektverfolgung bestimmten Existenzwahrscheinlichkeiten und Objektalter angehängt, sodass die nachgelagerte Fahrerassistenzfunktion, etwa zur Bestimmung des Kollisionsrisikos, darauf zugreifen kann.

2.4.3.2 Belegungskarten

Im Unterschied zur vorherig beschriebenen Repräsentation dynamischer Objekte eignen sich für die Darstellung der statischen Anteile des Fahrzeugumfelds (abgestellte Autos, Parkhauswände, Laternenpfosten) die sog. *Belegungskarten* [149, 198], s. rechts in Abb. 2.21. Für die meisten Anwendungen ist es nämlich nicht erforderlich, die Sensordaten von statischen Hindernissen auf die semantische Zwischenebene von Objekten (Pkw, Anhänger, Leitplanke) durch eine Klassifikation zu heben, da unabhängig vom Objekttyp in jedem Fall eine Kollision zu vermeiden ist. Dann ist es mitunter zielführend, die Umgebung als zweidimensionales Gitternetz zu modellieren, dessen Zellen die Wahrscheinlichkeit der Belegung durch ein statisches Objekt wiedergeben. Zur Detektion der Hindernisse eignen sich aufgrund der Tiefeninformation (Abstandsmessung) vor allem Stereo-Kameras, Laserscanner und Radare, und bei der Sensordatenauswertung kommen spezielle Bayes- oder Dempster-Shafer-Filter-Techniken zum Einsatz [148, 198]. Der aktuelle Forschungsfokus der Fahrerassistenz liegt auf der Isolation statischer Hindernisse aus dynamischen Szenen, wobei es sich als zielführend herausgestellt hat, zur Belegungswahrscheinlichkeit zusätzlich die Geschwindigkeit einer Gitternetzzelle zu schätzen [24, 196], da auf Filterebene dann keine binäre Entscheidung zwischen statischer und dynamischer Umgebung getroffen werden muss.

2.4.3.3 Umfeldprädiktion

Aufgrund der immanenten Dynamik des Verkehrs erfordern aktive Fahreingriffe stets eine Situationsprädiktion. Begreiflicherweise reicht es nicht aus, erst während eines Aufpralls zu bremsen oder zu lenken. Im Vergleich zu den etablierten Methoden der Mehrobjektverfolgung steht jedoch die Entwicklung von Algorithmen zur Situationsprädiktion noch im Anfangsstadium.

Eine grobe Einteilung der bestehenden Prädiktionsalgorithmen kann über die Länge des Prädiktionshorizonts erfolgen. Handelt es sich um Prädiktionsverfahren innerhalb eines Sicherheitssystems, das erst kurz vor einer drohenden Kollision aktiv wird (s. Abschn. 2.5), reicht es aus, die aktuelle Hindernisbewegung zu extrapolieren, z.B. unter der Annahme konstanter Längsbeschleunigungen und Fahrkrümmungen [11, 88]. Soll der Prädiktionshorizont weiter erhöht werden, etwa für eine Assistenzfunktion im Stau, so ist es zielführend, den Verkehrsteilnehmern die Einhaltung der Straßenverkehrsordnung zu unterstellen. In [52, 122] und [228] wird daher angenommen, dass sich Fahrzeuge langfristig entlang der Spur ausrichten und gleichzeitig so bremsen, dass Auffahrkollisionen vermieden werden.

Bei einem noch längeren Horizont (oder aber generell bei Fußgängern) wird häufig von *Intentionserkennung* gesprochen und es überwiegt der stochastische Charakter des Prädiktionsproblems, sodass der zukünftige Aufenthaltsort der Verkehrsteilnehmer nur noch probabilistisch beschrieben werden kann, s. z.B. [6, 7, 21, 71, 125, 172].

Trotz des aktuellen Forschungscharakters ist langfristig, analog zum Umfeldmodell, mit einer zentralen Hindernisprädiktion innerhalb der Fahrzeugarchitektur zu rechnen, die die zukünftige Trajektorie eines jeden Umfeldobjekts permanent schätzt und den Assistenzfunktionen zur Verfügung stellt.

2.5 Systemaktivierung

Da das Ein- und Ausschalten von Komfortfunktionen stets dem Fahrer überlassen ist, der abhängig von der Verkehrssituation entscheidet, wann ein System ihm assistieren soll, erfolgt das über eine sog. Benutzerschnittstelle [134], etwa über einen Knopf. Hierbei ist es dennoch wichtig, die Systemaktivierung und vor allem die -deaktivierung an zusätzliche Bedingungen zu knüpfen, die den technischen Grenzen des jeweiligen Systems Rechnung tragen und eine reibungslose Fahrerübernahme sicherstellen, s. z.B. [181].

Aktive Sicherheitssysteme stehen vor einer ganz anderen Herausforderung. Sie laufen permanent[23] im Hintergrund, da sie ständig die Verkehrssituation überwachen müssen, um bei gegebenem Anlass sofort mit aktorischen Interventionen zu reagieren. Beim Entwurf der Aktivierungsstrategie besteht nun die Schwierigkeit darin, den Eingriff auf der einen Seite so spät wie möglich vorzunehmen, um den Fahrer nicht ungerechtfertigter Weise zu bevormunden,[24] auf der anderen Seite so früh wie nötig einzuleiten, um eine Kollision zu verhindern. Stehen hierbei dem Assistenzsystem nicht dieselben Eingriffsmöglichkeiten (reduzierte Stellgliedanzahl, verminderter Dynamikumfang der Aktorik) wie dem Fahrer zur Verfügung, kann das in vielen Situationen nur kompromissbehaftet umgesetzt werden [32, 171]. Dieser Sachverhalt wird daher auch als sog. *Eingriffsdilemma* bezeichnet.

Bevor ein kurzer Einblick in die algorithmische Herangehensweise der Aktivierung von Sicherheitssystemen gegeben wird, sei auf die Norm ISO 26262 [102] hingewiesen, die allgemeine Entwicklungsmethoden der Funktionalen Sicherheit definiert [89]. Sie stellt den Stand der Technik bei der Absicherung von sicherheitsrelevanten elektrischen/elektronischen Systemen in Kraftfahrzeugen dar und ist damit verbindlich vom Entwicklungsingenieur bei der Planung, Entwicklungsdurchführung und Validierung von Serienfahrerassistenzsystemen anzuwenden. Im Idealfall findet sie allerdings bereits im Forschungsstadium Berücksichtigung, da dann ein reibungsloser Ergebnistransfer in Richtung Serienentwicklung gewährleistet ist.

Zur Minimierung des verbleibenden Restrisikos (hier der aktivierten Assistenzfunktion) fordert die Norm unter anderem eine Sicherheitsintegrität des Systems, welche über sog. *Automotive Safety Integrity Levels* (ASIL) bewertet wird. Sie berechnen sich aus dem Schweregrad einer möglichen Verletzung, der Beherrschbarkeit der Fehlfunktion durch den Fahrer und der Häufigkeit der relevanten Fahrsituation. Je nach ASIL-Einstufung (A bis D) ergeben sich dann Konsequenzen für beispielsweise das Redundanzkonzept, die formale Verifikation, die Selbstdiagnosefähigkeit, die Toleranzen oder die Komponententests des Assistenzsystems.

2.5.1 Zustände einer unvermeidlichen Kollision

Die mobile Robotik beschäftigt sich seit jeher mit Algorithmen der Bewegungsplanung inmitten von Hindernissen, s. beispielsweise [58, 61, 120, 121]. Mit Hilfe sog. *Konfigurationsraum*-Hindernisse (kurz $\mathcal{C}$-Hindernisse) wird hierbei das Planungsproblem dahingehend vereinfacht, dass in den Hindernissen bereits die Abmaße des mobilen Roboters Berücksichtigung finden und der Roboter selbst auf einen Punkt

---

[23] Die meisten Sicherheitssysteme können dennoch vom Fahrer deaktiviert werden.
[24] Entsprechend der Wiener Straßenverkehrskonvention [203] gilt: „*Every driver shall at all times be able to control his vehicle or to guide his animals.*"

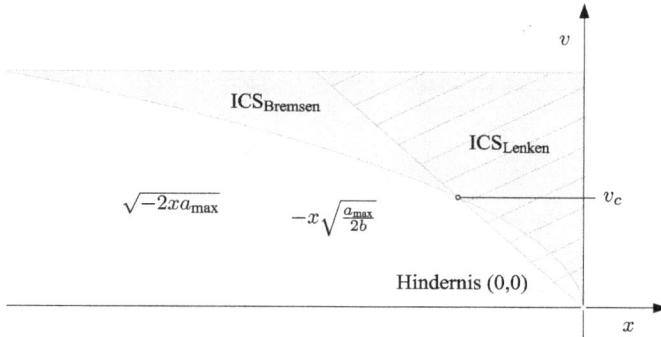

Abb. 2.22: Zustandsmenge einer unvermeidlichen Kollision durch Bremsen (ICS$_{\text{Bremsen}}$, grau) des Systems $\dot{x} = v$; $\dot{v} = u \in [-a_{\max}, a_{\max}]$ zur Darstellung einer Auffahrsituation auf ein punktförmiges Hindernis im Ursprung; Im Vergleich dazu die (projizierte) Zustandsmenge einer unvermeidlichen Kollision durch konstante Querbeschleunigung (ICS$_{\text{Lenken}}$, schraffiert, Hindernisüberlappung b); Für Geschwindigkeiten unterhalb von v_c kann bei Annäherung an das Hindernis zur Kollisionsvermeidung noch länger gebremst als ausgewichen werden, oberhalb von v_c gerade umgekehrt, vgl. [171, 182].

reduziert werden kann. Für eine statische[25] Umgebung erfolgt die Berechnung dieser $\mathcal{C}$-Hindernisse durch Einsatz von modernen Grafikkarten im Millisekundenbereich [197], wovon die in den Kap. 4, 5 und 6 vorgestellten Algorithmen rechenzeittechnisch erheblich profitieren.

Die sog. Zustände einer unvermeidlichen Kollision [62] (*Inevitable Collision States*, ICS), stellen gewissermaßen die Erweiterung der $\mathcal{C}$-Hindernisse dar. Sie beinhalten nämlich nicht nur die Geometrie des mobilen Roboters, sondern auch dessen *zukünftige Modelldynamik*. Ein Robotik-System befindet sich nämlich genau dann in einem ICS, wenn, ganz gleich welche zukünftige Systemtrajektorie eingeschlagen wird, das System unweigerlich mit einem der Hindernisse kollidiert.

Für die Trajektorienplanung inmitten statischer und dynamischer Hindernisse bietet das ICS-Konzept einen ganz erheblichen Vorteil: Existiert eine effiziente ICS-Berechnung (ein sog. ICS-*checker* [140]), so reicht es für die Berechnung sicherer Trajektorien aus, vereinfacht gesprochen, die Überprüfung auf Kollisionen mit Hindernissen auf einem endlichen Horizont durchzuführen, wenn sichergestellt wird, dass der Trajektorien-Endpunkt nicht in einem ICS liegt [62], s. später Abschn. 3.2. Aufgrund des erheblichen Rechenaufwands bei einer numerischen ICS-Berechnung, s. beispielsweise [49, 107, 123], werden für die Fahrerassistenz stark vereinfachte

---

25 Aufgrund der vereinfachten Repräsentation der beweglichen Hindernisse, etwa durch Rechtecke, ist es effizienter [133, 224], die Kollisionsfreiheit einer konkreten Trajektorie innerhalb des Optimierungsalgorithmus hierarchisch abzuprüfen, anstelle die Konfigurationshindernisse für jeden Zeitschritt des Optimierungshorizonts komplett zu berechnen.

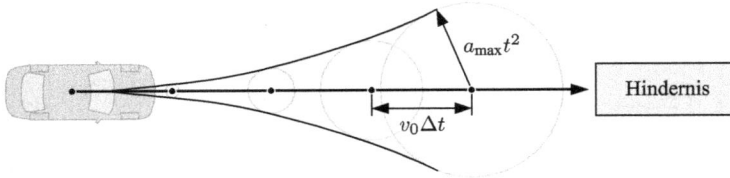

Abb. 2.23: Erreichbare Schwerpunktpositionen der durch maximale Beschleunigungen a_{max} approximierten Fahrzeugdynamik [182] (Kamm'scher Kreis [25]); Wie dem diagonalen Beschleunigungspfeil entnommen werden kann, beinhaltet die Erreichbarkeitsgrenze (schwarze Linie) beim Ausweichen immer auch eine Verzögerungskomponente, die jedoch in der Praxis häufig vernachlässigt wird.

Fahrzeugmodelle eingesetzt. So kann ein reines Bremsmanöver mittels Doppelintegrator mit beschränktem Eingang approximiert werden, wofür die ICS-Menge, wie in Abb. 2.22 dargestellt, analytisch berechnet werden kann. Soll zusätzlich die Querbewegung hinzugezogen werden, bietet sich die Approximation der Fahrzeugdynamik durch den sog. Kamm'schen Kreis [25] an, s. Abb. 2.23.

2.5.2 Subjektive Kritikalitätsbewertung des Fahrers

In den aktuellen Notbremsseriensystemen wird nicht erst dann gebremst, wenn eine Kollision unvermeidbar ist [171] und sich das Fahrzeug demnach in einem ICS befindet. Der Bestimmung des Eingriffszeitpunkts liegt nämlich eine andere, weniger konservative Überlegung zugrunde, die als Lösung eines Klassifikationsproblems angesehen werden kann. Aufgabe des Assistenzsystems ist demnach zu erkennen, ob der Fahrer überhaupt den potentiellen Kollisionspartner wahrgenommen hat oder nicht, und das möglichst früh. Da sich eine kamerabasierte Fahrerüberwachung bis dato nicht im Serieneinsatz befindet, müssen hierfür die Bremssysteme auf Basis der Relativbewegung zum Hindernis entscheiden, ob ein gewolltes Manöver oder ein Fahrfehler vorliegt. Als Bemessungsgrundlage (Klassifikationsmerkmal) hat sich vor allem die sog. *time-to-collision*, kurz TTC, bewährt, welche die Zeit darstellt, die unter Beibehaltung der relativen Bewegungsdynamik zwischen den Kollisionspartnern bis zum Aufprall verbleibt. Sie repräsentiert nachweislich die vom Fahrer subjektiv wahrgenommene Kritikalität eines Auffahrmanövers.

Auch wenn die TTC ein breites Spektrum an Auffahrsituationen abdeckt, so berücksichtigt sie nicht die relative Position und Bewegung der Kollisionspartner quer zur Fahrtrichtung. So kann bei einer geringen Querüberlappung mit dem Hindernis der vermeintlichen Kollision durch eine minimale Lenkbewegung mühelos entgangen werden und das Manöver damit vom Fahrer gewollt sein. Um dies mit zu berücksichtigen, bietet sich als weiteres Kritikalitätsmaß die sog. *time-to-steer* (TTS) an, also die Zeit, die verbleibt, bis der Fahrer durch Lenken spätmöglichst dem Unfall entgehen kann. Analog dazu definiert sich die *time-to-brake* (TTB) oder kombiniert die *time-to-react* (TTR) [88].

In Bezug auf Abschn. 2.5.1 stellt damit die TTC die zeitliche Distanz zu einem $\mathcal{C}$-Hindernis dar. Die TTR wiederum beschreibt nichts weiter als die verbleibende Zeit, bis sich das Fahrzeug in einem ICS befindet.

2.6 Bewertung

Die Beschreibung der Problemstellung aktiver Fahreingriffe des vorliegenden Kapitels erfolgt in zwei Teilen. Der erste Teil leitet die interne Struktur eines Fahrerassistenzsystems her. Motiviert durch die beobachtbare Fahrweise routinierter Fahrzeugführer während hochdynamischer Manöver wird das klassische Drei-Ebenen-Modell derart modifiziert, dass es mit gesteigerter Fahrzeugbeherrschung einen immer größeren Teil des Fahrzustands auf der Führungsebene berücksichtigt. Die dort permanent zu lösende Aufgabe wird regelungstechnisch als Optimalsteuerungsproblem interpretiert, wodurch ein modellprädiktiver Regelkreis entsteht, der für die Stabilisierung des rückgeführten Teilfahrzustands zuständig ist. Die den Optimalsteuerungsproblemen zugrunde gelegten Optimierungskriterien berücksichtigen hierbei den Komfort, die Sicherheit und die Effizienz mit von Fahrer zu Fahrer unterschiedlichen Wichtungsfaktoren.

Die anschließende sog. Stabilisierungsebene wiederum wird als unterlagerter Regler betrachtet, wodurch im Zusammenspiel mit der modellprädiktiven Regelung ein kaskadierter Regelkreis entsteht, der auf der überlagerten Ebene den Optimierungskriterien des Manövers Rechnung trägt und auf der unterlagerten Ebene die spezifischen Eigenschaften des Fahrzeugs berücksichtigt.

Zur Erleichterung der Übertragung des neuen Fahrermodells auf Fahrerassistenzsysteme und zur einheitlichen Betrachtung bestehender Algorithmen werden anschließend aus regelungstechnischer und robotischer Sicht die Begriffe *Trajektorien-* und *Bahnplanung*, *Optimalsteuerung* sowie *Optimale* und *Modellprädiktive Regelung* erklärt und verglichen.

Nach Darlegung der internen Grundstruktur einer Fahrerassistenz der Führungsebene, fokussiert der zweite Teil auf die dem System zur Verfügung stehenden Ein- und Ausgangsgrößen. Hierbei wird erkennbar, dass aus Entwicklersicht moderne Fahrzeuge im Hinblick auf die Möglichkeiten, die Fahrdynamik aktiv zu beeinflussen, kaum noch Wünsche offen lassen. Während zur Erprobung hochautomatisierten Fahrens noch vor einigen Jahren aufwändig Zusatzaktorik in die Versuchsträger eingebaut werden musste [166, 214], so reicht heute die Manipulation der Software des zuständigen Seriensteuergeräts aus, damit Lenkung, Gas und Bremse von extern angesprochen werden können. Mehr noch: Aufgrund der durchdachten Fahrzeugarchitektur stehen die detaillierten Aktorikschnittstellen, namentlich das Sollhandmoment oder der -lenkradwinkel sowie das Antriebs- oder Bremsmoment am Rad, transparent zur Verfügung. Damit können die Fahrerassistenzfunktionen weitgehend unabhängig von der technischen Umsetzung der Stelleingriffe im jeweiligen Fahrzeug entworfen und leichter koordiniert werden, was den Entwicklungsprozess enorm beschleunigt und die Entwicklungskosten reduziert.

Dasselbe gilt für die zentrale Auswertung und Bereitstellung der erfassten Sensorinformationen. Auch wenn in aktuellen Serienfahrzeugen bestimmte Messgrößen wie die Gierrate (unnötiger Weise aus technischer Sicht) an mehreren Stellen im Fahrzeug von verschiedenen Teilsystemen erfasst werden, so lassen moderne Forschungsfahrzeuge eine klare Tendenz zu einer zentralen Informationsverarbeitung erkennen. Als Beispiel profitieren von einer verbesserten Schwimmwinkelschätzung dann zukünftig nicht nur das Elektronische Stabilitätsprogramm, sondern auf einen Schlag auch die Eigenlokalisierung, die Trajektorienberechnung, die Fahrzeugquerführung, die Mehrobjektverfolgung und die Situationsprädiktion.

Rückblickend auf den Wettkampf DARPA Urban Challenge 2007 kann aus heutiger Sicht festgehalten werden, dass ein Großteil der Kritik an den damaligen Ansätzen, s. z.B. [10, 105, 146, 204], ungerechtfertigt war. Hierzu zählt die Verwendung von Karteninformation, was unmittelbar mit der Abhängigkeit des Systems von einer entsprechend genauen Eigenlokalisierung verbunden ist (s. Abschn. 2.4.2.2). Nach heutigem Kenntnisstand ist nämlich eine Karte auf absehbare Zeit unverzichtbar, wenn es um die Realisierung einer Großzahl neuer Sicherheits- und Komfortfunktionen geht, sodass eisern an einer serientauglichen Eigenlokalisierung gearbeitet wird (s. ebenfalls Abschn. 2.4.2.2). Ein weiterer Kritikpunkt stellte die teils über mehrere Ebenen auf dem Dach angeordnete Rundumsensorik dar, die im Hinblick sowohl auf die Kosten als auch auf die Fahrzeugoptik aus Kundensicht inakzeptabel ist. Im Vergleich dazu unterscheiden sich aufgrund der unauffälligen Integration der Sensorhardware die heutigen Forschungsfahrzeuge der Hersteller von außen kaum noch von Serienfahrzeugen, bei teils gesteigerter Informationsgenauigkeit. Der Kostenaspekt einer umfangreichen Rundumsensorik bleibt jedoch, wie so häufig in der wettbewerbsgeprägten Automobilbranche, nach wie vor ein heikles Thema. Letztendlich entscheidet er darüber, ob sich ein Assistenzsystem langfristig rechnet.

Zusammenfassend stehen damit aus Sicht der aktuellen Fahrerassistenzentwicklung von aktiven Fahreingriffen folgende drei Fragenstellungen im Mittelpunkt:
– Welche nutzbringenden Sicherheits- oder Komfortfunktionen lassen sich auf Basis der bestehenden Aktorikschnittstellen mit der verfügbaren Sensorinformation umsetzen?
– Welche Minimalanforderungen ergeben sich hierbei aus der anvisierten Fahrerassistenzfunktion an das Sensoriksetup?
– In welche Richtung müssen Aktorik und Sensorik weiterentwickelt werden, um die angestrebte Funktionsqualität und -zuverlässigkeit zu realisieren?

An dieser Stelle sei an den kreativen Ingenieur und seine Arbeitsgruppe appelliert, neue Fahrerassistenzfunktionen nicht im Labor zu entwickeln. Vielmehr ist es zielführend, wenn der Forscher und Entwickler täglich mit offenen Augen in sein Fahrzeug steigt und sich dabei in die Lage unterschiedlicher Kunden versetzt. So kann aus einer erlebten Fahrsituation eine erste Funktionsidee entstehen, die in mehreren algorithmischen Iterationszyklen und Prototypen zu einer wertigen Assistenzfunktion heranreift.

Kreativität beruht jedoch zu großen Teilen auf Können. Auf es zielen die nachfolgenden Kapitel ab, indem methodisches Wissen in systematisierter Form vermittelt wird, welches sich, belegt anhand zahlreicher Literatur, in der Entwicklungspraxis aktiver Fahreingriffe als unverzichtbar herausgestellt hat. Die Kapitelinhalte beschränken sich insbesondere nicht auf die Darlegung der bloßen Theorie, sondern legen besonderen Wert auf die beispielhafte Beschreibung praktischer Umsetzungen. Somit wird der Leser befähigt, Parallelen zu neuen Fahrerassistenzfunktionen zu ziehen, damit er sie in vorteilhafter Weise mathematisch formulieren kann, um sie anschließend algorithmisch zu lösen und schließlich praktisch umzusetzen und zu erproben.

3 Stabilität und Robustheit optimaler Fahrmanöver

*If everything is under control
you are just not driving fast enough.*

Sir Stirling Moss

Aufgrund der theoretisch unendlich vielen Möglichkeiten bei der Planung einer Fahrtrajektorie muss eine Bewertung in einem bestimmten Sinne vorgenommen werden, um die *beste* Trajektorie wählen zu können. Diese Herangehensweise wird als Optimierung bezeichnet. Wie hierzu in [60] angemerkt wurde, wird jedoch im gängigen Sprachgebrauch der Begriff *optimal* vergleichsweise sorglos gebraucht, und der Eindruck erweckt, dass schon von Optimieren die Rede ist, wenn lediglich die Bearbeitung einer Aufgabe gezielt angegangen wird. Die mathematische Formulierung eines Optimierungsproblems erfordert allerdings stets eine genaue Definition der Optimierungsvariablen und des Gütekriteriums. Motiviert durch das vorangegangene Kapitel widmet sich das vorliegende deshalb der Formulierung des Optimalsteuerungsproblems der automatisierten Fahraufgabe, welches sich aus der Fahrzeugumfeldinformation, der zeitlichen Prädiktion der dynamischen Hindernisse, der Eigenfahrzustandsschätzung und dem eigentlichen Optimierungsziel ableitet.

Des Weiteren spielt die Optimalität eine entscheidende Rolle bei den Untersuchungen zur Stabilität des modellprädiktiven Regelkreises, der durch die im Optimalsteuergesetz permanent rückgekoppelten Systemzustände entsteht. Die in diesem Kapitel vorgenommenen Betrachtungen geben dabei, vor dem Hintergrund eines aus technischen Gründen zeitlich beschränkten Optimierungshorizonts, wichtige Hinweise darauf, wie das Optimalsteuerungsproblem zu formulieren ist, um nicht nur das Gesamtverhalten einer Fahrerassistenzfunktion zu verbessern, sondern auch Stabilitätsgarantien auszusprechen.

Darüber hinaus wird der Einsatz unterlagerter Regler im modellprädiktiven Regelkreis systematisiert, der u. a. auf eine Verbesserung der Robustheitseigenschaften des Gesamtsystems bzgl. Störungen und Modellfehlern abzielt. In der Praxis zeigt sich nämlich, dass ein tieferes Verständnis über die keinesfalls trivialen Wechselwirkungen innerhalb des modellprädiktiven kaskadierten Regelkreises essentiell für die Auslegung der unterlagerten Fahrzeugregler ist.

Schließlich wird der Entwurf und die prototypische Implementierung eines neuartigen Assistenzsystems der Stabilisierungsebene vorgestellt, welches das Ziel verfolgt, den Fahrzeugführer beim Zurücksetzen und Rangieren mit Anhänger bestmöglich zu unterstützen. Ganz im Sinne des zuvor diskutierten kaskadierten Regelkreises stellt hierbei der Fahrer den Führungsregler dar, verbunden durch eine geeignete Mensch-Maschine-Schnittstelle mit dem unterlagerten Regler, der automatisch die Stabilisierung des Anhängers durch aktive Lenkeingriffe vornimmt. Der entsprechen-

DOI 10.1515/9783110531923-003

de Abschnitt 3.4 wurde bereits in großen Teilen in den eigenen Arbeiten [233, 238] veröffentlicht und übernommene Texte sind nicht gesondert gekennzeichnet.

3.1 Manöverplanung als Optimalsteuerungsproblem

Im Unterschied zur *statischen* Optimierung, welche sich der Optimierung von *Parametern* widmet, s. später Abschn. 5.1.1, stellen bei der *dynamischen* Optimierung *Funktionen* $x(t)$ einer unabhängigen Variablen t (z.B. die Zeit) die Entscheidungsvariablen dar [15, 60, 154]. Es wird in dem Zusammenhang auch von *unendlich-dimensionaler* Optimierung gesprochen. Zur Bewertung einer Funktion $x(t)$ bedarf es dann einer Abbildung des *Funktionen*raumes $\mathbb{R}^n$ in die Menge $\mathbb{R}$ der reellen Zahlen, welche auch als Güte*funktional* („Funktion von Funktionen" [154]) bezeichnet wird.

Aufgrund des Fokus auf die Fahrzeuganwendung wird an dieser Stelle ein in der Regelungstechnik und Robotik weit verbreiteter Sonderfall der dynamischen Optimierung betrachtet, bei dem die optimale Eingangstrajektorie $u^*(t)$ für ein dynamisches System gesucht wird, das sog. *Optimalsteuerungsproblem*.

3.1.1 Mathematische Formulierung

Eine recht allgemeine und daher in der Literatur häufig anzutreffende Struktur des Optimalsteuerungsproblems lautet [76]:
Minimiere das Kostenfunktional[1]

$$J(\boldsymbol{u}(t)) = \int_{t_0}^{t_f} l(\boldsymbol{x}(t), \boldsymbol{u}(t), t)\, \mathrm{d}t + V(\boldsymbol{x}(t_f), t_f) \tag{3.1a}$$

unter Berücksichtigung der Systemdynamik

$$\dot{\boldsymbol{x}}(t) = \boldsymbol{f}(\boldsymbol{x}(t), \boldsymbol{u}(t), t), \quad \boldsymbol{x}(t_0) = \boldsymbol{x}_0 \tag{3.1b}$$

sowie der Gleichungs- und Ungleichungsbeschränkungen

$$\boldsymbol{g}(\boldsymbol{x}(t_f), t_f) = \boldsymbol{0} \tag{3.1c}$$

$$\boldsymbol{h}(\boldsymbol{x}(t), \boldsymbol{u}(t), t) \leq \boldsymbol{0}, \quad \forall t \in [t_0, t_f]\,. \tag{3.1d}$$

Mit anderen Worten: Gesucht ist für ein (i. Allg. nichtlineares und zeitvariantes) System mit Zustand $\boldsymbol{x} \in \mathbb{R}^n$ und Eingang $\boldsymbol{u} \in \mathbb{R}^m$ auf dem Intervall $t \in [t_0, t_f]$ die Steuer-

---

[1] Während der Begriff *Gütefunktional* bei der Optimierung eine Maximierung impliziert, zielt der Begriff *Kostenfunktional* auf eine Minimierung ab. In der Literatur werden die Begriffe synonym verwendet [154], da eine gegenseitige Überführung lediglich ein Vorzeichenwechsel der Bewertungsfunktionale bedeutet.

trajektorie $\boldsymbol{u}^*(t)$, die unter Minimierung des Kostenfunktionals J das System vom Anfangszustand $\boldsymbol{x}_0$ in den Endzustand $\boldsymbol{x}(t_f)$ zur Endzeit t_f steuert, sodass die Beschränkungen $\boldsymbol{h} \leq \boldsymbol{0}$ und Endbedingungen $\boldsymbol{g} = \boldsymbol{0}$ erfüllt sind, s. Abb. 3.1. In der hier gewählten *Bolza-Form* [154] setzt sich das Kostenfunktional (3.1a) aus den Integralkosten l
und den Endkosten V zusammen.

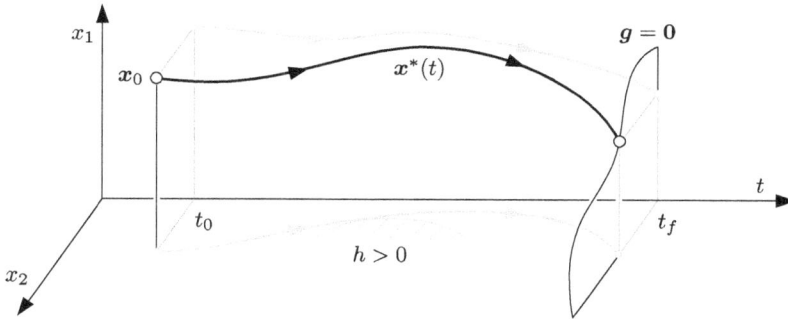

Abb. 3.1: Veranschaulichung der Lösung $\boldsymbol{x}^*(t) \in \mathbb{R}^2$ eines Optimalsteuerungsproblems mit Endbedingung $\boldsymbol{g} = \boldsymbol{0}$ und Ungleichungsbeschränkung $h \leq 0$ für x_2 sowie fester Endzeit t_f.

Die Endzeit t_f ist entweder vorgegeben oder frei. Trifft letzteres zu, so ist t_f Teil des
Optimierungsproblems. Entfällt die Endbedingung $\boldsymbol{g} = \boldsymbol{0}$, so wird von einem *freien
Endzustand* gesprochen.

Zurückkehrend zu den Assistenzfunktionen der Führungsebene können die aufgeführten Bestandteile des Optimalsteuerungsproblems folgendermaßen ausgelegt werden: Vereinfacht gesprochen[2] findet sich die Fahrzeugdynamik und die daraus resul-
tierende Bewegungskinematik im Systemmodell (3.1b) wieder. Unerwünschte Fahrzeugbewegungen, etwa das Abweichen von der Straßenmitte, gefährliche Fahrzustän-
de, wie große Schwimmwinkel, und unkomfortable, hektische Lenkbewegungen sind
im Kostenfunktional (3.1a) zu bestrafen. Die Prädiktion der Fahrzeugumgebung wiederum fließt in die (aufgrund des dynamischen Fahrzeugumfelds i. Allg. zeitvarian-
ten) Ungleichungsbeschränkungen (3.1d) ein. Wie schon das Beispiel in Abb. 3.1 zeigt,
kann darin die Kollisionsfreiheit inmitten von Hindernissen sichergestellt werden. Die
Endbedingungen (3.1c) können schließlich dazu genutzt werden, einen festen Zielzustand etwa auf einem Parkplatz vorzugeben. Darüber hinaus spielt die Wahl der Endkosten V und der Ungleichungsbeschränkungen $\boldsymbol{h}$ eine entscheidende Rolle bei den
Stabilitätsbetrachtungen in Abschn. 3.2.

---

2 Unter Vernachlässigung von Rückwirkungen der Bewegung des Eigenfahrzeugs auf die der anderen
Verkehrsteilnehmer.

3.1.2 Modellprädiktiver Regelkreis

Erst durch eine permanente Berücksichtigung der aktuellen Umfeldinformationen ist eine optimale Navigation zwischen dynamischen Hindernissen möglich.[3] Schließlich ist die Vorhersage der zukünftigen Bewegung anderer Verkehrsteilnehmer mit großen Unsicherheiten verbunden. Wie eingangs erwähnt, ermöglicht eine zyklische Optimierung aber auch die Reaktion auf unvorhergesehene Störungen bzw. Modellunsicherheiten.

Entsprechend der verbalen Beschreibung in Abschn. 2.2.3 beruht die Funktionsweise eines modellprädiktiven Regelkreises genau darauf, dass in kurzen Abständen Δt ein Optimalsteuerungsproblem über einen i. Allg. mitgeführten Optimierungshorizont der Länge T gelöst wird [56, 76, 81, 103]. Der entsprechend des Systemzustands $x(t_k)$ optimierte Stellgrößenverlauf $\bar{u}(\tau)^*$, $\tau \in [t_k, t_k+T]$ wird dabei in jedem Schritt nur für das Intervall $t \in [t_k, t_k + \Delta t)$ gestellt, da danach bereits das Ergebnis des nächsten Optimierungsschritts vorliegt, s. Abb. 3.2. Mit dem Optimierungshorizont T und den darauf prädizierten Modellgrößen $\bar{x}, \bar{u}$ stellt sich das schritthaltend zu lösende Opti-

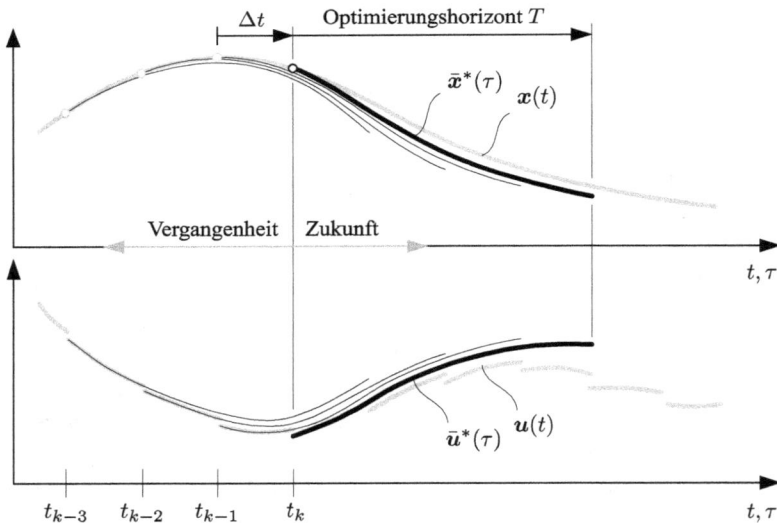

Abb. 3.2: Grundidee der modellprädiktiven Regelung; dick, schwarz: intern zum Zeitpunkt t_k optimierte Zustands- und Stellgrößenverläufe; dünn, schwarz: intern optimierte Verläufe der Vergangenheit; dick, grau: sich tatsächlich ergebende Verläufe des geschlossenen Regelkreises, vgl. [76].

---

3 Für singuläre Eingriffe wie dem Notausweichen existieren jedoch auch Forschungsansätze [14, 100, 108], die initial eine Trajektorie planen und an ihr bis zum Manöverende festhalten.

malsteuerungsproblem als

$$\underset{\bar{\boldsymbol{u}}(\cdot)}{\text{minimiere}} \quad \int_{t_k}^{t_k+T} l(\bar{\boldsymbol{x}}(\tau), \bar{\boldsymbol{u}}(\tau), \tau) \, \mathrm{d}\tau + V(\bar{\boldsymbol{x}}(t_k + T), t_k + T) \tag{3.2a}$$

$$\text{u.B.v.} \quad \dot{\bar{\boldsymbol{x}}}(\tau) = \boldsymbol{f}(\bar{\boldsymbol{x}}(\tau), \bar{\boldsymbol{u}}(\tau), \tau), \quad \bar{\boldsymbol{x}}(t_k) = \boldsymbol{x}(t_k) \tag{3.2b}$$

$$\boldsymbol{g}(\bar{\boldsymbol{x}}(t_k + T), t_k + T) = \boldsymbol{0} \tag{3.2c}$$

$$\boldsymbol{h}(\bar{\boldsymbol{x}}(\tau), \bar{\boldsymbol{u}}(\tau), \tau) \leq \boldsymbol{0}, \quad \forall \tau \in [t_k, t_k + T] \tag{3.2d}$$

dar. Aus Sicht der Optimierung gibt es keine algorithmischen Unterschiede zu (3.1), weshalb sich die Kap. 4, 5 und 6 auf das übersichtlichere Optimalsteuerungsproblem (3.1) beziehen.

3.2 Realisierbarkeits- und Stabilitätsbetrachtungen

Basiert der Regelkreis auf der Lösung eines Optimalsteuerungsproblems mit *unendlich* langem Optimierungshorizont, dann weist er ganz besondere Eigenschaften auf. Insbesondere stimmen, in Abwesenheit von Störungen und Modellfehlern, in jedem Schritt die prädizierten Systemverläufe mit den tatsächlichen überein, was sich leicht mit dem später in Abschn. 4.1 vorgestellten *Bellman'schen Optimalitätsprinzip* erklären lässt. Hiermit sichert die Lösbarkeit des Optimierungsproblems im Anfangszustand die Lösbarkeit für alle folgenden Zeitschritte. Dieser Sachverhalt wird in der Literatur auch als *rekursive* oder *anhaltende Lösbarkeit (recursive, persistent feasibility)* bezeichnet [22, 81]. Des Weiteren garantiert ein unendlicher Optimierungshorizont unter recht allgemeinen Bedingungen [22, 56, 81] einen *stabilen* Regelkreis, s. Abschn. 3.2.3.

Im Unterschied dazu beschränkt sich der modellprädiktive Regelkreis (aus Rechenzeitgründen) auf einen *endlichen* Optimierungshorizont, der i. Allg. zu einer *Diskrepanz* zwischen den Lösungen der aufeinanderfolgenden Optimierungsschritte führt, s. Abb. 3.2. Die Hoffnung ist, dass sich die Einbußen der beschränkten Vorausschau in Bezug auf das Gütekriterium, aber auch auf die rekursive Lösbarkeit und die Stabilität in Grenzen halten. Wie nachfolgend anhand eines modellprädiktiven Abstandsregeltempomats (ACC) verdeutlicht wird, bewahrt die bloße Optimierung jedoch keinesfalls davor, dass sich der modellprädiktive Regelkreis in Situationen bringt, die nicht mehr lösbar sind, obwohl (anfänglich) eine Lösung für das Optimierungsproblem mit unendlichem Horizont existiert hat. Wie ebenfalls simulativ verdeutlicht wird, ist die Stabilität des modellprädiktiven Regelkreises (selbst bei gegebener Lösbarkeit) nicht gesichert, sodass sich das geregelte System aufschwingen kann. Es existieren jedoch auf der Lyapunov-Stabilitätstheorie basierende MPC-Schemata [22, 56, 81], die durch geeignete Modifikation der Optimierungskosten und Nebenbedingungen die rekursive Lösbarkeit und Stabilität garantieren. Ein recht allgemeiner und gleichzeitig gut auf Fahrerassistenzprobleme übertragbarer Ansatz wird vorgestellt und auf das ACC-Regelungsproblem gewinnbringend angewandt.

3.2.1 Beispiel modellprädiktiver Abstandsregeltempomat

Das Ziel eines Abstandsregeltempomaten (*Adaptive Cruise Control*, ACC) ist, eine vom Fahrer eingestellte Sollgeschwindigkeit einzuregeln (Tempomatfunktion), ohne dass ein vorgegebener Sollabstand zum vorausfahrenden Fahrzeug dauerhaft unterschritten wird. Eine Regelung mit unterschiedlichen Regelzielen wird auch als *override control* bezeichnet [72] und lässt sich im vorliegenden Fall dadurch realisieren, dass sich mittels

$$u(\boldsymbol{x}) = \min(r_v(\boldsymbol{x}), r_d(\boldsymbol{x}))$$

immer das stärker bremsende bzw. weniger starke beschleunigende Regelgesetz auf die Aktorik durchschlägt [216, 218]. Da für die Lösbarkeits- und Stabilitätsbetrachtungen das Abstandsregelgesetz $r_d(\boldsymbol{x})$ von größerem Interesse ist als das Geschwindigkeitsregelgesetz $r_v(\boldsymbol{x})$, wird auf ersteres eingegangen. Die Rückführung $r_d(\boldsymbol{x})$ soll hier als modellprädiktiver Regler ausgeführt werden, dessen Optimierungskriterium (3.2a) sowie Fahrzeugmodell (3.2b) und die daran gestellten Ungleichungsnebenbedingungen (3.2d) nachfolgend hergeleitet werden. Für die eigentliche Lösung der Optimierungsaufgabe muss jedoch auf die nachfolgenden Kapitel verwiesen werden.

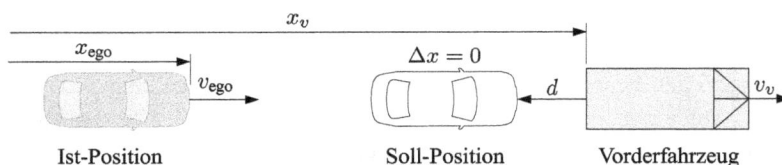

Abb. 3.3: Systemgrößendefinition der modellprädiktiven Abstandsregelung.

Es sei Abb. 3.3 betrachtet, in der die Längsposition der Ego-Fahrzeugfront x_{ego} und des Vorderfahrzeughecks x_v eingezeichnet sind. Da für die Funktion nur Relativgrößen von Belang sind, wird für das Systemmodell der Systemzustand $\Delta x = x_{ego} - [x_v - d]$ eingeführt, der die Regelabweichung von der durch den Sollabstand d definierten Sollposition $[x_v - d]$ beschreibt. Ist das Regelziel erreicht, dann befindet sich das Egofahrzeug, wie in Abb. 3.3 in Weiß dargestellt, bei $\Delta x = 0$. Die zeitliche Änderung von Δx wird wiederum von der relativen Annäherungsgeschwindigkeit $\Delta v = v_{ego} - v_v$ beschrieben. Vereinfachend gilt für die Vorderfahrzeuggeschwindigkeit $v_v = $ const., d.h.

der vorausfahrende Verkehr beschleunigt oder verzögert nicht.[4] Aus Komfortgründen muss die Ego-Längsbeschleunigung später im geschlossenen Regelkreis stetig verlaufen, was dadurch sichergestellt werden kann, dass sie als Systemzustand a_{ego} aufgefasst wird, s. später hierzu auch Abb. 3.10. Insgesamt lässt sich damit die Annäherungsdynamik mit dem linearen, zeitinvarianten System

$$\dot{x} = Ax + bu \quad \text{mit} \quad x = \begin{bmatrix} \Delta x \\ \Delta v \\ a_{ego} \end{bmatrix}, A = \begin{bmatrix} 0 & 1 & 0 \\ 0 & 0 & 1 \\ 0 & 0 & 0 \end{bmatrix} \text{und } b = \begin{bmatrix} 0 \\ 0 \\ 1 \end{bmatrix} \qquad (3.3)$$

beschreiben, wobei der Längsruck $j_{ego} = \dot{a}_{ego}(t)$ den Systemeingang u darstellt.

Die von der Aufgabenstellung herrührenden zeitinvarianten Ungleichungsnebenbedingungen setzen sich aus der Kollisionsfreiheit mit dem Vorderfahrzeug ($\Delta x(t) \leq d$) und dem beschränkten Beschleunigungs- und Verzögerungsvermögen ($a_{min} \leq a(t) \leq a_{max}$) zusammen, die sich kompakt als

$$A_c x - b_c \leq 0 \quad \text{mit} \quad A_c = \begin{bmatrix} 1 & 0 & 0 \\ 0 & 0 & 1 \\ 0 & 0 & -1 \end{bmatrix} \text{und } b_c = \begin{bmatrix} d \\ a_{max} \\ -a_{min} \end{bmatrix} \qquad (3.4)$$

darstellen lassen.

Schließlich werden die im Kostenfunktional (3.2a) des modellprädiktiven Reglers auftretenden Integralkosten in quadratischer Form zu

$$l(x, u) = x^T Q_{acc} x + R_{acc} u^2 \quad \text{mit} \quad Q_{acc} = Q_{acc}^T > 0 \text{ und } R_{acc} > 0 \qquad (3.5)$$

gewählt, sodass Abweichungen von der Sollposition $\Delta x = 0$ und deren zeitliche Ableitungen bestraft werden. Bei Q_{acc} handelt es sich somit um eine symmetrische, positiv definite[5] Matrix. Auf einen Endkostenterm $V(x(t_f))$ in (3.2a) wird in einem ersten Ansatz zunächst verzichtet.

Mit (3.3), (3.4) und (3.5) ergibt sich für (3.2) ein sog. linear-quadratisches Optimierungsproblem (lineares Systemmodell, quadratisches Kostenfunktional) mit linearen Nebenbedingungen, das mit den später in Abschn. 5.2.1 beschriebenen Verfahren effizient gelöst werden kann. Damit wird der modellprädiktive Regelkreis geschlossen und aus der Streckendynamik $\dot{x} = f(x, u)$ entsteht ein autonomes System $\dot{x} = f(x, r_d(x))$. Von der Umfeldsensorik neu erkannte Vorderfahrzeuge führen folglich zu Anfangsfehlern x_0, die das System zu $x_s = 0$ abbauen muss, um den Sollabstand einzuregeln.

---

4 Abweichungen von diesem Verhalten stellen Störungen dar, die durch Modifikation des im Folgenden beschriebenen Herangehens behandelt werden können, vgl. [39].
5 Eine Matrix A ist positiv definit, falls $x^T A x > 0 \; \forall x \in \mathbb{R}^n \setminus \{0\}$ und $x^T A x = 0$ für $x = 0$; gilt anstelle des Vergleichsoperators $>$ nur $\geq$, so ist A positiv semidefinit.

Die Optimierung erfolgt mit einer Zykluszeit von 100 ms und der Optimierungshorizont wird zunächst auf $T = \infty$ gesetzt.[6] In Abb. 3.4 ist das entsprechende Simulationsergebnis für einen um 20 m/s langsameren Einscherer[7] dargestellt, der 25 m vor dem Ego-Fahrzeug erkannt wird, sodass die Situation ein drastisches Bremsen erfordert. Wie der hellgrauen 2d-Projektion entnommen werden kann, überführt der unendliche Optimierungshorizont das Fahrzeug von $x_0 = [-15.0\,\text{m}, 20.0\,\text{m/s}, 0.0\,\text{m/s}^2]$ in den Ursprung (Stern), sodass sich der Sollabstand von $d = 10.0\,\text{m}$ einstellt. Dabei werden zwei der Ungleichungsnebenbedingungen aktiv, wie später den hellgrauen Signalverläufen in Abb. 3.7 auf S. 61 entnommen werden kann. Sie können aber zu jedem Zeitpunkt eingehalten werden, sodass weder die zulässige Verzögerung überschritten, noch das Vorderfahrzeug berührt werden. Aufgrund des Bellman'schen Optimalitätsprinzips folgt hierbei das System in jedem Schritt der zuvor optimierten Trajektorie, sodass in der Abbildung keine Diskrepanz zwischen geplanter und tatsächlicher Trajektorie erkennbar ist.

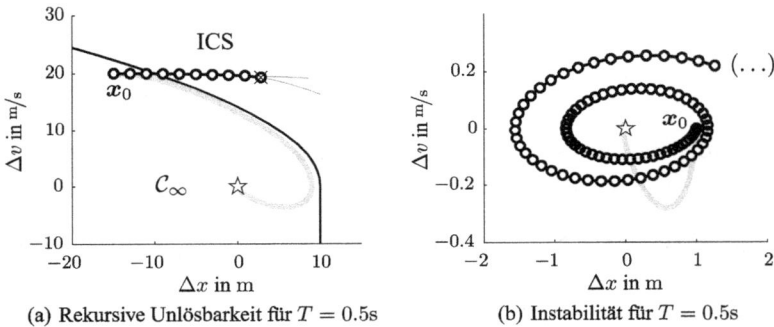

(a) Rekursive Unlösbarkeit für $T = 0.5\,\text{s}$ (b) Instabilität für $T = 0.5\,\text{s}$

Abb. 3.4: 2d-Projektion der Trajektorien des modellprädiktiven Regelkreises; $T = \infty$ in Grau, $T = 0.5\,\text{s}$ mit weißen Punkten; Modellprädiktionen in dünnen, grauen Linien; $d = 10.0\,\text{m}$, $a_{\text{min}} = -10.0\,\text{m/s}^2$, $a_{\text{max}} = 5.0\,\text{m/s}^2$, $Q_{\text{acc}} = \text{diag}(1, 1, 1)$, $R_{\text{acc}} = 1$ (links), $R_{\text{acc}} = 5$ (rechts).

Ganz anders verhält sich ein auf $T = 0.5\,\text{s}$ reduzierter Optimierungshorizont. Aufgrund der kurzsichtigen Arbeitsweise nimmt die Optimierung erst nach 0.9 s Simulationszeit (neunter weißer Punkt in Abb. 3.4(a)) Notiz von der brenzligen Lage, sodass schon im zehnten Schritt keine Lösung des Optimalsteuerungsproblems mehr existiert (weißer Punkt mit Kreuz). Das verwundert nicht weiter, da sich das System im vierten Schritt längst oberhalb der schwarzen Linie befindet, welche den Übergang zu

---

6 In guter Näherung wird in der numerischen Optimierung der Horizont auf 100.0 s begrenzt, da darüber hinaus keine nennenswerten Veränderungen in den Ergebnissen beobachtet werden können.
7 In die Ego-Spur wechselndes Vorderfahrzeug.

der bereits in Abb. 2.22 auf S. 39 abgebildeten ICS-Menge darstellt, den Zuständen einer unvermeidlichen Kollision. Die rekursive Lösbarkeit ist somit nicht gegeben und das Fahrzeug wird in der Realität kollidieren.

Ebenso wenig kann, selbst bei inaktiven Nebenbedingungen, die Stabilität des Regelkreises mit $T = 0.5\,\mathrm{s}$ garantiert werden, wie dessen 2d-projizierte Systemtrajektorie in Abb. 3.4(b) verdeutlicht. Im Unterschied zur Regelung mit $T = \infty$ (hellgrau), die das System aus $x_0 = [1.0\,\mathrm{m}, 0, 0]$ stabil in den Ursprung bringt, führt der kurze Optimierungshorizont zu einem Aufschwingen des Systems (weiße Punkte).

Zwar gibt es für bestimmte Problemklassen immer eine Grenze für T, oberhalb derer rekursive Lösbarkeit und Stabilität sichergestellt ist. Ihre Bestimmung ist jedoch mathematisch aufwändig [76] und überhaupt verbietet die verfügbare Rechenleistung häufig einen derart langen Optimierungshorizont. Um trotz eines kurzen Optimierungshorizonts ein gutes Ergebnis zu erzielen, existieren in der modernen Regelungstheorie Techniken, die Endkosten $V(x(t_k + T), t_k + T)$ und Zielmengen für $x(t_k + T) \in \mathcal{X}_f$ so vorgeben, dass der modellprädiktive Regler über den Optimierungshorizont hinaus auf das „Kommende" vorbereitet wird und Stabilität und rekursive Lösbarkeit gesichert sind. Wie sich bereits im ACC-Beispiel angekündigt hat, existieren hierbei Parallelen zu Methoden der Robotik, auch wenn dort die Stabilität typischerweise nicht im Fokus steht.

Nacheinander werden nun die wichtigsten Grundlagen geschaffen und in einem MPC-Schema kombiniert, das das Verhalten einer modellprädiktiven Regelung mit beschränktem Optimierungshorizont drastisch verbessert. Die Grundlagen und das Schema werden anhand des Abstandsregeltempomaten veranschaulicht.

3.2.2 Invariante Mengen

Der folgende Abschnitt bezieht sich wieder auf das Optimalsteuerungsproblem (3.1). In vielen praktischen Aufgabenstellungen kann darin die sehr allgemeine Form (3.1d) der Ungleichungsbeschränkungen so abgewandelt werden, dass der Eingang $u(t)$ und der Zustand $x(t)$ nur noch unabhängig voneinander beschränkt sind und sich

$$x(t) \in \mathcal{X} \subseteq \mathbb{R}^n, \quad u(t) \in \mathcal{U} \subseteq \mathbb{R}^m; \quad \forall t \in [t_0, t_f]$$

schreiben lässt. In unmittelbarem Zusammenhang steht damit folgende Definition [22]:

Definition 3.1. Die Menge $\mathcal{C} \subseteq \mathcal{X}$ eines Systems (3.1b) mit Zustands- und Stellgrößenbeschränkungsmenge $\mathcal{X}, \mathcal{U}$ wird als *control-invariant* bezeichnet, wenn

$$x(0) \in \mathcal{C} \;\Rightarrow\; \exists u(t) \in \mathcal{U}, \text{ sodass } x(t) \in \mathcal{C}, \forall t \geq 0$$

gilt.

Für jedes Element der invarianten Zustandsmenge $\mathcal{C}$ gibt es also ein Stellgrößensignal $u(t)$, sodass die Trajektorie $x(t)$ die Zustandsmenge $\mathcal{C}$ nie verlässt.

Wird der Systemzustand von (3.1b) mit einem Regler $u = r(x)$ auf die Stellgröße rückgeführt, so entsteht wie im vorherigen Abschnitt ein *autonomes* System. Existieren für die Regelstrecke Stellgrößenbeschränkungen, so werden sie im autonomen System Teil der Zustandsgrößenbeschränkung $\mathcal{X}$. Ein autonomes System besitzt definitionsgemäß keinen Eingang, womit sich die Invarianz-Definition [22] entsprechend vereinfacht:

Definition 3.2. Für ein autonomes System $\dot{x} = f(x)$ mit Zustandsbeschränkungsmenge $\mathcal{X}$ wird eine Menge $\mathcal{O} \subseteq \mathcal{X}$ als *positiv invariant* bezeichnet, wenn

$$x(0) \in \mathcal{O} \ \Rightarrow \ x(t) \in \mathcal{O}, \, \forall t \geq 0$$

gilt.

Demnach bleibt jede Trajektorie mit Anfangszustand in der invarianten Menge $\mathcal{O}$ für alle Zeit darin.

Definition 3.3. Die *Vereinigung* aller invarianten Mengen eines Systems wird als *maximale invariante Menge* $\mathcal{C}_\infty$ bzw. $\mathcal{O}_\infty$ bezeichnet [22].

Aufgrund der linearen, zeitinvarianten Fahrzeuglängsdynamik (3.4) gepaart mit den linearen Ungleichungsnebenbedingungen (3.4) für $\mathcal{X} \subset \mathbb{R}^3$ lässt sich durch zeitliche Diskretisierung die maximale invariante Menge $\mathcal{C}_\infty \subset \mathcal{X}$ des ACC-Problems effizient mittels [87] berechnen. Das Ergebnis ist in Abb. 3.5(a) als durchsichtiges Drahtgittermodell dargestellt, das bei $\Delta x = -150\,\text{m}$ und $\Delta v = -15\,\text{m/s}$ gestutzt wurde, da es sich aufgrund der Abwesenheit von Nebenbedingungen in diese Richtungen bis ins Unendliche fortsetzt. Eine bei $a_{\text{ego}} = 0\,\text{m/s}^2$ entnommene Scheibe ist daneben in Abb. 3.5(b) abgebildet. Auch hier sei darauf hingewiesen, dass aus Darstellungsgründen die Mengen zusätzlich zu den vorherigen Grenzen auch oberhalb von 60 m/s abgeschnitten sind. Aus der Abbildung wird sofort der Zusammenhang

$$\mathcal{C}_\infty = \mathcal{X} \setminus \text{ICS} \tag{3.6}$$

ersichtlich. Die maximale invariante Menge $\mathcal{C}_\infty$ beinhaltet nämlich alle Zustände, die durch ein Stellgesetz überhaupt vor einer Verletzung der Nebenbedingung bewahrt werden können. Außerhalb führen alle Zustände zu einer Verletzung der Nebenbedingung, wie auch immer $u(t)$ gewählt wird, und liegen damit in der ICS-Menge, kollidieren also im Beispiel unweigerlich mit dem Vorderfahrzeug.

Als Nächstes sei die Fahrzeuglängsdynamik über einen (stabilisierenden) Zustandsregler

$$u(t) = k_{\text{LQR}} \cdot x(t) \tag{3.7}$$

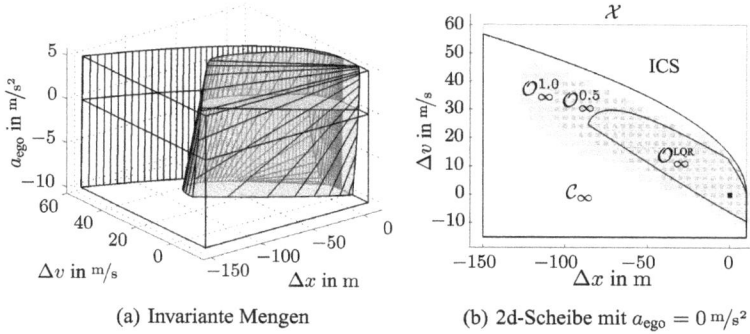

(a) Invariante Mengen

(b) 2d-Scheibe mit $a_{\text{ego}} = 0\,\mathrm{m/s^2}$

Abb. 3.5: Invariante Mengen: ungeregeltes System $\mathcal{C}_\infty$ in Transparent/Weiß, LQR-geregeltes System $\mathcal{O}_\infty^{\text{LQR}}$ in Grau; durch Sampling bestimmter Einzugsbereiche $\mathcal{O}_\infty^{0.5}$ mit dunkelgrauen, kleinen Kästen und $\mathcal{O}_\infty^{1.0}$ mit hellgrauen, großen Kästen.

mit noch zu spezifizierendem Verstärkungsvektor $k_{\text{LQR}}^{\text{T}} \in \mathbb{R}^3$ geschlossen. Die maximale invariante Menge des so entstehenden linearen autonomen Systems $\dot{x} = [A + Bk_{\text{LQR}}]x$, im Folgenden als $\mathcal{O}_\infty^{\text{LQR}}$ bezeichnet, kann ebenfalls problemlos berechnet werden und ist in Abb. 3.5(a) in transparentem Grau dargestellt. Jeder Anfangszustand auf dem Rand von $\mathcal{O}_\infty^{\text{LQR}}$ führt also dazu, dass auf dem Weg der Trajektorie in den Ursprung mindestens eine Nebenbedingung in einem Zeitpunkt in Gleichheit erfüllt ist. Alle Systemzustände außerhalb der Menge verletzen die Ungleichungsnebenbedingungen, bremsen oder beschleunigen demnach über Gebühr oder kollidieren mit dem Vorderfahrzeug.

Das Regelungsgesetz führt zu einem stetigen Beschleunigungsverlauf, sodass es nicht verwundert, dass sich $\mathcal{O}_\infty^{\text{LQR}}$ mit höheren Anfangsbeschleunigungen (in Abb. 3.5(a) nach oben hin) verkleinert, da es etwas Zeit braucht, bis wirklich verzögert wird. Darüber hinaus ist erkennbar, dass die invariante Menge $\mathcal{O}_\infty^{\text{LQR}}$ des linearen Zustandsreglers bei Weitem unterhalb der „Möglichkeiten" der maximalen invarianten Menge $\mathcal{C}_\infty$ der Strecke bleibt, viele Zustände also zu Kollisionen führen, die grundsätzlich verhindert werden könnten. Die maximal positiv invariante Menge des später vorgestellten modellprädiktiven Reglers stellt sich deutlich größer dar.

3.2.3 Lyapunov-Stabilität

Im Unterschied zur Robotik spielt in der Regelungstechnik der Nachweis der Systemstabilität eine zentrale Rolle. Für die Praxis reicht es i. Allg. hierbei nicht aus, asymptotische Konvergenz $\lim_{t\to\infty} x(t) = 0$ für den geschlossenen Regelkreis zu zeigen. Vielmehr soll auch sichergestellt werden, dass sich das (geregelte) System bei kleinen Störungen gutmütig verhält und in der Nähe des Ursprungs bleibt. Diese Eigenschaft

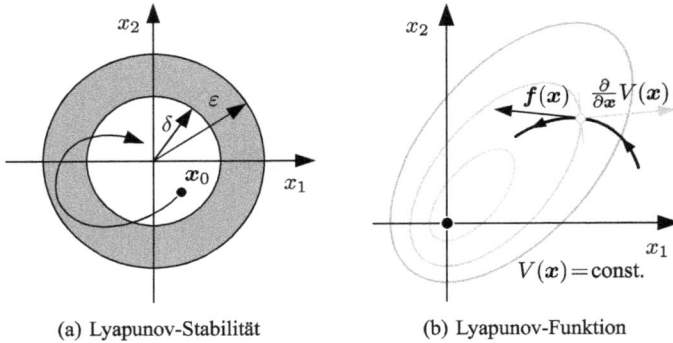

(a) Lyapunov-Stabilität (b) Lyapunov-Funktion

Abb. 3.6: Veranschaulichung von Stabilitätsdefinition und -kriterium [111].

wird in folgendem Stabilitätsbegriff formalisiert [111] und in Abb. 3.6(a) veranschaulicht.

Definition 3.4. Der stationäre Punkt $x_s = 0$ des autonomen Systems $\dot{x} = f(x)$ ist *stabil* im Sinne von Lyapunov, wenn für jedes (noch so kleine) $\varepsilon > 0$ ein $\delta > 0$ existiert, sodass

$$\|x_0\| < \delta \Rightarrow \|x(t)\| < \varepsilon, \forall t \geq 0 \ .$$

Gilt zudem $\lim_{t \to \infty} x(t) = 0, \forall x(0) \in \Omega$, so ist das System auf dem Gebiet $\Omega \in \mathbb{R}^n$ *asymptotisch stabil.*

Für die Stabilitätsuntersuchung nichtlinearer Systeme, und hierzu zählt auch der modellprädiktive Regelkreis aufgrund seines aufwändigen Rückführungsgesetzes, eignet sich die sog. *direkte Methode von Lyapunov* [111]:

Satz 3.1. *Es sei* $\mathcal{D} \subseteq \mathbb{R}^n$ *eine offene Umgebung von* $x_s = 0$. *Existiert eine Funktion* $V(x) : \mathcal{D} \to \mathbb{R}$, *sodass*

$$V(0) = 0; \quad V(x) > 0, \ \forall x \in \mathcal{D} \setminus \{0\} \tag{3.8a}$$

$$\dot{V}(x) = \frac{\partial}{\partial x} V(x) f(x) \leq -\alpha(x), \ \forall x \in \mathcal{D} \setminus \{0\}, \tag{3.8b}$$

wobei es sich bei $\alpha : \mathbb{R}^n \to \mathbb{R}$ *um eine stetige positiv definite Funktion handelt, dann ist* $x_s = 0$ *auf* $\mathcal{D}$ *asymptotisch stabil, und* $V(x)$ *wird Lyapunov-Funktion genannt.*

Bei der skalaren Lyapunov-Funktion $V(x)$ handelt es sich um eine Energiefunktion im erweiterten Sinne: Sie ist nur Null im Ursprung, sonst positiv, s. (3.8a), und muss über der Zeit stets abnehmen bis der Ursprung erreicht ist, s. (3.8b). Die Existenz einer solchen Energiefunktion ist dann hinreichend dafür, dass $x_s = 0$ stabil im Sinne von Lyapunov ist, s. z.B. [111]. Zur Interpretation von (3.8b) sei Abb. 3.6(b) betrachtet, worin die Höhenlinien von $V(x)$ in unterschiedlichen Grautönen dargestellt sind.

Bei Anwendung des Stabilitätskriteriums auf Regelkreise werden $V(x)$ als *Control-Lyapunov-Funktion* (CLF) und die Rückführung $r(x)$ als *CLF-Reglergesetz* bezeichnet.

Das Stabilitätskriterium wird nun auf den zuvor durch die lineare ACC-Zustandsregelung (3.7) geschlossenen Regelkreis angewandt, wobei die Ergebnisse ebenfalls für den späteren Entwurf einer leistungsstarken modellprädiktiven Regelung von Interesse sind. Die Zustandsrückführung wird nämlich optimal im Sinne eines LQR-Entwurfs [137] ausgelegt, der kurz erläutert werden soll.

Definition 3.5. Ein sog. *Linear Quadratic Regulator* (LQR) minimiert für ein lineares, zeitinvariantes System

$$\dot{x} = Ax + Bu, \quad x(t) \in \mathbb{R}^n, u(t) \in \mathbb{R}^m \tag{3.9}$$

das Kostenfunktional

$$J = \int_{t_0}^{\infty} [x^{\mathrm{T}}Qx + u^{\mathrm{T}}Ru]\, \mathrm{d}t \,.$$

Es wird hierbei auf den *unendlichen* Optimierungshorizont hingewiesen. Der Einfachheit halber seien beide symmetrischen Wichtungsmatrizen $Q = Q^{\mathrm{T}}$ und $R = R^{\mathrm{T}}$ wie im ACC-Beispiel positiv definit.[8] Es gilt folgender Satz [76]:

Satz 3.2. *Falls Q und R symmetrisch und positiv definit sowie (A, B) stabilisierbar und (A, M) mit $Q = M^{\mathrm{T}}M$ entdeckbar sind, dann lautet das optimale Rückführgesetz*

$$u(t) = r(x(t)) = -R^{-1}B^{\mathrm{T}}P\,x(t) = -K_{LQR}\,x(t)\,, \tag{3.10}$$

wobei P die eindeutige, symmetrische, positiv semidefinite Lösung der algebraischen Matrix-Riccati-Gleichung

$$PBR^{-1}B^{T}P - PA - A^{T}P - Q = 0 \tag{3.11}$$

darstellt. Die Ruhelage $x_s = 0$ des hierdurch geschlossenen Regelkreises ist asymptotisch stabil.

Für die Herleitung von (3.10) und (3.11) wird auf Abschn. 6.3.2 verwiesen. Auch ohne sie kann auf Basis von Satz 3.1 bereits die behauptete Stabilität gezeigt werden: Mit dem Lyapunov-Funktionskandidaten

$$V(x) = x^{\mathrm{T}}Px \tag{3.12}$$

---

8 Falls der allgemeine Fall einer positiv semidefiniten Matrix Q betrachtet werden soll, so ist der nachfolgende Stabilitätsbeweis für asymptotische Stabilität etwas aufwändiger.

ergibt sich

$$\dot{V}(x) = \dot{x}^{\mathrm{T}} P x + x^{\mathrm{T}} P \dot{x}$$
$$= [x^{\mathrm{T}} A^{\mathrm{T}} + u^{\mathrm{T}} B^{\mathrm{T}}] P x + x^{\mathrm{T}} P [A x + B u]$$

und mit (3.10) und (3.11) gilt damit

$$\dot{V}(x) = x^{\mathrm{T}} A^{\mathrm{T}} P x - x^{\mathrm{T}} P B R^{-1} B^{\mathrm{T}} P x + x^{\mathrm{T}} P A x - x^{\mathrm{T}} P B R^{-1} B^{\mathrm{T}} P x$$
$$= x^{\mathrm{T}} [\underbrace{A^{\mathrm{T}} P - P B R^{-1} B^{\mathrm{T}} P + P A}_{-Q}] x - x^{\mathrm{T}} P B R^{-1} B^{\mathrm{T}} P x$$
$$= \underbrace{-x^{\mathrm{T}} Q x}_{\leq 0} \underbrace{-x^{\mathrm{T}} P B R^{-1} B^{\mathrm{T}} P x}_{\leq 0} \leq 0 . \tag{3.13}$$

Damit ist der Regelkreis auf $\mathbb{R}^n$ asymptotisch stabil.

Wird der ACC-Zustandsregler (3.10) auf Basis der Wichtungsmatrizen Q_{acc} und R_{acc} in (3.5) entsprechend Satz 3.2 entworfen, dann stabilisiert er asymptotisch die Ruhelage $x_s = 0$ „per Design". Eine gesonderte Stabilitätsuntersuchung des Regelkreises, etwa durch Betrachtung dessen Pole, ist überflüssig. Wie in Abschn. 3.2.2 bereits dargelegt, reduziert sich das Einzugsgebiet $\mathcal{D}$ jedoch durch die Ungleichungsnebenbedingungen auf die maximal positiv invariante Menge $\mathcal{O}_{\infty}^{\mathrm{LQR}}$.

Die Lyapunov-Funktion (3.12) kann anschaulich interpretiert werden, denn sie stellt die optimale Kostenfunktion $J^*(x)$ dar. Auch die MPC-Schemata basieren auf den Kosten $J^*(x)$ als Lyapunov-Funktion, um eine Stabilitätsgarantie aussprechen zu können.

3.2.4 MPC-Schema mit Garantien

Ein sehr weit verbreiteter MPC-Ansatz, der sich gut mit den Anforderungen der Fahrerassistenz vereinbaren lässt, basiert darauf, durch Vorgabe bestimmter Endkosten V und einer Zielregion $\mathcal{X}_f$ für den Endzustand $\bar{x}(t_k + T)$ die rekursive Lösbarkeit und Stabilität sicherzustellen. Für ein zeitinvariantes Problem stellt sich dann das schritthaltend zu lösende Optimalsteuerungsproblem als

$$\underset{\bar{u}(\cdot)}{\text{minimiere}} \quad J(x(t_k), \bar{u}) = \int_{t_k}^{t_k + T} l(\bar{x}(\tau), \bar{u}(\tau)) \, d\tau + V(\bar{x}(t_k + T)) \tag{3.14a}$$

$$\text{u.B.v.} \quad \dot{\bar{x}}(\tau) = f(\bar{x}(\tau), \bar{u}(\tau)), \quad \bar{x}(t_k) = x(t_k) \tag{3.14b}$$

$$\bar{x}(\tau) \in \mathcal{X}, \quad \bar{u}(\tau) \in \mathcal{U}, \quad \forall \tau \in [t_k, t_k + T] \tag{3.14c}$$

$$\bar{x}(t_k + T) \in \mathcal{X}_f \tag{3.14d}$$

dar.

Der folgende Satz macht, unter recht milden Zusatzannahmen [76, 81], eine Aussage darüber, wann (3.14) rekursiv lösbar und der modellprädiktive Regelkreis stabil ist:

Satz 3.3. *Die Menge $\mathcal{X}_0 \subseteq \mathcal{X} \subseteq \mathbb{R}^n$ bezeichne die nichtleere Menge aller Anfangsbedingungen $x(t_k)$, für die (3.14) lösbar ist. Weiter existiert eine kompakte nichtleere Menge $\mathcal{X}_f = \{x \in \mathbb{R}^n : V(x) \leq \beta\} \subseteq \mathcal{X}_0$ mit $\beta < 0$ und ein lokales Rückführgesetz $u = r(x) \in \mathcal{U}$ für alle $x \in \mathcal{X}_f$, sodass*

$$\frac{\partial V}{\partial x} f(x, r(x)) \leq -l(x, r(x)) \quad \forall x \in \mathcal{X}_f . \tag{3.15}$$

Dann ist der Ursprung des geregelten Systems asymptotisch stabil und $\mathcal{X}_0$ stellt den Einzugsbereich dar, auf dem rekursive Lösbarkeit gegeben ist.

Die Ungleichung (3.15) fordert die Existenz eines Rückführgesetzes $r(x)$ auf $\mathcal{X}_f$, sodass entlang einer darüber geregelten Trajektorie die Zielkosten V mindestens genauso schnell kleiner werden wie die negativen Integralkosten im Gütefunktional. Dann gilt nämlich, s. Beweis-Skizze in A.2, dass die optimalen Kosten J^* über zwei aufeinanderfolgende Schritte t_k und $t_k + \Delta t$ schneller abnehmen, als im Falle der Optimierung über einen unendlichen Horizont, was mit den optimalen Kosten J^* als Lyapunov-Funktion asymptotische Stabilität garantiert. Hierbei ist die rekursive Lösbarkeit anschaulich dadurch sichergestellt, dass es im ersten Schritt auf $\mathcal{X}_0$ definitionsgemäß eine Lösung in die „sichere" positiv invariante Menge hinein gibt, der in jedem darauffolgenden Schritt gefolgt werden kann.

Ganz allgemein gesprochen stellt (3.15) eine *Control-Lyapunov-Ungleichung* dar [76, 81, 111]. An dieser Stelle sei darauf hingewiesen, dass das CLF-Reglergesetz $r(x)$ nicht implementiert wird, sondern lediglich die dazugehörige CLF als Endkostenterm $V(x)$ dient.

Für ein lineares unbeschränktes System (3.9) und quadratische Integralkosten $l(x, u) = x^T Q x + u^T R u$ ist bereits aus Abschn. 3.2.3 ein entsprechendes CLF-Regelungsgesetz bekannt. Das Riccati-Rückführgesetz (3.10) mit der Control-Lyapunov-Funktion (3.12) erfüllt nämlich die Control-Lyapunov-Ungleichung (3.15) in Gleichheit für alle $x \in \mathbb{R}^n$:

$$\begin{aligned}
l(x, r(x)) &= x^T Q x + u^T R u \\
&= x^T Q x + [R^{-1} B^T P x]^T R R^{-1} B^T P x \\
&= x^T Q x + x^T P B R^{-1} B^T P x \\
&\overset{(3.13)}{=} -\frac{\partial V}{\partial x} f(x, r(x))
\end{aligned}$$

Zurückkehrend auf das ACC-Problem mit Ungleichungsbeschränkungen sichert damit Satz 3.3 rekursive Lösbarkeit und asymptotische Stabilität, wenn im MPC-

Reglergesetz (3.14)

$$\mathcal{X}_f = \mathcal{O}_\infty^{\mathrm{LQR}}$$
$$V(\bar{x}_f) = \bar{x}_f^{\mathrm{T}} P_{\mathrm{acc}} \bar{x}_f \quad \text{mit} \quad \bar{x}_f = \bar{x}(t_k + T)$$

gewählt wird, also die Zielregion mit der aus Abschn. 3.2.2 bekannten maximal positiv invarianten Menge des LQR-geregelten Systems übereinstimmt und P_{acc} aus (3.11) mit den Wichtungsfaktoren Q_{acc} und R_{acc} bestimmt wird.

Bei entsprechender Modifikation des zuvor vereinfacht entworfenen MPC-Reglers stellt sich der geschlossene Regelkreis ganz anders dar. Zur Beurteilung sei erneut Abb. 3.5(b) betrachtet. Darin wird dessen maximale invariante Menge mit einem Optimierungshorizont von $T = 0.5\,\mathrm{s}$ als $\mathcal{O}_\infty^{0.5}$ bezeichnet, die allerdings nicht so ohne Weiteres geschlossen dargestellt werden kann. Aufgrund der Lösbarkeits- und Stabilitätsgarantie gilt jedoch grundsätzlich

$$\mathcal{O}_\infty = \mathcal{X}_0 \, .$$

Damit kann durch Sampling über $x_{\mathrm{samp}} \in \mathcal{X}$ geprüft werden, ob $x_{\mathrm{samp}} \in \mathcal{X}_0$, also ob für den Anfangszustand $x(t_k) = x_{\mathrm{samp}}$ das Optimierungsproblem in (3.14) eine Lösung besitzt. In Abb. 3.5(b) wird nur bei einem positiven Ergebnis ein dunkelgraues Rechteck an der Stelle x_{samp} eingezeichnet. Wie zu erkennen ist, fällt $\mathcal{O}_\infty^{0.5}$ größer als $\mathcal{O}_\infty^{\mathrm{LQR}}$ aus, was den numerischen Aufwand der MPC rechtfertigt. Je länger darüber hinaus der Optimierungshorizont T gewählt wird, desto mehr Anfangszustände existieren, von denen die Zielregion $\mathcal{X}_f$ erreicht werden kann. Zum Vergleich ist für $T = 1.0\,\mathrm{s}$ die maximale invariante Menge $\mathcal{O}_\infty^{1.0}$ über große, hellgraue, rechteckige Samples dargestellt.

Die Zeitsignale in Abb. 3.7 verdeutlichen weiter die MPC-Arbeitsweise. Der Unterschied zwischen der MPC-Regelung mit $T = 1.0\,\mathrm{s}$ (in Schwarz) zum unendlichen Optimierungshorizont $T = \infty$ (in Grau) ist gering. Kennzeichnend für den MPC-Entwurf nach Satz 3.3 ist das „konservative" Regelungsverhalten, das insbesondere aus dem Ruckverlauf $u(t)$ und dem Beschleunigungssignal $a_{\mathrm{ego}}(t)$ ersichtlich ist. Um innerhalb des endlichen Optimierungshorizonts in den sicheren Zustand $\mathcal{X}_f$ zu gelangen, wird gegenüber dem unendlichen Optimierungshorizont ein erhöhter Stellaufwand und damit auch eine stärkere Bremsung „einberechnet" (dünne schwarze Linien). Im nächsten Optimierungsschritt steht jedoch weiterhin der gesamte Optimierungshorizont T zur Erreichung von $\mathcal{X}_f$ zur Verfügung, obschon sich der Systemzustand ein gutes Stück auf die Zielregion zubewegt hat. Damit fällt der erforderliche Stellaufwand geringer aus als zuvor berechnet. Insgesamt darf somit bereits früher von der Vollbremsung abgelassen werden, ohne dass der Sicherheitsabstand zum Vorderfahrzeug unterschritten wird. I. Allg. kann sich für Sicherheits- und Komfortfunktionen das Optimierungsproblem immer zeitlich zuspitzen, sodass ein solches konservatives Verhalten nicht unbedingt von Nachteil ist.

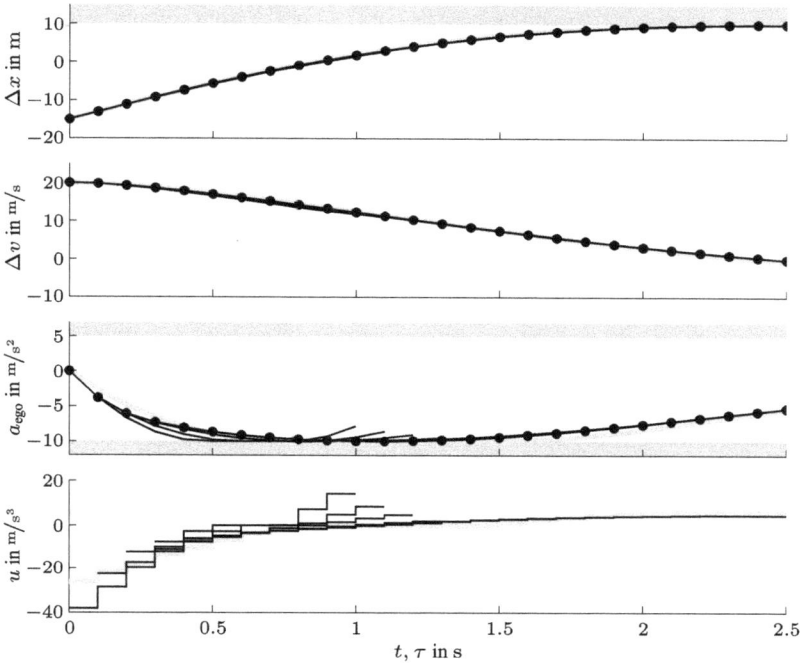

Abb. 3.7: Zeitverläufe der Trajektorien der beiden modellprädiktiven Regelkreise; $T = \infty$ in Grau, $T = 1.0$ s in Schwarz; Ungleichungsnebenbedingungen repräsentiert durch graue Balken.

An dieser Stelle kann zusammengefasst werden, dass die zyklische Optimierung auf einem endlichen Horizont nicht automatisch Stabilität und rekursive Lösbarkeit des geschlossenen Regelkreises impliziert. Weiter gestaltet sich die Lösbarkeits- und Stabilitätsanalyse des geschlossenen Regelkreises aufgrund des i. Allg. nichtlinearen Prädiktivreglers äußerst schwierig. Aus dem Grund existieren MPC-Schemata, die durch die gezielte Vorgabe von Endbedingungen und -kosten den geschlossenen Regelkreis auf das „Kommende" vorbereiten, und damit trotz des endlichen Optimierungshorizonts die rekursive Lösbarkeit und Stabilität garantieren. Allen gemeinsam ist die Verwendung der optimalen Kosten $J^*(x(t_k))$ als Lyapunov-Funktion, deren zeitliche Abnahme bekanntermaßen Stabilität garantiert. Das vorgestellte MPC-Schema kombiniert hierfür die (numerische) Optimierung auf einem kurzen Horizont mit einem klassischen (offline entworfenen) Regler, der wiederum die Zielkosten und Endregion in der MPC bestimmt. Im Falle der LQ-Regelung kann dasselbe Optimierungskriterium zugrunde gelegt werden wie im MPC-Optimalsteuerungsproblem, sodass der MPC-Regler nicht nur stabil ist, sondern das Verhalten des unendlichen Optimierungshorizonts nachahmt.[9] Die Kosten im Optimalsteuergesetz stellen dann

---

9 Dies ist der Grund dafür, dass der LQ-Regler die Ungleichung (3.15) in Gleichheit erfüllt.

immer eine obere Abschätzung der optimalen Kosten des unendlichen Optimierungshorizonts dar, sodass in dem Zusammenhang auch der Begriff *quasi-infinite horizon
MPC* [56] gebräuchlich ist.

3.3 Robustheit durch unterlagerte Regelungen

> *Wennst den Baum siehst, in den du rein fährst, hast Untersteuern.*
> *Wennst ihn nur hörst, hast Übersteuern.*
>
> Walter Röhrl

Soll in die Manöverberechnung immer die neu erfasste Umfeldinformation einfließen,
damit das Fahrerassistenzsystem schnell auf die Verkehrssituation reagiert, so hat die
Trajektorienoptimierung permanent zu erfolgen. Entsprechend des vorhergehenden
Abschnitts kann hierbei zusätzlich der aktuelle Systemzustand des Eigenfahrzeugs
berücksichtigt werden. Gemäß Abschn. 3.2 ist durch die entstehende Zustandsrückführung, zumindest theoretisch, eine vollständige Systemstabilisierung erzielbar. Die
Analyse praktischer Anwendungen wie [9, 77, 183, 209] fördert jedoch zutage, dass
der modellprädiktive Regelkreis in seiner reinen Form, bei der das optimierte Signal
$u(t)$ auch der tatsächlichen Streckenstellgröße entspricht (Steuerspannung, Bussignal
etc.), nicht häufig zum Einsatz kommt. Stattdessen wird die Optimierung mit einer unterlagerten klassischen Regelung kombiniert. Die überlagerte modellprädiktive Regelung fungiert dann als sog. Führungsregler, dessen Ausgang dem unterlagerten Folgeregler als Referenz zugeführt wird und es entsteht eine Reglerkaskade. Je nach Anzahl
der unterlagerten Regelkreise generiert der Ausgang des unterlagerten Reglers die eigentliche Stellgröße oder wiederum das Referenzsignal für den nächsten unterlagerten Folgeregler. Auch das Elektronische Stabilitätsprogramm (ESP) (s. z.B. [131, 201,
208, 218, 221]) kann, ganz im Einklang mit dem modifizierten Drei-Ebenen-Modell in
Abschn. 2.1.1, als unterlagerter Regler für den Fahrer als Trajektorienoptimierer angesehen werden, s. Abb. 3.8.

3.3.1 Motivation unterlagerter Regelungen

Aus der Praxis sind für die Kombination einer modellprädiktiven Regelung mit einer
unterlagerten Folgeregelung folgende Hauptgründe zu nennen:

Modellkomplexität
Die Wirkungsweise des klassischen Kaskadenregelkreises beruht darauf, dass der unterlagerte Regler eine Teilstreckendynamik stabilisiert und ihr zu Schnelligkeit ver-
hilft, sodass sie im Entwurf des überlagerten Reglers vernachlässigt werden kann [74].

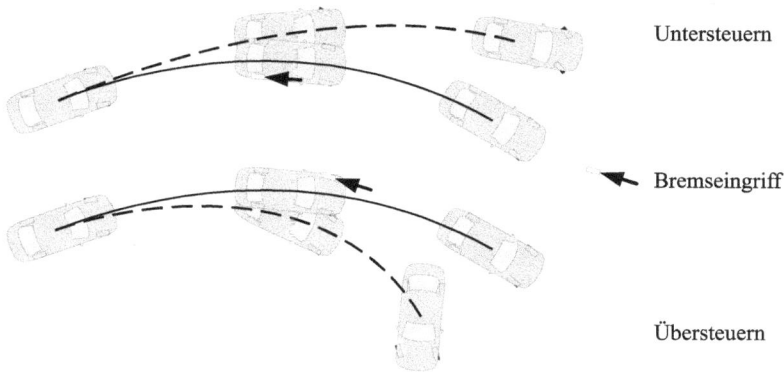

Abb. 3.8: ESP sorgt dafür, dass sich das Fahrzeug auch in fahrphysikalischen Grenzsituationen sehr ähnlich zur gewohnten Dynamik der Normalfahrt verhält und damit der Mensch-Maschine-Regelkreis robust gegen Modellschwankungen und Störungen wird. Hierzu bremst das Fahrzeug einzelne Räder derart ab, dass sich das Fahrzeug möglichst ähnlich zu seinem linearen Einspurmodell verhält [221].

In gleicher Weise reduziert auch beim Entwurf der modellprädiktiven Regelung ein schneller unterlagerter Regler erheblich die Systemkomplexität des Prädiktionsmodells.

Zykluszeiten und Übertragungslatenzen

Insbesondere die Überprüfung der Fahrtrajektorie auf Kollisionen mit dem Fahrzeugumfeld und die für bestimmte Optimierungsverfahren erforderliche numerische Simulation der Eigenfahrzeugdynamik beanspruchen einige Rechenzeit. Hinzu kommt, dass die Informationsübertragung zwischen Computer (das Steuergerät im Fall der Fahrerassistenz), Sensor und Aktor latenzbehaftet ist. Schnelle Streckendynamiken mit geringer Eigenstabilität werden damit nicht genügend rasch von der Optimierung beeinflusst. Ein unterlagerter Regler hingegen kann häufig direkt in der Aktorikelektronik integriert werden, wo ihm die Sensorinformation mit geringer Latenz zur Verfügung steht.

Permanente Störungen und Modellfehler

Während impulsförmige Störungen bereits im nächsten Optimierungsschritt berücksichtigt werden können, leidet die Qualität des modellprädiktiven Regelkreises ganz erheblich unter permanenten Störungen und Modellfehlern.[10] Da sich aufgrund der verschiedenartigen Einflussfaktoren eine genaue Störgrößenbeobachtung [137] bzw.

---

10 Beim Fahrzeug gehören dazu eine hängende Fahrbahn, Windeinflüsse, witterungsbedingte Reibwertänderungen und vor allem Vereinfachungen des komplexen Reifenkraftaufbaus.

Modelladaption [117] oftmals sehr aufwändig gestaltet, stellt der Einsatz unterlagerter Regler eine häufig präferierte Alternative dar. Er sorgt dann dafür, dass sich die Dynamik der geregelten Teilstrecke trotz Störungen und Modellfehlern ähnlich dem Prädiktionsmodell verhält.

Wiederverwendung unterlagerter Regelungen und Modularität

Die im Fahrzeug verbaute Aktorik (s. Abschn. 2.3) leistet bereits verlässlich ihren Dienst für verschiedene Stabilisierungssysteme wie ABS und ESP [98, 112], s. Abb. 3.8. Wie auch in anderen technischen Anwendungen wird hierbei vom Aktorhersteller bereits eine intensiv getestete und auf die jeweilige Hardware optimierte Regelung angeboten, die 1:1 in eine überlagerte modellprädiktive Regelung eingebettet werden kann. Neben der damit verbundenen Arbeitsersparnis wird, aufgrund der Einführung einer abstrahierten Schnittstelle, für den überlagerten Regelkreis eine weitgehende Unabhängigkeit von den Parametern der unterlagert stabilisierten Teilstrecke (Aktorik, Fahrzeugteildynamik etc.) erreicht. Die damit verbundene Steigerung von Flexibilität und Modularität ist in Anbetracht breiter Produktpaletten (Fahrzeugtypen und Sonderausstattungen) zur heutigen Zeit unverzichtbar [165].

Da die Realisierung von unterlagerten modellprädiktiven Regelkreisen keinesfalls trivial ist, werden im Folgenden die möglichen Umsetzungsvarianten systematisiert. Hierbei sei vereinfachend angenommen, dass beim unterlagerten Regelkreis ein einzelner statischer, d.h. zustandsfreier, Regler eingesetzt wird. Eine Übertragung der Ergebnisse auf dynamische oder mehrfach-kaskadierte Regler ist jedoch ohne Einschränkung möglich. Die Einteilung der kaskadierten Regelungsstruktur erfolgt nach dem asymptotischen Verhalten der unterlagerten Folgeregelungen.

3.3.2 Nicht-asymptotische Folgeregelung

Aufgrund des Tiefpasscharakters der Aktorik ist in der Ein-Freiheitsgrad-Struktur, d.h. ohne Vorsteuerung, ein asymptotischer Folgeregler nicht realisierbar. Dennoch kann eine nicht-asymptotische Folgeregelung, insbesondere aufgrund der mit ihr verbundenen Einfachheit, in vielen Situationen einen wertvollen Beitrag liefern. Die Integration des unterlagerten Folgereglers in den überlagerten modellprädiktiven Regelkreis ist denkbar einfach. Hierzu sei Abb. 3.9 betrachtet, aus der unmittelbar ersichtlich

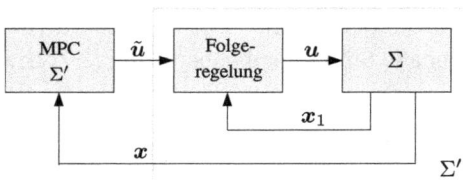

Abb. 3.9: Modellprädiktive Regelung mit unterlagerter Folgeregelung.

wird, dass die überlagerte Optimierung (MPC) den durch die unterlagerte Rückführung x_1 geschlossenen Regelkreis als neue Gesamtstreckendynamik Σ' aufzufassen hat. Das Führungssignal des unterlagerten Folgereglers ist hierbei als neuer Systemeingang zu betrachten, und damit die Stellgröße $\tilde{u}$ aus Optimalsteuersicht der MPC.

Bei geeigneter Auslegung der Folgeregelung weist das neue System Σ' gegenüber der ursprünglichen Strecke Σ ein gutmütigeres Verhalten auf, sodass der überlagerte modellprädiktive Regelkreis mit einer längeren Zykluszeit auskommt, da die Strecke während eines Optimierungszyklus durch die unterlagerte Stabilisierung nicht „wegläuft". Darüber hinaus erleichtert die veränderte Streckendynamik die für bestimmte numerische Optimierungsverfahren erforderliche Simulation von Σ', s. Abschn. 5.2.2, oder sie weist durch die Rückführung so schnelle Teildynamiken auf, dass sie aus MPC-Sicht vernachlässigt werden können.

Falls keine Teildynamiken vernachlässigt werden können und die Rückkopplung im modellprädiktiven Regelkreis ohnehin häufig erfolgt, so kann der unterlagerten Regelung i. Allg. keine robustheitssteigernde Wirkung in Bezug auf Modellfehler und Störungen zugeschrieben werden. Der Grund hierfür ist, dass es sich beim unterlagerten Regelkreis in der Rückkopplung um dasselbe x_1 handelt wie in die modellprädiktive Regelung in x zurückgeführt wird. Anschaulich gesprochen invertiert damit die überlagerte Optimierung 1:1 die Folgeregelung im Modell Σ', welche ja lediglich eine statische Abbildung von x_1 und $\tilde{u}$ auf u darstellt, sodass dort auch gleich u berechnet werden könnte.

3.3.3 Asymptotische Folgeregelung

Bevor nun die etwas aufwändigere Integration eines asymptotischen Folgereglers in den modellprädiktiven Regelkreis erläutert wird, soll als Vorstufe zunächst der Sonderfall betrachtet werden, in dem die Systemstellgröße $u(t)$ aufgrund praktischer Anforderungen stetig verlaufen muss. Diese Herangehensweise ist erforderlich, wie im Beispiel der modellprädiktiven Abstandsregelung in Abschn. 3.2.1, wenn in der überlagerten Optimierung die Stellrate $\dot{u}$ im Gütekriterium oder in den Nebenbedingungen (Stellratenbeschränkung) berücksichtigt werden muss.

Damit die Stetigkeitsbedingung an u erfüllt werden kann, muss in jedem Schritt die vorherige Stellgröße verfügbar sein, sodass die Aufgabe nur von einem dynamischen Regelkreis, der die vorherige Stellgröße als Zustand besitzt, erfüllt werden kann. Eine gleichermaßen einfache wie anschauliche Realisierung erfolgt entsprechend Abb. 3.10 über die Systemerweiterung von Σ um einen vorgelagerten Integrator, dessen Ausgang die Stellgröße u liefert. Gleichzeitig ist nun das Integral als Zustand $z = u$ des erweiterten Systems Σ' aufzufassen und nebst x in die modellprädiktive Regelung zurückzuführen. Das dort zu lösende Optimalsteuerungsproblem hat nun das erweiterte System Σ' zu berücksichtigen, da die Stellgröße $\tilde{u}$ den Integratoreingang

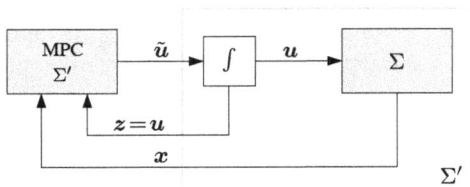

Abb. 3.10: Modellprädiktive Regelung mit Integratorerweiterung.

darstellt. Die Implementierung der Integratorerweiterung erfolgt durch numerische Integration von $\tilde{u}(t)$.

Für die Unterlagerung der modellprädiktiven Regelung mit einer asymptotischen Folgeregelung ist ähnlich zu verfahren. Der Grund hierfür ist, dass von einer Folgeregelung nur realisierbare (insbesondere hinreichend oft stetig differenzierbare) Referenzverläufe asymptotisch stabilisiert werden können.

Da die asymptotische Folgeregelungsaufgabe keinesfalls die gesamte Systemdynamik umfassen muss, erfolgt im ersten Schritt entsprechend Abb. 3.11 eine Unterteilung der Strecke in das asymptotisch zu stabilisierende Teilsystem Σ_1 und ihre restliche Dynamik Σ_2. Im zweiten Schritt wird der Regelkreis um das System $\tilde{\Sigma}_1$ erweitert, das so gewählt werden muss, dass dessen Ausgang dem Folgeregler nur realisierbare Referenzverläufe generiert. Darüber hinaus muss es ein ähnliches Streckenverhalten wie Σ_1 aufweisen, damit sich dessen Zustände $\tilde{x}_1$ nicht allzu sehr von x_1 unterscheiden, da nur erstere im Optimierungskriterium Berücksichtigung finden (s. Rückführung $\tilde{x}_1$ in Abb. 3.11).

Aufgabe der Folgeregelung ist es nun, das System Σ_1 hinreichend genau mittels u zu stabilisieren (im Idealfall asymptotisch), sodass $\tilde{w}(t) \approx w(t)$, also der Systemausgang von Σ_1 hinreichend genau dem von $\tilde{\Sigma}_1$ folgt. Der modellprädiktive Regelkreis kann dann nämlich auf Basis der Verkettung von simuliertem Teilsystem $\tilde{\Sigma}_1$ und Reststrecke Σ_2 entworfen werden, deren jeweilige Systemzustände $\tilde{x}_1$ und x_2 wiederum in das Optimalsteuerungsproblem rückzuführen sind.

Neben den zuvor erwähnten Vorteilen der nicht-asymptotischen Folgeregelung wird zusätzlich Robustheit gegen permanente Störungen und Modellfehler im Teilsystem Σ_1 erlangt. Allerdings wird sie mit einer erhöhten Anfälligkeit auf Impulsstörungen desselben Teilsystems erkauft. Schließlich spiegeln sich diese nicht in den in die

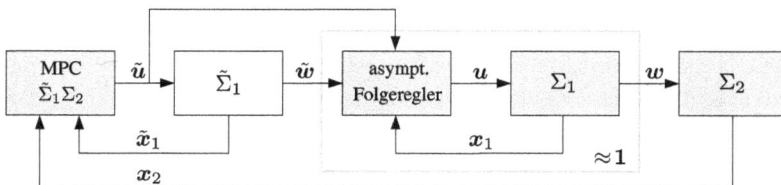

Abb. 3.11: Modellprädiktive Regelung mit asymptotischer Folgeregelung.

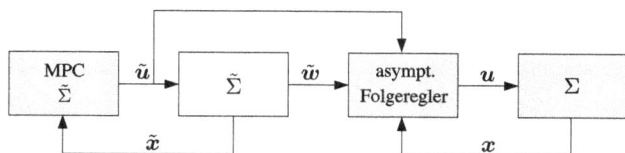

Abb. 3.12: Modellprädiktive Regelung mit nachgelagerter Folgeregelung.

Optimierung rückgeführten Systemgrößen $\tilde{x}_1$ wider, sondern müssen vom Folgeregler ausgeregelt werden.

Beinhaltet nun das asymptotisch stabilisierte System die gesamte Streckendynamik Σ, sodass wie in Abb. 3.12 dargestellt Σ_2 verschwindet, entsteht ein sog. Führungsgrößengenerator mit Modellfolgeregelung (vgl. auch [173]), was entsprechend Abschn. 2.2.1 eine Trajektorienplanung mit unterlagerter Folgeregelung darstellt.

Für die Implementierung der Systemerweiterung, also die weißen Kästen in Abb. 3.10–3.12, bieten sich zwei grundsätzlich unterschiedliche Möglichkeiten an. Die erste besteht darin, die jeweiligen Differentialgleichungen mittels numerischer Standardverfahren in der Zykluszeit des Folgereglers zu lösen, also in Echtzeit zu simulieren, sodass letzterem in jedem Zeitschritt sein Referenzsignal zur Verfügung steht. Die zweite Möglichkeit besteht darin, direkt die bei einigen Optimierungsverfahren intern als optimale Prädiktion $\tilde{x}^*(\tau)$ vorliegende Lösung heranzuziehen, s. Abb. 3.2. Es braucht im Anschluss des Optimierungsschritts die optimale Referenztrajektorie nur im relevanten Zeitabschnitt in der Zykluszeit des unterlagerten Reglers abgetastet und das Ergebnis zum richtigen Zeitpunkt dem Folgeregler weitergeleitet werden. Unbedingt zu beachten ist hierbei, dass nicht der Versuchung nachgegeben werden darf, anstelle von $\tilde{x}$ den gemessenen bzw. beobachteten Systemzustand x in die Optimierung zurückzuführen. Dann nämlich büßt das Gesamtsystem seine Robustheit gegen permanente Störungen und Modellfehler in der Weise ein, wie die fehlende Robustheit zuvor beim nicht-asymptotischen Folgeregler am Ende von Abschn. 3.3.2 begründet wurde.

Zusammenfassend kann festgehalten werden, dass die Kombination aus modellprädiktivem Regelkreis und unterlagerter Folgeregelung große Vorteile in Bezug auf die Systemrobustheit bietet. Die Aufgabe der unterlagerten Folgeregelung ist hierbei, für ein gutmütigeres (Teil-) Streckenverhalten aus Sicht der überlagerten Optimierung zu sorgen, oder das stabilisierte System so zu beeinflussen, dass es trotz Störungen und Modellunsicherheiten dem Optimierungsmodell nahe kommt. Hierbei entsteht aufgrund der variablen Größe des unterlagert stabilisierten Teilsystems ein Freiheitsgrad, der vom Entwicklungsingenieur so ausgenutzt werden muss, dass das Gesamtverhalten des modellprädiktiven Regelkreises ein ausgewogenes Verhältnis aus Robustheit gegen permanente Störungen bzw. Modellfehler und Gutmütigkeit bei Impulsstörungen aufweist. Eine generelle Empfehlung kann nicht ausgesprochen werden, da sich je nach umzusetzender Fahrerassistenzfunktion, eingesetzter Sensorik und Systemarchitektur die Anforderungen hinsichtlich Störunterdrückung, Genauigkeiten und Komfort stark unterscheiden.

Zur Stabilisierung des *gesamten* Fahrzustands existieren eine ganze Palette von praxiserprobten Regelungstypen, klassische *PID* [145], *Sliding-mode-* [47], [237], *exakte ein-/ausgangslinearisierende* [116, 187, 216], [231], *robuste* [165, 211] und *optimierungsbasierte* Regler [110, 210, 213], um nur einige zu nennen. Allesamt sind grundsätzlich dazu geeignet, auch einen reduzierten Fahrzustandsvektor zu stabilisieren. Letztendlich kann aber nur die konkrete Kombination aus MPC-Regelkreis und unterlagertem Regler auf Robustheit beurteilt werden.

3.4 Neuer Algorithmus zur Gespannstabilisierung

Während für die Vorwärtsfahrt die sog. *aktive Gespannstabilisierung* (*trailer stability assist*) [221], i. Allg. als Teil von ESP, das Schlingern eines Anhängers verhindert, ist der Fahrer beim rückwärtigen Rangieren auf sich alleine gestellt. Als nicht intuitiv wird hierbei die Gespanndynamik empfunden, welche beim Rückwärtsfahren zur Kursänderung ein kurzzeitiges Lenken entgegen der Wunschrichtung erfordert. Im Folgenden wird daher ein neues Stabilisierungsverfahren [233, 238] für die Gierbewegung eines Anhängers vorgestellt, das den Fahrer als überlagerten Regler begreift, den es gilt, bestmöglich durch aktive Lenkeingriffe eines unterlagerten Reglers zu unterstützen.

Dank der interessanten nichtlinearen Struktur der Gespanndynamik existiert in der Literatur eine Vielzahl von Ansätzen, welche die Bewegung des Fahrzeuggespanns entlang vorgegebener Pfade und Trajektorien stabilisieren. Aufgrund der hohen Modellgüte sowie der einfach zu bestimmenden geometrischen Fahrzeug- und Anhängerparameter eignen sich insbesondere exakt ein-/ausgangs- bzw. zustandslinearisierende Regelungsansätze [3, 174], die auf der Kompensation der Systemnichtlinearitäten durch Zustandsrückführungen basieren. Die Herangehensweise wird auch hier verfolgt. Viele Arbeiten beschränken sich allerdings auf den Fall, bei dem der Kupplungspunkt mit dem Achsmittelpunkt des Zugfahrzeugs zusammenfällt (*standard one-trailer-system*) [175, 180, 199], wodurch die Mittelpunktskoordinaten der Anhängerachse einen flachen Ausgang (s. Abschn. 5.2.3) des Gespanns darstellen [176]. Diese Vereinfachung ist beim Pkw nicht zulässig, da der Kupplungspunktversatz in der Größenordnung der Länge der Anhängerdeichsel liegt [5].

In [176] wird daher auch für den allgemeinen Fall (*general one-trailer-system*) die Flachheit nachgewiesen. Während die Eigenschaft für eine Bahnplanung von höchstem Interesse ist (s. dazu den Ausblick in Abschn. 3.4.5), verzichtet der hier vorgestellte Ansatz bewusst auf die Stabilisierung eines flachen Ausgangs. Grund hierfür ist die dadurch erzielbare Reduktion der zu stabilisierenden Systemzustände, was durch die gutmütige interne Systemdynamik des Gespanns (s. Abschn. 3.4.4) ermöglicht wird, vgl. [217].

Alternative Stabilisierungsmethoden, die den Kupplungsversatz berücksichtigen, werden in [73, 161, 185] vorgestellt. Die dort beschriebenen Rückführungsgesetze basieren auf einer Kaskade von Querregelung und unterlagerter Knickwinkelstabilisierung. Dabei wird allerdings die Dynamik letzterer vernachlässigt, sodass die Regelung kein asymptotisches Fehlerverhalten aufweist.

Die Vorteil des nachfolgend hergeleiteten Stabilisierungsgesetzes besteht darin, anstelle der Festwertregelung des Knickwinkels eine *asymptotische Folgeregelung* für die *Fahrkrümmung* des Anhängers zu entwerfen. Hierdurch ist es für den Fahrer möglich, etwa über einen Drehknopf, den Anhänger nahezu verzögerungsfrei zu lenken, ähnlich einem ferngesteuerten Auto.

3.4.1 Nichtlineare Anhängerdynamik

Da Anhänger grundsätzlich nur mit niedrigen Querbeschleunigungen zurückgesetzt werden, können die sog. Schräglaufwinkel an den Reifen des Gespanns vernachlässigt werden. Wie Abb. 3.13 verdeutlicht, definieren hierdurch die Reifenausrichtungen über die Momentanpole MP_v und MP_t die Kinematik von Fahrzeug und Anhänger. Mit der Fahrzeugausrichtung ψ_v und der Hinterachsgeschwindigkeit $v_v < 0$ sowie mit dem effektiven Lenkwinkel δ der Vorderräder und dem Achsabstand $l_v > 0$ ergibt sich die Fahrzeuggierdynamik (vgl. z.B. [216]) zu

$$\dot{\psi}_v = v_v \frac{\tan \delta}{l_v}. \tag{3.16}$$

Entsprechend der Herleitung in A.3 wird die Anhängergierdynamik durch

$$\dot{\psi}_t = \frac{v_v}{l_t} \left[\sin\left(\psi_v - \psi_t\right) - l_c \cos\left(\psi_v - \psi_t\right) \frac{\tan \delta}{l_v} \right] \tag{3.17}$$

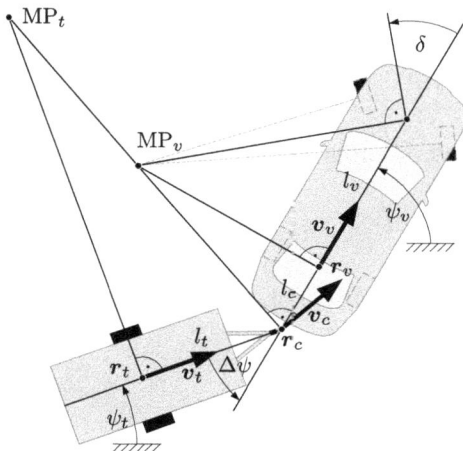

Abb. 3.13: Kinematisches Einspurmodell des Fahrzeuggespanns [233].

mit der vorzeichenbehafteten Anhängergeschwindigkeit

$$v_t := v_v \left[\cos \left(\psi_v - \psi_t \right) + l_c \sin \left(\psi_v - \psi_t \right) \frac{\tan \delta}{l_v} \right] \qquad (3.18)$$

beschrieben. Zur Vermeidung von Überschwingen ist das Verzögerungsverhalten der Lenkaktorik unbedingt zu modellieren und im Entwurf zu berücksichtigen. In der Praxis hat sich aufgrund der schnellen Dynamik der unterlagert eingesetzten Moment- und Drehratenregelung die Modellierung des Lenkwinkelübertragungsverhaltens der Aktorik als PT$_1$-Glied

$$\dot{\delta} = \frac{1}{T} \left[u - \delta \right] \qquad (3.19)$$

bewährt [161]. Hierbei beschreibt $T > 0$ die Zeitkonstante und u die dem Lenkaktor übermittelte Sollvorgabe – und damit die Stellgröße des Systems.

3.4.2 Zeittransformation

Aufgrund der Nicht-Holonomie des Systems wird mit abnehmender Absolutgeschwindigkeit eine asymptotische Stabilisierung des Anhängers mittels stetiger Rückführung zunehmend schwieriger [26]. Aus dem Grund wird auf eine Stabilisierung im Stand zugunsten eines ruhigen Anhaltevorgangs bewusst verzichtet. Das erfolgt implizit, indem die Gespanndynamik anstelle der Zeit t für eine neue unabhängige Variable s_t mit $\dot{s}_t(t) \geq 0$ formuliert wird [178, 179], für die eine asymptotische Stabilisierung umgesetzt werden kann. Da die neue Zeit immer dann stehen bleiben muss, wenn es das Gespann tut, eignet sich prinzipiell die *zurückgelegte Wegstrecke* eines jeden Punkts von Fahrzeug und Anhänger dafür. Die Formeln vereinfachen sich jedoch stark, wenn der Hinterachsmittelpunkt des Anhängers herangezogen wird, sodass

$$s_t(t) := \int_0^t |v_t(\tau)| \, d\tau$$

gewählt wird und damit die Transformationsvorschrift

$$(\dot{}) := \frac{d}{dt} = \frac{d}{ds_t} \frac{ds_t}{dt} = ()' \cdot (-v_t) \qquad (3.20)$$

für $v_t < 0$ gilt. Mit dem Knickwinkel $\Delta\psi := \psi_v - \psi_t$, s. Abb. 3.13, wird hierdurch für $\boldsymbol{x} = [\Delta\psi, \delta]^\mathsf{T}$ das zeittransformierte, eingangsaffine System

$$\boldsymbol{x}' = \boldsymbol{f}(\boldsymbol{x}) + \boldsymbol{g}(\boldsymbol{x})u, \quad \boldsymbol{x}(0) = \boldsymbol{x}_0 \qquad (3.21a)$$
$$y = h(\boldsymbol{x}) \qquad (3.21b)$$

mit

$$\boldsymbol{f}(\boldsymbol{x}) = \begin{bmatrix} \dfrac{-l_t \tan \delta + l_v \sin \Delta\psi - l_c \cos \Delta\psi \tan \delta}{l_t \left[l_v \cos \Delta\psi + l_c \sin \Delta\psi \tan \delta \right]} \\ \dfrac{l_v \delta}{T v_v \left[l_v \cos \Delta\psi + l_c \sin \Delta\psi \tan \delta \right]} \end{bmatrix}$$

$$\boldsymbol{g}(\boldsymbol{x}) = \begin{bmatrix} 0 \\ -\dfrac{l_v}{T v_v \left[l_v \cos \Delta\psi + l_c \sin \Delta\psi \tan \delta \right]} \end{bmatrix}$$

erhalten [233]. Die Ausgangsabbildung $h(\boldsymbol{x})$ stellt die Kurskrümmung des Anhängers dar. Da hier der in der Literatur verbreiteten Vorzeichenkonvention gefolgt wird, ist die Anhängerkurskrümmung definitionsgemäß die Orientierungsänderung pro *vorwärts* zurückgelegter Wegstrecke, also $\kappa_t = -\psi_t'$, und damit

$$h(\boldsymbol{x}) = \frac{l_v \sin \Delta\psi - l_c \cos \Delta\psi \tan \delta}{l_t \left[l_v \cos \Delta\psi + l_c \sin \Delta\psi \tan \delta \right]} \,. \tag{3.23}$$

Es gilt nun, den Ausgang entsprechend der Sollkurskrümmung $y_d = \kappa_{t,d}(s_t)$ in Abhängigkeit von der zurückgelegten Wegstrecke s_t asymptotisch zu stabilisieren.

3.4.3 Nichtlinearer Reglerentwurf

Entsprechend der Vorgehensweise der Ein-/Ausgangslinearisierung (s. z.B. [3, 101, 117, 174]) wird nun der Ausgang so oft abgeleitet – infolge der Zeittransformation (3.20) nach der vom Anhänger zurückgelegten Wegstrecke s_t – bis der Eingang u erscheint. Aufgrund des relativen Grads von Eins erfolgt dies bereits im ersten Schritt. Mit der abkürzenden Darstellung mittels Lie-Ableitung wird hierbei

$$h'(\boldsymbol{x}) = \mathcal{L}_f h(\boldsymbol{x}) + \underbrace{\mathcal{L}_g h(\boldsymbol{x})}_{\neq 0} u =$$

$$\frac{\left[l_v^2 + l_c^2 \tan^2 \delta \right] \left[-l_t \tan \delta + l_v \sin \Delta\psi - l_c \cos \Delta\psi \tan \delta \right]}{l_t^2 \left[l_v \cos \Delta\psi + l_c \sin \Delta\psi \tan \delta \right]^3}$$

$$- \frac{l_v^2 l_c \delta}{l_t T v_v \cos^2 \delta \left[l_v \cos \Delta\psi + l_c \sin \Delta\psi \tan \delta \right]^3}$$

$$+ \frac{l_v^2 l_c}{l_t T v_v \cos^2 \delta \left[l_v \cos \Delta\psi + l_c \sin \Delta\psi \tan \delta \right]^3} u \tag{3.24}$$

erhalten. Für die linearisierende Rückführung

$$u = \frac{1}{\mathcal{L}_g h(\boldsymbol{x})} \left[\kappa'_{t,d}(s_t) - \mathcal{L}_f h(\boldsymbol{x}) + v \right] =$$

$$\frac{l_t T v_v \cos^2 \delta}{l_v^2 l_c} \Bigg[\left[l_v \cos \Delta\psi + l_c \sin \Delta\psi \tan \delta \right]^3 \left[\kappa'_{t,d}(s_t) + v \right]$$

$$- \frac{\left[l_v^2 + l_c^2 \tan^2 \delta \right] \left[-l_t \tan \delta + l_v \sin \Delta\psi - l_c \cos \Delta\psi \tan \delta \right]}{l_t^2} \Bigg] + \delta , \qquad (3.25)$$

mit $l_v, l_c, l_t > 0$ und $|\delta| < \pi/2$ ergibt sich in den Fehlerkoordinaten

$$\xi = h(\boldsymbol{x}) - \kappa_{t,d}(s_t) \qquad (3.26)$$

das Integratorsystem

$$\xi' = v; \quad \xi(0) = 0 \qquad (3.27)$$

mit neuem Eingang v. Die Stabilisierung erfolgt standardmäßig durch

$$v = -k\xi; \quad k > 0 . \qquad (3.28)$$

Durch den relativen Grad von Eins verbleibt für das System zweiter Ordnung eine sog. interne Dynamik [194], die sich in der Koordinate $\eta = \Delta\psi$ als

$$\eta' = -\frac{1}{l_c} \sin \eta + \left[1 + \frac{l_t}{l_c} \cos \eta \right] [\kappa_{t,d} + \xi]; \quad \eta(0) = \psi_0 \qquad (3.29)$$

darstellt.

3.4.4 Nulldynamik und Sollwertvorgaben

Vereinfachend wird angenommen, dass der Regelfehler bereits abgeklungen ist, d.h. $y \equiv y_d$ und damit $\xi \equiv 0$. Hierdurch stellt sich (3.29) dar als

$$\Delta\psi'(\Delta\psi, \kappa_{t,d}) = -\frac{1}{l_c} \sin \Delta\psi + \left[1 + \frac{l_t}{l_c} \cos \Delta\psi \right] \kappa_{t,d}, \qquad (3.30)$$

was als sog. Nulldynamik bezeichnet wird [194]. Die Annahme $\xi \equiv 0$ ist in der Praxis gerechtfertigt, wenn zusätzlich zur asymptotischen Fehlerdynamik sichergestellt wird, dass nicht nur die Sollvorgabe hinreichend oft stetig differenzierbar ist, sondern bei Aktivierung des Systems mit dem Istwert abgeglichen wird, was durch die Anfangsbedingungen in (3.27) bereits gegeben ist (s. auch später Abschn. 3.4.5).

Ziel ist es nun, unter Berücksichtigung der Nulldynamik Anforderungen an die Sollvorgabe $\kappa_{t,d}$ abzuleiten, welche das System (3.29) als $\kappa_{t,d}$ anregt, sodass automatisch dafür gesorgt wird, dass weder der Knickwinkel seinen zulässigen Bereich verlässt, noch der verfügbare Lenkwinkel überschritten wird. Entsprechend Abschn. 3.2.2 darf also die maximale control-invariante Menge der Strecke nicht verlassen werden.

3.4.4.1 Instantan stabilisierbare Maximalkrümmung

Um sicherzustellen, dass der verfügbare Lenkwinkel *instantan* ausreicht, die Soll-krümmung zu *stabilisieren*, wird der tatsächlich verfügbare Lenkwinkel[11] um eine kleine Regelreserve reduziert und im Folgenden als $\delta_{\max}$ bezeichnet.

Für die Nulldynamik gilt $y \equiv y_d$, also $\kappa_t(\Delta\psi, \delta) \equiv \kappa_{t,d}$, sodass sich die Reglersoll-vorgabe direkt auf den Lenkwinkel auswirkt. Aufgrund der strengen Monotonie von (3.23) im relevanten Bereich bzgl. des Lenkwinkels ($\frac{\partial \kappa_t}{\partial \delta} < 0$) ist in der Gleichung die Variable δ durch den verfügbaren Maximallenkwinkel $\delta_{\max}$ zu ersetzen, d.h.

$$\kappa_t(\Delta\psi, \delta_{\max}) =: \kappa_{t,\max,\mathrm{inst}}(\Delta\psi),$$

und es reicht aus, zur Vermeidung von Lenkanschlägen

$$|\kappa_{t,d}| < \kappa_{t,\max,\mathrm{inst}}(\Delta\psi) \tag{3.31}$$

in jedem Zeitschritt sicherzustellen. Folglich ist die instantan umsetzbare Sollkrüm-mung abhängig vom aktuellen Knickwinkel $\Delta\psi$ und ändert sich damit permanent im instationären Fall.

3.4.4.2 Stationär stabilisierbare Maximalkrümmung

Aus der Fahrpraxis ist bekannt, dass ein zu stark abgewinkelter Anhänger auch durch sofortiges Gegenlenken mit Maximaleinschlag nicht am weiteren Einknicken gehin-dert werden kann, also seine control-invariante Menge verlassen hat. Da (3.31) ledig-lich eine für die Stabilisierung erforderliche marginale Lenkreserve instantan sicher-stellt, muss zusätzlich gefordert werden, dass $\kappa_{t,d}$ keinen *irreversibel* großen Knickwin-kel $\Delta\psi$ provoziert. Gesucht wird also eine obere Schranke $|\kappa_{t,d}| < \kappa_{t,\max,\mathrm{stat}} = \mathrm{const.}$,[12] sodass der Knickwinkel innerhalb eines zulässigen Bereichs $|\Delta\psi| < \Delta\psi_{\max}$ bleibt. Aus Gründen der Symmetrie reicht es aus, den Fall $\Delta\psi > 0$ zu betrachten.

Um die Beschränktheit des Knickwinkels sicherzustellen, ist $\Delta\psi'(\Delta\psi = \Delta\psi_{\max}) < 0$ zu fordern. Aufgrund der Monotonie von (3.30) ($\frac{\partial \Delta\psi'}{\partial \kappa_{t,d}} < 0$) gilt

$$\Delta\psi'(\Delta\psi_{\max}, \kappa_{t,d}) < \Delta\psi'(\Delta\psi_{\max}, \kappa_{t,\max,\mathrm{stat}}) = 0.$$

Durch Auflösen von (3.30) ergibt sich damit

$$\kappa_{t,\max,\mathrm{stat}} = \frac{\sin \Delta\psi_{\max}}{l_c + l_t \cos \Delta\psi_{\max}} . \tag{3.32}$$

---

11 Die Berücksichtigung ungleicher Maximal- und Minimallenkwinkel erfolgt analog.

12 Es kann auch eine dynamische obere Schranke in Abhängigkeit des aktuellen Knickwinkels gefun-den werden, die weniger konservativ, jedoch aufwändiger zu berücksichtigen ist.

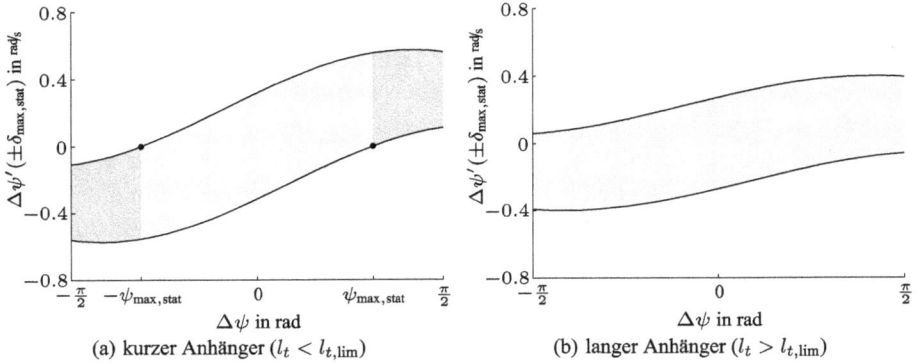

Abb. 3.14: Durch maximalen und minimalen Lenkeinschlag (obere und untere schwarze Linie) gegebener Bereich (grau) der Knickwinkeländerungsrate in Abhängigkeit des Knickwinkels [233].

Zur Festlegung von $\Delta\psi_{\max}$ wiederum muss der für die Fahrzeug- und Anhängergeometrie zulässige Maximalknickwinkel $\Delta\psi_{\max,\text{geom}}$ aus den Gespannparametern bestimmt werden. Er ist mit dem durch den zulässigen Lenkwinkel $\delta_{\max,\text{stat}}$ stationär stabilisierbaren Knickwinkel $\Delta\psi_{\max,\text{stat}}$ mittels

$$\Delta\psi_{\max} = \min(\Delta\psi_{\max,\text{geom}}, \Delta\psi_{\max,\text{stat}}) \tag{3.33}$$

zu vergleichen. Letzterer wird für Anhänger mit $l_t \leq l_{t,\text{lim}}$,

$$l_{t,\text{lim}} = \sqrt{\frac{l_v^2}{\tan^2 \delta_{\max,\text{stat}}} + l_c^2},$$

erhalten (vgl. Abb. 3.14(a)), indem wieder die Nulldynamik mit $\kappa_{t,d} \equiv \kappa_t$ herangezogen wird. Gleichsetzen von (3.23) zum maximal zulässigen Lenkwinkel $\delta_{\max,\text{stat}}$ und (3.32) liefert nach einigen Umformungen den maximal zulässigen Knickwinkel

$$\Delta\psi_{\max,\text{stat}} = \arccos\left(-c_1 + \sqrt{c_2 + c_1^2}\right) \tag{3.34}$$

mit

$$c_1 = \frac{l_c l_t \tan^2 \delta_{\max,\text{stat}}}{l_v^2 + l_c^2 \tan^2 \delta_{\max,\text{stat}}}, \quad c_2 = \frac{l_v^2 - l_t^2 \tan^2 \delta_{\max,\text{stat}}}{l_v^2 + l_c^2 \tan^2 \delta_{\max,\text{stat}}}.$$

Da eine Krümmungsänderung des Anhängers immer mit einer gegensinnigen Lenkbewegung eingeleitet wird, muss $\delta_{\max,\text{stat}}$ merklich kleiner gewählt werden als $\delta_{\max}$. Ansonsten dauert der Übergang aufgrund des dynamischen Sättigungsverhaltens zu lange.

Für Anhänger mit $l_t > l_{t,\text{lim}}$ hingegen existiert keine reelle Lösung von (3.34), was sich praktisch darin äußert, dass $\delta_{\max,\text{stat}}$ grundsätzlich ausreicht, den Anhänger zu stabilisieren (s. Abb. 3.14(b)), sodass der konstruktive Grenzwert $\Delta\psi_{\max,\text{geom}}$ (s. gestrichelte Linie in Abb. 3.15) den maximalen Knickwinkel beschränkt.

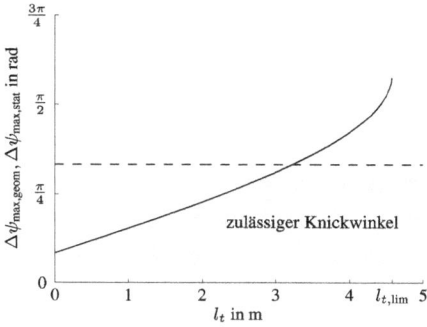

Abb. 3.15: Zulässiger Absolutknickwinkel $\Delta\psi_{max,stat}$ (schwarz) in Abhängigkeit der Anhängerlänge sowie konstruktiver Grenzwert $\Delta\psi_{max,geom}$ (gestrichelt) für typische Fahrzeugparameter [233].

3.4.4.3 Automatische Korrektur der manuellen Krümmungsvorgaben

Zur Vermeidung der mit zu hohen Sollkrümmungsvorgaben κ_{man} des Fahrers verbundenen Instabilität muss jetzt lediglich sichergestellt werden, dass diese zu jedem Zeitpunkt die zuvor hergeleiteten hinreichenden Bedingungen (3.31) und (3.32) einhalten. Eine gleichermaßen einfache wie für den Fahrer intuitive Möglichkeit ist hierfür die Zwischenschaltung eines statischen und dynamischen Sättigungsglieds, und zwar

$$\kappa_{t,d} = \mathrm{sat}^{\kappa_{t,max,inst(\Delta\psi)}}_{-\kappa_{t,max,inst(\Delta\psi)}}\left(\mathrm{sat}^{\kappa_{t,max,stat}}_{-\kappa_{t,max,stat}}(\kappa_{man})\right). \tag{3.35}$$

Eine Übersichtsdarstellung der Reglerstruktur kann Abb. 3.16 entnommen werden.

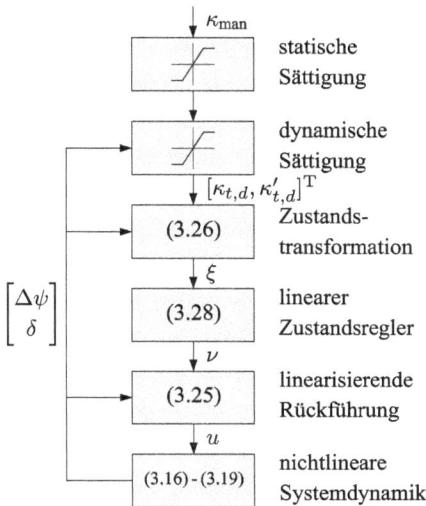

Abb. 3.16: Aufbau der asymptotischen Krümmungsfolgeregelung [233].

3.4.5 Implementierung und Evaluation im Realversuch

Der Funktionsnachweis erfolgt auf einem BMW 5er der sechsten Generation, welcher zur Messung des Knickwinkels mit einer modifizierten Anhängerkupplung ausgestattet ist. Die Regelungsalgorithmen sind in Simulink/Embedded Matlab umgesetzt und laufen mit einer Zykluszeit von 10 ms auf einer dSpace Autobox.

Vier Instantanaufnahmen des Gespanns aus der Vogelperspektive sind in Abb. 3.17 abgebildet, welchen die in Abschn. 2.4.2.1 auf S. 31 beschriebenen Eigenlokalisierung zugrunde liegt. Zur Verdeutlichung der Gespannbewegung zieht der Anhängerachsmittelpunkt eine schwarze Spur und sowohl die Soll- (grau) als auch die Ist-Krümmung (schwarz) wird als gestricheltes Kreissegment dargestellt. In Abb. 3.18 befinden sich dazu die wichtigsten Zeitsignalverläufe, wobei die zu den vier Instant-anaufnahmen zugehörigen Zeitpunkte durch senkrechte graue Striche markiert sind.

Der Fahrversuch beginnt mit dem Einlegen des Rückwärtsgangs, was automatisch die Sollkrümmung mit dem aktuellen Lenk- und Knickwinkel (beide ungefähr Null, s. δ- und $\Delta\psi$-Signal in Abb. 3.18) abgleicht und damit die Krümmungsstabilisierung ruckfrei aktiviert. Anschließend beschleunigt der Fahrer auf $v_v \approx -2\,\mathrm{m/s}$, ohne dabei die Hände am Steuer zu haben, sodass der Regler die Sollkrümmung frei stabilisieren kann (s. Aufnahme oben links). Bei $t \approx 5\,\mathrm{s}$ „lenkt" der Fahrer durch gleichmäßiges Ro-

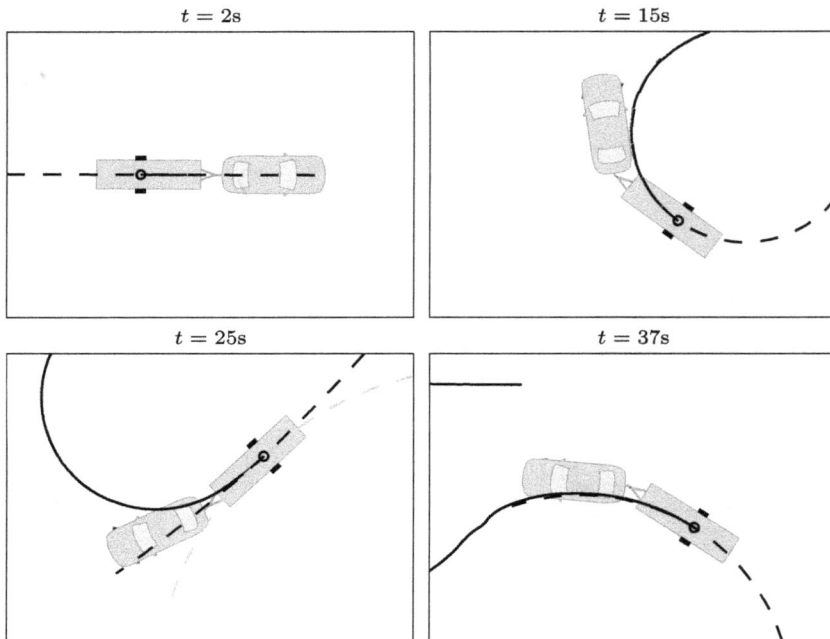

Abb. 3.17: Draufsichten des Fahrversuchs mit Krümmungsregler [233].

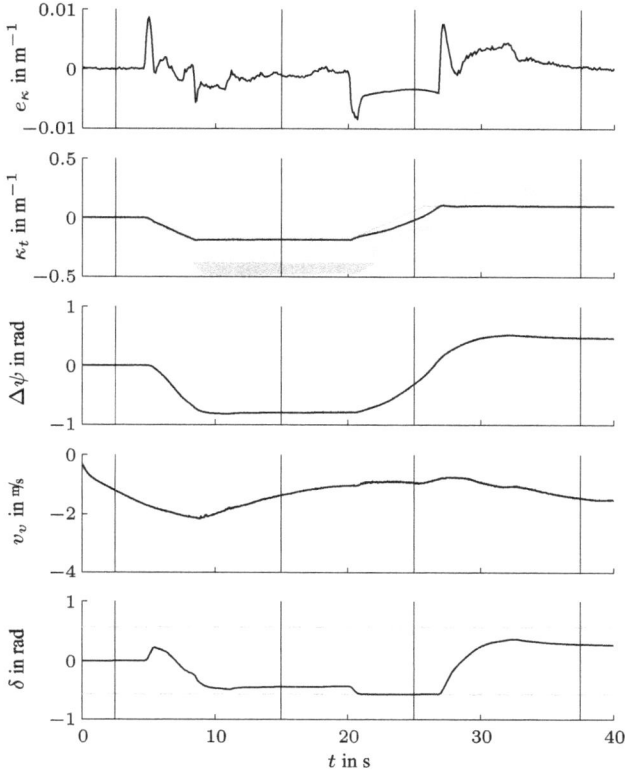

Abb. 3.18: Signalverläufe des Fahrversuchs mit Krümmungsregler [233].

tieren eines Drehknopfes den Anhänger in eine Linkskurve (s. Aufnahme oben rechts). Während der Realisierung des hierfür erforderlichen stetigen Krümmungsübergangs ist das typische Ein- und Gegenlenken im δ-Signal erkennbar. Ab $t \approx 10\,\text{s}$ bewegt sich das Fahrzeuggespann für 10 s auf einer Kreisbahn mit konstantem Radius – ohne dass die Sättigung der manuellen Krümmungsvorgabe an der stationären Maximalkrümmung (s. dunkelgrauer Bereich) aktiv wird. Daraufhin wird die Sollkrümmung (graue Linie im zweiten Signalverlauf von oben) durch Gegenrotation des Drehknopfes zügig erhöht, was zur Folge hat, dass jetzt die instantane Krümmungssättigung aktiv wird (s. hellgrauer Bereich ober- und unterhalb von κ_t), welche verhindert, dass die Lenkung ihre Regelreserve aufbraucht (s. Lenkwinkelverlauf). Der Sachverhalt wird auch in der Draufsicht unten links für $t = 25\,\text{s}$ durch das merkliche Abweichen der tatsächlichen (schwarz gestrichelten) von der manuell vorgegebenen Krümmung (grau gestrichelt) verdeutlicht.

Nach kurzer Zeit liegt die Sollkrümmung wieder innerhalb der sich dynamisch ändernden instantanen Krümmungssättigung, sodass die mittlerweile konstante Soll-

krümmung (dunkelgrau) umgesetzt wird und eine Unterscheidung der Ist- und Sollkrümmung in der Draufsicht bereits nicht mehr möglich ist.

Insgesamt kann festgehalten werden, dass die Bedienung über den Drehknopf
auch dem ungeübten Fahrer eine intuitive Möglichkeit verschafft, über automatisch
eingeregelte Krümmungssollvorgaben den Anhänger zu manövrieren, welcher dann
das Fahrzeug „hinter sich herzieht". Dabei kann der Sättigung des Stellglieds und dem
irreversiblen Abknicken des Anhängers effektiv entgegengewirkt werden, indem die
Sollkrümmung vor Weitergabe an den Regler sowohl an den instantanen als auch an
den stationären Grenzen gesättigt wird. Die Regelgenauigkeit (s. e_κ-Signal in Abb. 3.18)
ist trotz ruhigen Lenkverhaltens auffallend hoch. Lediglich in Bereichen der Sollkrüm-
mungsknicke treten kleine Abweichungen auf, welche dem beschränkten Lenkmoment der Aktorik geschuldet sind und durch geringfügiges Tiefpassfiltern der Sollkrümmung reduziert werden können.

Der Regler ist grundsätzlich dazu geeignet, einer modellprädiktiven Pfadopti-
mierung unterlagert zu werden, sodass automatische Einparkmanöver mit Anhänger
darstellbar sind. In unstrukturierter Umgebung wie Parkplätzen eignen sich hierfür
vor allem die im nächsten Kapitel vorgestellten Planungsmethoden. Die Planung in
den flachen Koordinaten [176] kann aufgrund der algebraischen Beziehung zwischen
Positions- und Ausrichtungsverlauf von Anhänger und Fahrzeug den Schlüssel zu
einer schnellen Kollisionsüberprüfung [224] darstellen.

3.5 Bewertung

Bei ausgedehnten Fahreingriffen ist es unabdingbar, die jeweils aktuell verfügbaren
Umfeldinformationen in der Manöverberechnung zu berücksichtigen. Schließlich
verbietet das Fahrzeugumfeld eine perfekte Situationsprädiktion, sodass das dynamische Optimierungsproblem in jedem Schritt entsprechend anzupassen ist. Hierbei gilt:
Je häufiger die Optimierung durchgeführt wird, desto schneller reagiert das Fahrzeug
auf unvorhergesehene Ereignisse.

Insbesondere bei sicherheitskritischen Fahrmanövern ist der dynamischen Optimierung die Fahrzeugdynamik zugrunde zu legen, da andernfalls physikalische Gege-
benheiten unberücksichtigt bleiben. Hierdurch entsteht das eingangs definierte Optimalsteuerungsproblem, das bei geeigneter Formulierung mit den in den anschließenden Kapiteln vorgestellten Optimierungsmethoden gelöst werden kann. Für den Optimierungsprozess ist es dabei unerheblich, ob von dem aktuellen Istzustand (gemessenen bzw. beobachteten) oder von dem Sollzustand des vorherigen Optimierungsschritts aus als Anfangszustand optimiert wird. Damit ergibt sich ein Freiheitsgrad,
der wohlüberlegt im Sinne des Gesamtsystems ausgelegt werden muss. Zwei Extreme
existieren in der Praxis: Wird ausschließlich der optimierte Sollzustand des vorherigen Schritts rückgekoppelt, so ist typischerweise von Trajektorienplanung die Rede.
Die Stabilisierung des realen Systems erfolgt dann durch eine nachgeschaltete Folgere-

gelung. Werden hingegen die Istgrößen als Anfangszustand der Optimierung zugrunde gelegt, so berechnet die Optimierung direkt die optimale Systemstellgröße und es entsteht ein optimaler Regelkreis.

Einen Unterschied zwischen den beiden Rückführungsmethoden tritt erst in Anwesenheit von Störungen und Modellfehlern in Erscheinung. Die Trajektorienplanung mit nachgelagerter Stabilisierung ist i. Allg. robust gegen permanente Störungen und Modellfehler (hängende Fahrbahn, Wind), reagiert aber nervös auf impulsförmige Störungen (Schlagloch). Im Vergleich dazu zeigt sich der optimale Regelkreis unbeeindruckt von impulsförmigen Störungen, da sie sich lediglich in den Anfangszuständen der Optimierung widerspiegeln und im nächsten Zeitschritt optimal berücksichtigt werden können. Permanente Störungen und Modellfehler hingegen passen nicht in das Konzept, wenn dadurch das interne Optimierungsmodell maßgeblich von der Realität abweicht.

Aus Optimierungssicht ist es ebenfalls unerheblich, ob es sich bei der zu optimierenden Stellgröße tatsächlich um den Streckeneingang handelt oder aber um das Referenzsignal einer unterlagerten Regelung. Aus dem Grund ist auch eine Mischform zwischen Trajektorienplanung und optimaler Regelung zulässig, also ein kaskadierter Regelkreis. Die Stabilisierung eingangsnaher Zustände kann beispielsweise ein klassischer Regler übernehmen, während die restlichen Zustände über die Optimierung rückgekoppelt werden. Auch hierbei gilt: Je häufiger optimiert wird, desto schneller kann auf Impulsstörungen und Fahrereingriffe reagiert werden. Ebenso steigt die Menge der über die Optimierung stabilisierbaren Zustände, was sich vollauf mit dem in Abschn. 2.1.1 erweiterten Drei-Ebenen-Modell deckt.

Neben der Auflistung weiterer mit einer kombinierten Stabilisierung verbundenen Vorteile erfolgt im vorliegenden Kapitel eine systematische Darlegung der keinesfalls trivialen Wechselwirkungen.

Hieraus erwächst die erste einzuschlagende Entwicklungsrichtung: Wie lässt sich selbst ein feinfühliger Fahrzeugführer optimal unterstützen, und wie können die gemessenen Handmomente und Pedalkräfte dazu verwendet werden, den Fahrer von anderen Störungen zu unterscheiden? Etwas technischer ausgedrückt ist das Ziel, die aus der Robotik bekannten Impedanz- bzw. Admittanz-Regelungsansätze [206] durch Störgrößenbeobachter und Integratorerweiterungen idealerweise so zu kombinieren, dass sich der optimierungsbasierte Gesamtregelkreis trotz Störungen und Modellfehler stationär genau[13] und robust darstellt und gleichzeitig auf menschliche Fahreingriffe gutmütig reagiert. Darüber hinaus muss es das Ziel sein, sich in kritischen Fahrsituationen den kompletten Stellgrößenumfang mit Einzelradbremsungen und ggf. Hinterradlenkung zunutze zu machen (s. auch [32]).

---

[13] Stationär genau bedeutet hier beispielsweise, dass das Fahrzeug trotz hängender Fahrbahn und Gegenwind in der Fahrbahnmitte mit Sollgeschwindigkeit fährt.

Des Weiteren wird im vorliegenden Kapitel aufgeführt, dass sich aufgrund der limitierten Rechenleistung eine numerische Optimierung auf einen endlichen Optimierungshorizont beschränken muss. Als Folge einer verkürzten Vorausschau können jedoch, wie anhand des modellprädiktiven ACC-Reglers erläutert wird, Instabilitäten und Lösbarkeitsprobleme auftreten, unabhängig davon, und das sei ergänzend bemerkt, ob die Soll- oder Istgrößen in der Optimierung rückgeführt werden.

Damit ergibt sich die zweite einzuschlagende Entwicklungsrichtung: Stabilitätsgarantien aus der Theorie der modellprädiktiven Regelungen lassen sich nur für einfache Beispiele auf die Fahrerassistenz und das automatisierte Fahren übertragen. Die Berechnung (konservativer) invarianter Mengen für zeitvariante Systeme mit Störungen, s. auch [226, 227] und [122, 123], ist jedoch der praktische Weg zu Stabilitäts- und Sicherheitsgarantien, der auf theoretischer Ebene noch nicht hinreichend geebnet ist.

4 Trajektorienoptimierung mittels Dynamischer Programmierung

What title, what name, could I choose? In the first place I was interested in planning, in decision making, in thinking. But planning, is not a good word for various reasons. I decided therefore to use the word „programming". I wanted to get across the idea that this was dynamic, this was multistage, this was time-varying. (...) Thus, I thought dynamic programming was a good name.

Richard E. Bellman

Das Navigieren in einem Straßennetz, das automatisierte Anfahren einer engen Park-lücke in mehreren Zügen und die Bestimmung der Ausweichrichtungen eines auto-matischen Kollisionsvermeidungsmanövers inmitten dynamischer Hindernisse sind Optimalsteuerungsprobleme mit einer *kombinatorischen* Note. Falls sich die System-dynamik des jeweiligen Kernproblems auf *wenige Zustände* beschränken lässt, dann besteht die Chance, das Problem als einen mehrstufigen Entscheidungsprozess for-mulieren zu können und es auf Basis der *Dynamischen Programmierung* zur Laufzeit zu lösen. Der Fokus liegt aber hierbei i. Allg. nicht auf der Berechnung der optimalen Stellgröße $\boldsymbol{u}^*$, sondern auf der optimalen Trajektorie $\boldsymbol{x}^*$, da letztere als Startlösung oder Referenz für eine nachgelagerte, lokale Optimierung dient, die mehr Systemzu-stände berücksichtigen kann.

Die Dynamische Programmierung gründet direkt auf dem *Optimalitätsprinzip von Bellman*, welches das vorliegende Kapitel zunächst erläutert. Anschließend werden drei etablierte Algorithmen vorgestellt, die im Fahrzeug ein breites Einsatzspektrum vorweisen können. Wichtig für deren effiziente Anwendung ist jedoch eine geeignete, fahrzeugspezifische Problemformulierung, der das restliche Kapitel gewidmet ist.

4.1 Optimalitätsprinzip und Rekursionsformel von Bellman

Es sei das Optimalsteuerungsproblem (3.1) auf S. 46 betrachtet. Das *Optimalitätsprin-zip von Bellman* [13] besagt nun Folgendes:

> *Die Gesamttrajektorie ist nur dann optimal, wenn jede Resttrajektorie optimal ist, ganz gleich von welchem Zwischenzustand sie ausgeht.*

Zur Verdeutlichung des Prinzips sei Abb. 4.1 betrachtet, in der die Trajektorie $\boldsymbol{x}^*(t)$ in schwarz eingezeichnet ist, die mit minimalen Kosten den Anfangszustand $\boldsymbol{x}_0$ in den Endzustand $\boldsymbol{x}_f$ überführt. Sie kann in t_1 in zwei Teile (a) und (b) zerlegt werden. Das Optimalitätsprinzip besagt nun, dass die Teiltrajektorie (b) optimal den Zustand $\boldsymbol{x}^*(t_1)$ in $\boldsymbol{x}_f$ überführt. Trifft die Aussage nicht zu, dann muss es für (b) eine bessere Alternativtrajektorie (c) geben (graue Linie). Dies steht aber im Widerspruch zu der aus (a) und (b) bestehenden optimalen Gesamttrajektorie $\boldsymbol{x}^*(t)$, da die Kombination

DOI 10.1515/9783110531923-004

aus (a) und (c) zu geringeren Kosten führt. Anders ausgedrückt: *Optimale Trajektorien setzen sich aus optimalen Teiltrajektorien zusammen.*

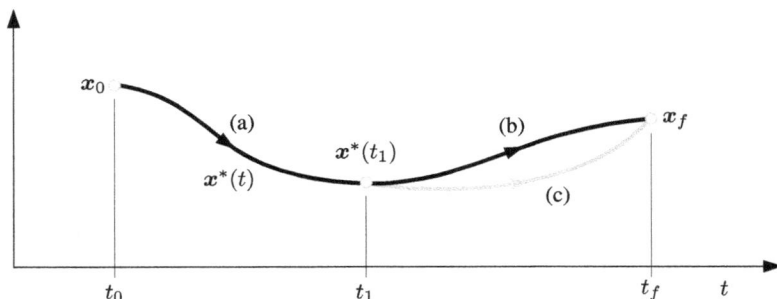

Abb. 4.1: Zur Verdeutlichung des Bellman'schen Optimalitätsprinzips [60].

Das Optimalitätsprinzip mag zwar intuitiv naheliegend sein, es führt aber zu einer ganzen Reihe von Optimierungsverfahren, die unter den Begriff der *Dynamischen Programmierung* fallen und auf der *Bellman'schen Rekursionsformel* basieren. Letztere wird nachfolgend hergeleitet (s. z.B. [60, 154]).

Die Bellman'sche Behandlung von *zeitkontinuierlichen* Optimierungsaufgaben stellt vor allem eine theoretische Ergänzung zum Maximumprinzip in Kap. 6 dar und führt auf die sog. *Hamilton-Jacobi-Bellman-Gleichung*. Sie ist eine nichtlineare partielle Differentialgleichung 1. Ordnung, weshalb sich ihre praktische Anwendbarkeit auf einfache Problemstellungen beschränkt, s. z.B. [193]. Die praktische Stärke des Optimalitätsprinzips liegt hingegen in der Lösung *zeitdiskreter* Problemstellungen.

Aus dem Grund sei ein zeitdiskreter, zeitvarianter Prozess

$$x(k + 1) = f(x(k), u(k), k), \quad k = 0, \dots, k_f - 1 \tag{4.1}$$

betrachtet, für den die Steuerfolge $u^*(k)$ gesucht wird, die zur Minimierung des Kostenfunktionals

$$J = \sum_{k=0}^{k_f-1} l(x(k), u(k), k) \tag{4.2}$$

führt. Neben der Anfangsbedingung $x(0) = x_0$ seien vereinfachend nur Endbedingungen $x(k_f) = x_f$ betrachtet. Die Ergebnisse können jedoch auf Probleme mit freier Endzeit k_f und Endbedingung $g(x(k_f)) = 0$ sowie Zustands- und Stellgrößenbeschränkungen[1] unterschiedlicher Art übertragen werden.

---

[1] Bei der dynamischen Programmierung bietet sich häufig an, Verletzungen der Nebenbedingungen in Form von unendlich hohen Kosten in (4.2) zu bestrafen [121].

Um das Optimalitätsprinzips anzuwenden, werden die sog. *Überführungskosten* (*cost-to-go*) als

$$G = \sum_{\kappa=k}^{k_f-1} l(\boldsymbol{x}(\kappa), \boldsymbol{u}(\kappa), \kappa)$$

definiert, welche von einem Zwischenzustand $\boldsymbol{x}(k)$ zum Erreichen des Endzustands anfallen. Die minimalen Überführungskosten G^* hängen lediglich vom Anfangszustand $\boldsymbol{x}(k)$ und der Zeit k ab,

$$G^*(\boldsymbol{x}(k), k) = \min_{\boldsymbol{u}(\kappa)} G = \min_{\boldsymbol{u}(\kappa)} \sum_{\kappa=k}^{k_f-1} l(\boldsymbol{x}(\kappa), \boldsymbol{u}(\kappa), \kappa) , \tag{4.3}$$

wobei über die *gesamte* Steuerfolge $\boldsymbol{u}(\kappa)$ mit $\kappa = k, \ldots, k_f - 1$ zu optimieren ist. Durch Aufteilung der Überführungstrajektorie $\boldsymbol{x}(\kappa)$ an der Stelle $k + 1$ und Anwendung des Optimalitätsprinzips wird

$$G^*(\boldsymbol{x}(k), k) = \min_{\boldsymbol{u}(k)} \{ l(\boldsymbol{x}(k), \boldsymbol{u}(k), k) + G^*(\boldsymbol{x}(k + 1), k + 1) \}$$

erhalten. Einsetzen der Dynamik (4.1) führt schließlich auf die Gleichung

$$G^*(\boldsymbol{x}(k), k) = \min_{\boldsymbol{u}(k)} \{ l(\boldsymbol{x}(k), \boldsymbol{u}(k), k) + G^*(\boldsymbol{f}(\boldsymbol{x}(k), \boldsymbol{u}(k), k), k + 1) \} ,$$

die auch als *Bellman'sche Rekursionsformel* bezeichnet wird. Im Unterschied zu (4.3) erfolgt hierin die Minimierung nur noch über die Steuergröße des k-ten Zeitpunktes, also $\boldsymbol{u}(k)$. Durch die Rekursion kann somit der ursprünglich mehrstufige Optimierungsprozess in k_f einstufige Entscheidungsprobleme zerlegt werden. Nachfolgend wird erläutert, wie sich den Sachverhalt verschiedene Verfahren der dynamischen Programmierung zunutze machen.

4.2 Suchalgorithmen

4.2.1 Wert-Iteration-Verfahren

Vereinfachend sei zunächst angenommen, dass die Stellgröße $\boldsymbol{u}(k) \in \mathcal{U}(\boldsymbol{x}(k), k)$ nur diskrete Werte annehmen darf und dabei das System immer von einem diskreten Zustand $\boldsymbol{x}(k) \in \mathcal{X}(k)$ in einen der nachfolgenden diskreten Zustände überführt. Insgesamt entsteht dadurch ein k_f-stufiger Entscheidungsprozess, der in Abb. 4.2 als einfacher Fall mit skalarer Stellgröße u und skalarem Zustand x mit jeweils drei Diskretisierungswerten pro Zeitschritt dargestellt ist. Auch wenn hier der naive Lösungsweg über das Durchprobieren aller $3^3 = 27$ Möglichkeiten gangbar ist, so verbietet sich in jedem Fall diese Herangehensweise bei praktischen Problemstellungen mit einer

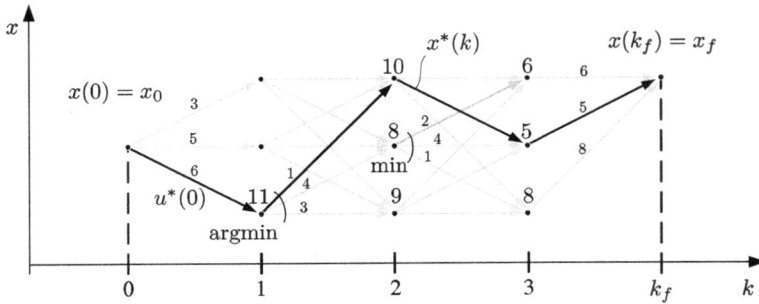

Abb. 4.2: Anwendung der Dynamischen Programmierung auf ein kombinatorisches Problem, vgl. [60].

höheren Stellgrößenanzahl m und längeren Zeithorizonten k_f aufgrund einer Laufzeit von $\mathcal{O}(m^{k_f})$.

Zur Anwendung der Bellman'schen Rekursionsformel wird mit der letzten Stufe $k = k_f - 1$ begonnen, für die zu jedem möglichen Zustand $x(k) \in \mathcal{X}(k)$ die optimalen Überführungskosten $G^*(x(k), k)$ berechnet und gespeichert werden. Beim in Abb. 4.2 betrachteten Beispiel erfordert das mit $k = 3$ für jeden der drei Zustandswerte von $x(k)$ lediglich die Evaluation von $l(x(k), u(k), k)$ für das jeweils zum x_f führende $u(k)$.

Im nächsten Schritt k und in jedem darauffolgenden werden für alle $x(k) \in \mathcal{X}(k)$ mit Hilfe der Rekursionsformel die optimalen Überführungskosten berechnet und abgelegt, getreu dem Motto: *Falls der Zustand später Teil der optimalen Trajektorie ist, wie hoch sind hier die optimalen Kosten bis zum Ziel?* Dafür reicht es aus, für jedes zulässige $u(k)$ die Kosten $l(x(k), u(k), k)$ zu evaluieren, diese zu den bereits für die nachfolgende Stufe berechneten Überführungskosten $G^*(f(x(k), u(k), k), k+1)$ zu addieren und darüber das Minimum zu bestimmen, was bei m Stellgrößen und n Zuständen in $\mathcal{O}(mn)$ erfolgt.

Zuletzt wird $k = 0$ erreicht, wo nur noch für den Anfangszustand x_0 die Rekursionsformel ausgewertet werden muss, was die optimale Stellgröße $u^*(0)$ liefert. Insgesamt führt somit dieses als *Wert-Iteration (value iteration)* bezeichnete Verfahren zu einer Laufzeit von $\mathcal{O}(mnk_f)$. Es ist in Alg. 1 zusammengefasst.

Für eine optimale Regelung ist damit die Optimierung abgeschlossen, da $u^*(0)$ gestellt und entsprechend des aktualisierten Anfangszustands von Neuem begonnen werden kann. Wird wie in den meisten praktischen Anwendungen die optimale Trajektorie $x^*(k)$ gesucht, kann in jeder Stufe zu den optimalen Überführungskosten auch die zu diesen führende Stellgröße gespeichert werden. Alternativ ist die Trajektorie durch abwechselnde Auswertung von

$$u^*(k) = \underset{u(k)}{\operatorname{argmin}} \ \{ l(x(k), u(k), k) + G^*(f(x(k), u(k), k), k+1) \} \tag{4.4}$$

Algorithm 1 Rückwärtsgerichtete Wert-Iteration [154].

1: $G^*(\boldsymbol{x}_f, k_f) \leftarrow 0$
2: **for** $k = k_f - 1$ **to** 0 **do**
3:     **for all** $\boldsymbol{x} \in \mathcal{X}$ **do**
4:         $G^*(\boldsymbol{x}(k), k) = \min\limits_{\boldsymbol{u}(k)} \{\, l(\boldsymbol{x}(k), \boldsymbol{u}(k), k) + G^*(\boldsymbol{f}(\boldsymbol{x}(k), \boldsymbol{u}(k), k), k+1) \,\}$
5:     **end for**
6: **end for**

---

und (4.1) zu berechnen, beginnend mit $\boldsymbol{x}_0$ hin zu $\boldsymbol{x}_f$, wobei die zuvor bestimmten Überführungskosten G^* zu einer direkten Navigation zum Ziel verhelfen. Mehr noch: Da $G^*(\boldsymbol{x}, k)$ unabhängig vom Anfangszustand $\boldsymbol{x}_0$ berechnet wurde (das gilt im Übrigen auch bei der zuvor erwähnten Speicherung der Stellgröße), ist es durch die hier beschriebene *rückwärtsgerichtete* Wert-Iteration möglich, für jeden beliebigen Zustand $\boldsymbol{x}$ von jeder Stufe k aus die optimale Stell- und Zustandsfolge zu $\boldsymbol{x}_f$ zu bestimmen. Analog hierzu kann die Wert-Iteration *vorwärtsgerichtet* durchgeführt werden, also mit den Zeitstufen von $k = 0$ bis $k = k_f - 1$, womit $\boldsymbol{x}_0$ optimal[2] in jeden freien Zielzustand $\boldsymbol{x}_f \in \mathcal{X}(k_f)$ überführt werden kann.

Der große Vorteil des stufenweisen Vorgehens der Wert-Iteration besteht darin, dass auf das teils recht aufwändige Mitführen einer Prioritätswarteschlange, wie sie für die im Anschluss dargestellten Verfahren vonnöten ist, verzichtet werden kann, s. beispielsweise die Trajektorienplanung [223].

4.2.2 Dijkstra-Suche

Bei genauerer Betrachtung von Abb. 4.2 wird ersichtlich, dass die Systemdynamik eine Struktur beschreibt, die als *Graph* [121] interpretiert werden kann. Die sog. *Knoten (vertices)* repräsentieren hierin die diskreten Systemzustände $\boldsymbol{x}(k)$, verbunden über sog. *Kanten (edges)*, welche die durch $\boldsymbol{u}(k)$ herbeigeführten Zustandsübergänge zwischen ihnen darstellen. Genauer gesagt handelt es sich in Abb. 4.2 um einen *gerichteten, azyklischen* Graphen, da zeitlich rückwärtsgerichtete Zustandsübergänge, die einen Zyklus entstehen lassen könnten, nicht möglich sind [223]. Erst hierdurch wird das stufenweise Vorgehen der zuvor vorgestellten Wert-Iteration durchführbar.

Inmitten eines statischen Fahrzeugumfelds wie parkende Autos ist das Optimierungsproblem *zeitinvariant*, da dann neben dem Fahrzeugmodell auch das Kostenfunktional und die Nebenbedingungen nicht von der Zeit k abhängen. Um den Suchgraphen klein zu halten, empfiehlt es sich dann, identische Zustände von unterschiedlichen Zeitpunkten durch denselben Knoten zu repräsentieren. Als Beispiel sei die

---

2 Ein freier Endzustand erfordert typischerweise die Erweiterung von (4.2) um Endkosten $V(\boldsymbol{x}_f, k_f)$.

optimale Routenwahl in einem Straßennetz genannt, bei der es i. Allg. nicht darauf ankommt, zu welcher Zeit eine Kreuzung angefahren wird.

Da das Problem nunmehr keine Zeitabhängigkeit aufweist, sind Zyklen möglich, sodass von einem *zyklischen* Graphen gesprochen wird. Für die Optimierung erweist sich dann aber das Fehlen einer für die Wert-Iteration erforderlichen topologischen Ordnung (über k) als nachteilig. Um dennoch das Prinzip der dynamischen Programmierung systematisch anwenden zu können, tritt an ihre Stelle beim *Dijkstra*-Algorithmus eine sog. *Prioritätswarteschlange* (*queue*), deren Aufgabe nun erläutert wird.

Mit Q wird eine Warteschlange bezeichnet, deren Elemente Knoten des Suchgraphen sind, und welche die Reihenfolge bei der Anwendung der Rekursionsformel dynamisch festlegt. Sie wird entsprechend einer Funktion $C : \mathcal{X} \to [0, \infty]$ sortiert, welche als *akkumulierte Kosten* (*cost-to-come*) bezeichnet wird. Analog zu G^* werden die minimalen akkumulierten Kosten $C^*(x)$ erhalten, wenn alle Verbindungen (sog. *Pfade*) herangezogen werden, die den Anfangszustand x_0 in x überführen, und die akkumulierten Kosten zu dem Pfad ausgewählt werden, der zu der geringsten Summe über $l(x, u)$ führt. Hierbei wird angenommen, dass für alle Kanten $l(x, u) > 0$ gilt. Ganz vorne in Q steht also immer das Element x mit den geringsten akkumulierten Kosten $C^*(x)$.

Wie schon bei $G^*(x(k), k)$ der Wert-Iteration erfolgt auch bei der Dijkstra-Suche die Berechnung von $C(x)$ inkrementell, s. Alg. 2. Zunächst werden die akkumulierten Kosten aller Knoten mit ∞ initialisiert und der Prioritätswarteschlange Q hinzugefügt (Zeilen 3, 4). $C(x_0)$ wird anschließend auf 0 gesetzt und in Q aktualisiert (Z. 7, 8), womit der Startknoten ganz nach vorne wandert.

Solange sich nun noch Elemente in Q befinden, wird immer das Element x mit dem geringsten C-Wert[3] entfernt (Z. 10). Stellt es den Zielknoten x_f dar, so ist die Suche beendet (Z. 12). Andernfalls wird der Knoten x *expandiert*, d.h. jeder Nachfolgeknoten $\tilde{x}$ berechnet (Z. 15), und die Kosten $\tilde{C} = C(x) + l(x, u)$ bestimmt, wobei $l(x, u)$ die Kosten von x nach $\tilde{x}$ bezeichnen. Fällt $\tilde{C}$ geringer aus als $C(\tilde{x})$, so wurde eine bessere Lösung nach $\tilde{x}$ gefunden als zuvor berechnet, sodass durch $C(\tilde{x}) \leftarrow \tilde{C}$ die geringeren Kosten gespeichert werden, der Vorgängerknoten zu merken ist (Z. 18) und $\tilde{x}$ weiter vorne in Q einsortiert werden muss (Z. 20). Hat sich Q komplett geleert, so gibt es keine Verbindung zwischen x_0 und x_f und damit keine Lösung zum Problem (Z. 25). Insgesamt ergibt sich bei n Knoten, m Kanten und einer geeigneten Datenstruktur für Q eine Laufzeit von $\mathcal{O}(n \log n + m)$ [121]. Der optimale Pfad lässt sich schließlich leicht mittels Iteration über die abgespeicherten Vorgänger (Z. 18) ermitteln.

Anhand von Abb. 4.3 kann die Dijkstra-Suche nach der optimalen (kürzesten) Verbindung innerhalb eines Straßennetzes nachvollzogen werden.

---

3 Für dieses Element x sind demnach die minimalen akkumulierten Kosten bekannt, sodass es sich tatsächlich um $C^*(x)$ handelt.

Algorithm 2 Dijkstra-Suche [121].

1: $\mathcal{Q} = \varnothing$
2: **for all** $x \in \mathcal{X}$ **do**
3:     $C(x) \leftarrow \infty$
4:     $\mathcal{Q}.\text{Insert}(x, C(x))$
5: **end for**
6: $x_0.\text{Predecessor} \leftarrow \text{null}$
7: $C(x_0) \leftarrow 0$
8: $\mathcal{Q}.\text{DecreaseKey}(x_0, C(x_0))$
9: **while** $\mathcal{Q} \neq \varnothing$ **do**
10:     $x \leftarrow \mathcal{Q}.\text{ExtractMin}()$
11:     **if** $x = x_f$ **then**
12:         **return** SolutionFound
13:     **else**
14:         **for all** $u \in \mathcal{U}(x)$ **do**
15:             $\tilde{x} \leftarrow f(x, u)$
16:             $\tilde{C} \leftarrow C(x) + l(x, u)$
17:             **if** $\tilde{C} < C(\tilde{x})$ **then**
18:                 $\tilde{x}.\text{Predecessor} = x$
19:                 $C(\tilde{x}) \leftarrow \tilde{C}$
20:                 $\mathcal{Q}.\text{DecreaseKey}(\tilde{x}, C(\tilde{x}))$
21:             **end if**
22:         **end for**
23:     **end if**
24: **end while**
25: **return** SolutionNotFound

4.2.3 A*-Suche

Die A*-Suche[4] stellt eine Erweiterung der Dijkstra-Suche dar, die möglichst wenige Knoten expandiert, indem sie *zielgerichtet* vorgeht. Hierzu benötigt der Algorithmus eine Schätzfunktion $\hat{G}^*$ der minimalen Kosten bis zum Ziel, die sog. *Heuristik*. Um eine intuitive Vorstellung dieser Erweiterung zu vermitteln, sei erneut das Beispiel aus Abb. 4.3 betrachtet. Zur Motivation des Algorithmus wird jedoch jetzt angenommen, dass sich das der Suche zugrundeliegende Straßennetz vom Knoten M aus nicht nur nach Nord-Westen, sondern in alle anderen Himmelsrichtungen erstreckt. Da sich die Dijkstra-Suche bei der Expansion in jedem Schritt auf denjenigen Knoten konzentriert, der die geringsten akkumulierten Kosten C vom Startpunkt aufweist, werden die Kno-

---

4 Ausgesprochen *A Stern Suche*.

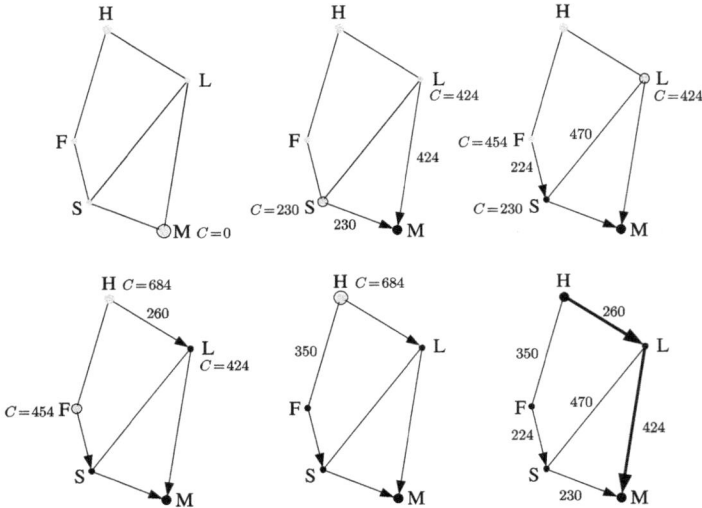

Abb. 4.3: Dijkstra-Suche zur Bestimmung der kürzesten Verbindung zwischen Startknoten M und Zielknoten H eines Straßennetzes; der schwarze Kreis markiert den im jeweiligen Schritt (beginnend oben links) expandierten Knoten; schwarz sind alle Knoten, die von der Prioritätswarteschlange entfernt und damit bereits expandiert wurden.

ten dann in alle Himmelsrichtungen expandiert, sodass der Zielknoten H erst nach vielen Schritten erreicht wird.

Die Vorgehensweise beim A* unterscheidet sich nun von der Dijkstra-Suche dahingehend, dass nunmehr immer der Knoten expandiert wird, der die *geringsten Gesamtkosten* $\hat{J}(x) = C(x) + \hat{G}^*(x)$ *verspricht*, womit sich die „Expansionsfront" tendenziell in Richtung Zielknoten ausbreitet. Als Heuristik $\hat{G}^*(x)$ bietet sich im Beispiel die „Luftlinie", also der euklidische Abstand, zur Zielstadt an, da sie einfach berechnet werden kann und die tatsächlich noch zurückzulegende Strecke *optimistisch* einschätzt.

Grundsätzlich ist nämlich eine Heuristik $\hat{G}^*(x)$ *zulässig*, wenn sie die Kosten bis zum Ziel *nicht überschätzt*. In aller Regel kommen *monotone* (auch *konsistente*) Heuristiken zum Einsatz, d.h. solche, die nicht nur zulässig sind sondern auch noch die Dreiecksungleichung erfüllen.[5] Eine gute Heuristik $\hat{G}^*$ zeichnet sich generell dadurch aus, dass sie die wahren Kosten G^* so wenig wie möglich unterschätzt (da dann nur wenige Knoten expandiert werden müssen) und schnell zu bestimmen ist. Für die triviale Heuristik $\hat{G}^* = 0$ degeneriert die A*-Suche zur Dijkstra-Suche. Grundsätzlich ist

---

5 Die geschätzten Kosten direkt zum Ziel dürfen höchstens so groß sein, wie die geschätzten Kosten eines beliebigen benachbarten Knoten zum Ziel zzgl. der tatsächlichen Übergangskosten zum Nachbarknoten. Ist die Heuristik nur zulässig, nicht aber monoton, dann ist zu einem expandierten Knoten nicht unbedingt der kürzeste Weg bekannt. Damit darf keine geschlossene Liste $\mathcal{C}$, s. Alg. 3, eingesetzt werden, da es möglich sein muss, den Knoten mehrfach zu expandieren.

Algorithm 3 A*-Suche [121].

1: $\mathcal{O} = \varnothing$
2: $\mathcal{C} = \varnothing$
3: $x_0.\text{Predecessor} \leftarrow \text{null}$
4: $\hat{J} \leftarrow \hat{G}(x_0)$
5: $\mathcal{O}.\text{Insert}(x_0, \hat{J})$
6: **while** $\mathcal{O} \neq \varnothing$ **do**
7:   $x \leftarrow \mathcal{O}.\text{ExtractMin}()$
8:   $\mathcal{C}.\text{Insert}(x)$
9:   **if** $x = x_f$ **then**
10:     **return** SolutionFound
11:   **else**
12:     **for all** $u \in \mathcal{U}(x)$ **do**
13:       $\tilde{x} \leftarrow f(x, u)$
14:       **if** $\tilde{x} \notin \mathcal{C}$ **then**
15:         $\tilde{C} \leftarrow C(x) + l(x, u)$
16:         **if** $\tilde{x} \notin \mathcal{O}$ **or** $\tilde{C} < C(\tilde{x})$ **then**
17:           $\tilde{x}.\text{Predecessor} \leftarrow x$
18:           $C(\tilde{x}) \leftarrow \tilde{C}$
19:           $\hat{J} \leftarrow C(\tilde{x}) + \hat{G}^*(\tilde{x})$
20:           **if** $\tilde{x} \notin \mathcal{O}$ **then**
21:             $\mathcal{O}.\text{Insert}(\tilde{x}, \hat{J})$
22:           **else**
23:             $\mathcal{O}.\text{DecreaseKey}(\tilde{x}, \hat{J})$
24:           **end if**
25:         **end if**
26:       **end if**
27:     **end for**
28:   **end if**
29: **end while**
30: **return** SolutionNotFound

---

für eine zulässige Heuristik garantiert, dass die A*-Suche immer die optimale Lösung findet [121].

Da beim Einsatz einer guten Heuristik nur ein kleiner Teil der Knoten des Graphen expandiert wird, bietet es sich an, ihn erst zur Programmlaufzeit dynamisch aufzubauen (*impliziter Graph*[6]), womit gegenüber Alg. 2 die Initialisierung aller Knoten mit ∞ und ihr Hinzufügen zur Warteschlange Q entfällt. Die Aufgabe von Q übernimmt jetzt

---

6 Knoten und Kanten liegen nicht im Speicher, sondern werden erst zur Laufzeit bestimmt.

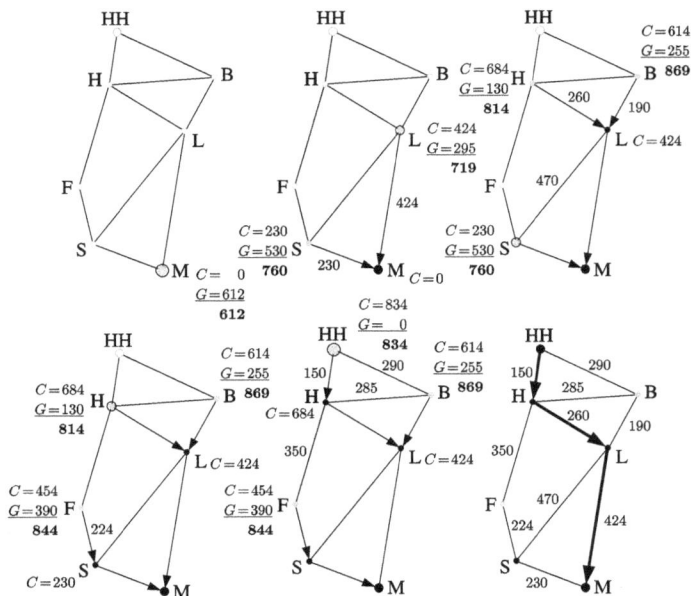

Abb. 4.4: A*-Suche zur Bestimmung der kürzesten Verbindung zwischen Startknoten M und Zielknoten HH eines Straßennetzes; der schwarze Kreis markiert den im jeweiligen Schritt expandierten Knoten, der damit von der offenen Liste $\mathcal{O}$ (graue Knoten) auf die geschlossene Liste $\mathcal{C}$ (schwarze Knoten) wandert; Knoten, die noch nicht Teil des sich dynamisch aufbauenden Graphen sind, werden weiß dargestellt; $G := \hat{G}^*$.

die Prioritätswarteschlange $\mathcal{O}$, welche auch als *offene Liste* (*open list*) bezeichnet wird. Sollen Knoten nicht mehrfach untersucht werden, so wird mit einer *geschlossenen Liste* $\mathcal{C}$ (*closed list*) gearbeitet, die all jene Knoten beinhaltet, zu denen der optimale Pfad mit $C^*(\boldsymbol{x})$ bekannt ist.

Zunächst ist $\mathcal{C}$ leer und $\mathcal{O}$ umfasst nur den Startknoten $\boldsymbol{x}_0$ mit $\hat{J} = \hat{G}$, s. Alg. 3 in Z. 1–5. In jedem Schritt wird nun der aussichtsreichste Knoten expandiert, also das vorderste Element von $\mathcal{O}$ (Z. 7), was gleichzeitig den Graphen aufbaut. Damit ist der Knoten abschließend untersucht und er wird der geschlossenen Liste $\mathcal{C}$ hinzugefügt (Z. 8). Ein jeder seiner Nachfolgeknoten (Z. 13), der sich noch nicht auf $\mathcal{C}$ befindet, wird entsprechend seiner geschätzten Gesamtkosten $\hat{J} := C(\boldsymbol{x}) + \hat{G}(\boldsymbol{x})$ in $\mathcal{O}$ einsortiert (Z. 21). Falls er sich jedoch dort schon befindet und der neue Pfad zu ihm geringere Kosten verursacht als der bisherige, wird er entsprechend $\hat{J}$ innerhalb von $\mathcal{O}$ höher priorisiert (Z. 23). Der Algorithmus terminiert, falls der Zielknoten an die erste Stelle von $\mathcal{O}$ gewandert ist (Z. 10), sodass die optimale Lösung gefunden wurde, oder sich die offene Liste $\mathcal{O}$ geleert hat, womit keine Lösung existiert (Z. 30).

Zur Verdeutlichung des Vorgehens dient die in Abb. 4.4 dargestellte A*-Suche innerhalb eines gegenüber Abb. 4.3 vergrößerten Straßennetzes. Es sei darauf hingewiesen, dass im Unterschied zur Dijkstra-Suche der Knoten F nicht expandiert wird, obwohl der Pfad zum Zielknoten HH sogar länger ist.

4.3 Fahrzeugspezifische Problemformulierungen

Da es sich bei der Optimalsteuerung zunächst um ein unendlich-dimensionales Problem handelt, s. Abschn. 3.1, ist zur Anwendung der Dynamischen Programmierung eine Reduktion auf einen diskreten Entscheidungsprozess vonnöten. Im Kontext der Trajektorienoptimierung für Fahrzeuge ist häufig von sog. *Bewegungsprimitiven* (*motion primitives*) die Rede, aus denen die optimale Trajektorie zusammenzusetzen ist. Hierbei muss bei der Problemdiskretisierung zwischen den Gesichtspunkten *Optimalität* (Wie stark weicht die Lösung des diskretisierten Problems vom ursprünglichen kontinuierlichen ab?), *Vollständigkeit* (Beinhalten die Bewegungsprimitive alle für das Problem wesentlichen Trajektorien?) und *Komplexität* (Wird durch die Diskretisierung das Problem für die Graphensuche hinreichend vereinfacht?) abgewogen werden [121, 159]. Im Folgenden werden zwei praxiserprobte Verfahren zur Generierung von Bewegungsprimitiven vorgestellt, die sich darin unterscheiden, dass im einen Fall die Diskretisierung (auch als *Sampling* bezeichnet) über den Zustand x, im anderen Fall über die Stellgröße u erfolgt.

4.3.1 Inverse Bewegungsprimitive

Um den Zustandsraum möglichst gleichmäßig abzudecken (es wird auch von minimaler *Dispersion* gesprochen [121]), wird bei einem sog. *Zustandsgitter* (*state lattice*) [158] ein Sampling in einem Muster verfolgt. Seine kleinste, wiederkehrende Einheit wird als *Steuermenge* (*control set*) bezeichnet. Als anschauliches Beispiel zeigt hierzu Abb. 4.5 einen recht grob auflösenden Graphen mit einer Positionsdiskretisierung $\Delta x = \Delta y = 10\,\text{m}$ zu den nächsten drei Nachbarn, vier Endausrichtungen $\theta \in \{0, \frac{1}{2}\pi, \pi, \frac{3}{2}\pi\}$ und einer einzigen Endkrümmung $\kappa = 0$.

Generell muss bei der Berechnung der Steuermenge darauf geachtet werden, dass die Übergänge zwischen jedem diskreten Zustand x und seinen Nachbarzuständen nicht nur für das (vereinfachte) Fahrzeugmodell realisierbar, sondern auch vorteilhaft, wenn nicht gar optimal, im Sinne des Gütekriteriums sind. Für sog. flache Systemmodelle [59], s. Abschn. 5.2.3, wie dem kinematischen Einspurmodell, besteht hierzu die Möglichkeit, mittels Polynomen hinreichender Ordnung den Verlauf des flachen Ausgangs (etwa die Hinterachsposition) vorzugeben und anschließend die daraus ableitbaren Zustands- und Stellgrößenverläufe auf Einhaltung ihrer Beschränkungen (z.B. maximale Krümmung) zu überprüfen.

Die Generierung eines jeden Elements der Steuermenge stellt wiederum ein Optimalsteuerungsproblem (mit festem Endzustand und freier oder fester Endzeit bzw. zu-

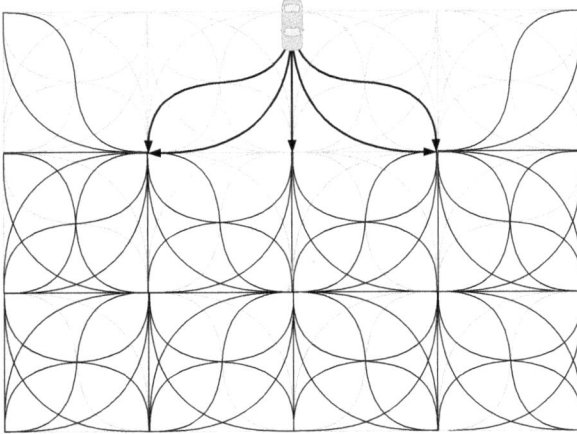

Abb. 4.5: Wiederkehrendes Sampling im Zustandsraum führt zu einem Zustandsgitter, hier für die Vorwärtsfahrt in einer unstrukturierten Umgebung wie auf Parkplätzen; es werden alle in drei Expansionsschritten erreichbaren Zustände in Schwarz dargestellt; Darstellung basierend auf [143].

rückgelegter Wegstrecke) dar, zu dessen Lösung sich in erster Linie die noch in Kap. 5 vorzustellenden Methoden anbieten [94]. Sie können offline berechnet und abgespeichert werden, sodass es hierbei problemlos möglich ist, exakt die im Gütefunktional veranschlagten Bewegungskosten und sämtliche Zustands- und Stellgrößenbeschränkungen direkt zu berücksichtigen.

Überhaupt zeichnet sich die Zustandsgittermethode aufgrund ihrer Translationsinvarianz dadurch aus, dass während der Suche wiederkehrende Berechnungen vorab gelöst und im Speicher abgelegt werden können und sich somit der online-Rechenaufwand stark reduzieren lässt. Hierzu zählen vor allem die Bewegungskosten und Rechenoperationen der Hinderniskosten [158].

Diese Eigenschaft geht jedoch bei strukturierten Umgebungen wie Straßen weitestgehend verloren, wenn zur Minimierung der sog. *Diskrepanz* [121] das Zustandsgitter an die Referenz angepasst wird, s. Abb. 4.6, da es dann aufgrund des variablen Straßenverlaufs zur Laufzeit aufgebaut werden muss [143, 223].

4.3.2 Vorwärtssimulierte Bewegungsprimitive

Als nachteilig erweist sich bei der zuvor dargestellten Herangehensweise, dass das exakte Erreichen von den diskreten Zuständen der Stellgröße einen teils sehr unnatürlichen Verlauf aufprägt. So fallen in Abb. 4.5 die erforderlichen Lenkbewegungen mit Verkleinerung von Δx, Δy immer extremer aus.

Um das Problem zu umgehen, können die Bewegungsprimitive durch Vorwärtssimulation unterschiedlicher, abschnittsweise konstanter Stellgrößen berechnet wer-

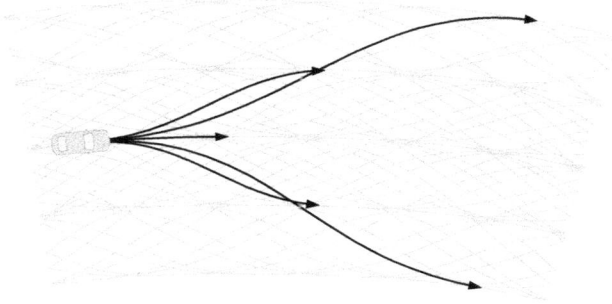

Abb. 4.6: Zustandsgitter für eine strukturierte Umgebung wie Straßen; Steuermenge in Schwarz; Sollen dynamische Hindernisse berücksichtigt werden, muss die Zeit t explizit berücksichtigt werden, sodass sich Wert-Iterationen zur Optimierung anbieten [143, 223]; Darstellung basierend auf [142].

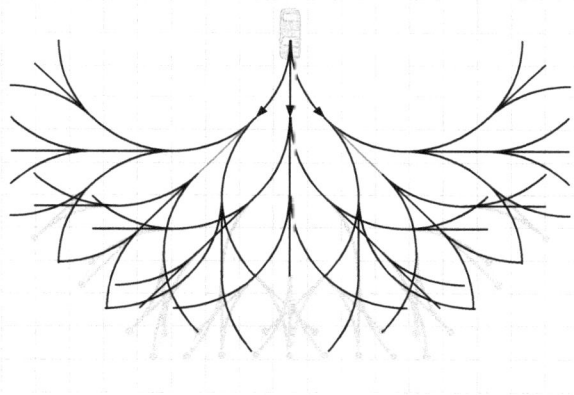

Abb. 4.7: Durch Vorwärtssimulation mit unterschiedlichen Lenkwinkeln entsteht zunächst ein Suchbaum für die Vorwärtsfahrt; Zur Reduktion der Knotenanzahl wird der Graph an Knoten mit einer ähnlichen Position und Ausrichtung geschlossen (betroffene Kanten in Grau); Darstellung basierend auf [189].

den [40, 225], s. Abb. 4.7. Die gegenüber dem Zustandsgitter verbesserten Stellgrößenverläufe werden jedoch damit erkauft, dass die Knoten des sich so errichtenden Suchgraphen i. Allg. nicht übereinander liegen, sich also zunächst nur ein sog. Suchbaum ergibt. Um dessen exponentiellen Knotenwachstum entgegen zu wirken, welches die Suche über längere Horizonte klar verbietet, kann der Graph an den Knoten, deren Zustände sich nur unwesentlich voneinander unterscheiden, geschlossen[7] werden. Implementierungstechnisch kann dieses auch als *hybrid state* Suche [40] bezeichnete

---

7 Die spezielle Graphenform des Baums geht dabei verloren. Der für das Graphenschließen häufig synonym verwendete Begriff *pruning* (Stutzen) [40] ist ein wenig irreführend, da hierbei nicht Äste

Herangehen so umgesetzt werden, dass im Expansionsschritt der Graphensuche der Endzustand $\tilde{x}$ auf eine bestimmte Auflösung Δx gerundet wird und die offene (oder ggf. auch die geschlossene) Liste darauf überprüft wird, ob ein entsprechender Knoten schon existiert. Um dennoch stetig in den Zuständen zu sein, wird die Expansion immer von dem entsprechenden ungerundeten Endzustand fortgeführt [40].

4.3.3 Systematische Ableitung von Heuristiken

Entsprechend Abschn. 4.2.3 wird mit dem Einsatz einer geeigneten Heuristik $\hat{G}^*(x)$ das Ziel verfolgt, die A*-Suche in die meistversprechende Richtung zu leiten, damit möglichst wenige Knoten expandiert werden. Je geringer $\hat{G}^*(x)$ die wahren Kosten $G^*(x)$ bis zum Ziel unterschätzt, desto schneller schreitet die Suche voran. Im Grenzfall $\hat{G}^*(x) = G^*(x)$ werden dann genau die zum Ziel führenden Knoten expandiert, was dem Vorgehen bei der Rekonstruktion der optimalen Trajektorie mittels (4.4) in Abschn. 4.2.1 entspricht. Allerdings setzt die Berechnung der exakten Kosten $G^*(x)$ bis zum Ziel die Kenntnis über die optimale Trajektorie voraus und ist damit genau so aufwändig zu bestimmen wie die Lösung des ursprünglichen Problems. Neben einer möglichst geringen Unterschätzung der ausstehenden Kosten zeichnet sich eine gute Heuristik also gleichzeitig durch eine schnelle Berechenbarkeit aus [121].

Im Unterschied zur Navigation in einem Straßennetz unterschätzt der euklidische Abstand bei Hinderniskonstellationen mit Sackgassen ganz wesentlich die Kosten bis zum Ziel, s. Abb. 4.8 links, und in der unmittelbaren Umgebung zur Zielkonfiguration ist er ebenfalls viel zu optimistisch, da die Fahrzeugausrichtung unberücksichtigt bleibt, s. Abb. 4.8 rechts. Die Folge ist, dass viele Knoten expandiert werden müssen bis die A*-Suche den Weg zum Ziel gefunden hat.

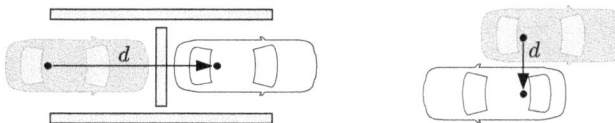

Abb. 4.8: Aufgrund der Vernachlässigung von Hindernissen (links) und Unberücksichtigung der Fahrzeugausrichtung (rechts) unterschätzt der euklidische Abstand in vielen Situationen die wahren Kosten bis zum Ziel (weißes Fahrzeug) erheblich [132].

Ein systematisches Auffinden einer geeigneten Heuristik kann über die gezielte Vereinfachung des Optimierungsproblems erfolgen. Hierbei wird die ursprüngliche

---

abgeschnitten, sondern nur optimale Lösungen, ganz im Sinne der dynamischen Programmierung, weiterverfolgt werden.

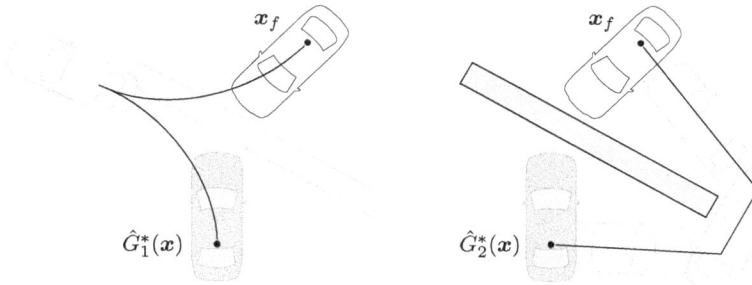

Abb. 4.9: Gezielte Relaxierung des Problems führt zu unterschiedlichen Heuristiken, die kombiniert werden können: Ignorieren von Hindernissen (links), Vernachlässigung der Nicht-Holonomie (rechts); Darstellung basierend auf [132].

Aufgabenstellung darauf untersucht, welche Lockerung (*relaxation*) der Nebenbedingungen und welche Vernachlässigung von Kostenfunktional-Termen zu einer beschleunigten Suche führen.

Im konkreten Fall stellt sich das Pfadplanungsproblem beträchtlich einfacher dar, wenn die Hindernisse beiseitegelassen werden, s. Abb. 4.9 links (ganz gleich ob sie in den ursprünglichen Nebenbedingungen oder in den ursprünglichen Kosten berücksichtigt werden). Ebenso erheblich wird die Pfadsuche erleichtert, wenn für das Fahrzeug Drehungen im Stand zugelassen werden, s. Abb. 4.9 rechts, also die Nicht-Holonomie fallengelassen wird. Die so erhaltenen Heuristiken sind immer optimistisch und damit zulässig. Sie unterschätzen aber die tatsächlich bis zum Ziel anfallenden Kosten in den Situationen, die im Ursprungsproblem durch die jeweils getroffenen Vereinfachungen dominiert werden, sodass sie idealerweise zu kombinieren sind. Da für eine schnelle Suche immer diejenige Heuristik herausgegriffen werden muss, die die Kosten am wenigsten unterschätzt, erfolgt eine optimale Kombination durch

$$\hat{G}^*(x) = \max\left(\hat{G}_1^*(x),\, \hat{G}_2^*(x),\, \dots\right) .$$

Der Rechenaufwand der Einzelheuristiken $\hat{G}_i^*(x)$ kann gering gehalten werden, wenn sich die Lösung der vereinfachten Problemstellung mittels der später in Kap. 6 dargestellten Methodik geschlossen darstellen lässt. Andernfalls muss vom Ziel aus vorab mittels Dijkstra-Algorithmus für das jeweils vereinfachte Problem solange expandiert werden, bis $\hat{G}_i^*(x)$ für den interessanten Bereich berechnet ist und in der anschließenden Graphensuche des Ursprungsproblems nur noch abgefragt werden muss [40, 132]. Da im Fall der vernachlässigten Hindernisse der Graph unabhängig von der Sensorinformation expandiert werden kann, ist es in dem speziellen Fall sogar möglich, die erforderlichen Berechnungen offline auszuführen, s. z.B. [113].

4.4 Bewertung

Auch wenn die Methode der Dynamischen Programmierung bislang in der klassischen Regelungstechnik eine untergeordnete Rolle spielt, so ist sie das wichtigste Werkzeug, wenn es darum geht, kombinatorische Optimierungsprobleme zu lösen, wie sie häufig in der Robotik auftreten. Im Bereich der Fahrerassistenzsysteme findet die Dynamische Programmierung auf der Navigations- und Führungsebene Anwendung, was darin begründet ist, dass sie weder eine Startlösung benötigt, noch dass für sie lokale Minima ein Problem darstellen. Das der Optimierung zugrundeliegende Gütekriterium muss ebenfalls keinen bestimmten Stetigkeitsanforderungen genügen, wie es bei der direkten und indirekten Trajektorienoptimierung der anschließenden Kapitel der Fall ist.

   Gleichzeitig leidet die Methode der dynamischen Programmierung wie keine andere unter dem *Fluch der Dimensionalität* [13, 60], weshalb die meisten Probleme in geeigneter Weise auf ihr Kernproblem reduziert werden müssen, insbesondere falls die Anwendung eine Echtzeitoptimierung erfordert. Für die Pfadsuche in unstrukturierter Umgebung werden daher z.B. als Zustandsgrößen typischerweise nur die Fahrzeugposition x, y, die -ausrichtung ψ und die Fahrtrichtung v verwendet, nicht aber etwa der Lenkwinkel [40, 132]. Die Folge ist, dass die grobe Lösung des abstrahierten Optimierungsproblems nicht direkt mit Lenk- oder Pedalbewegungen umgesetzt werden kann, da beim Passieren eines jeden Knotens Stellgrößensprünge zu erwarten sind. Die Lösung ist daher noch in einem weiteren Schritt zu verfeinern, indem sie als Startwert für eine nachgelagerte, lokale Optimierung herangezogen wird, s. z.B. [40]. Alternativ kann sie als zu verfolgende Referenz für eine Methode dienen, die mit ihren Unstetigkeiten zurechtkommt [132]. Für beide Fälle eignet sich die *direkte Optimierungsmethode*, die im nachfolgenden Kapitel erläutert wird.

5 Trajektorienoptimierung mit direkten Methoden

The purpose of computing is insight,
not numbers.

Richard Wesley Hamming

Die in diesem Kapitel beschriebenen Lösungsmethoden skalieren weitaus besser mit der Anzahl der Systemzustände als die der Dynamischen Programmierung. Darüber hinaus liefern sie optimierte Systemeingangsverläufe, die direkt, etwa als Lenkwinkel und Bremsmoment, im Fahrzeug gestellt werden können und natürliche Fahrzeugbewegungen herbeiführen. Die der direkten Methodik unterlagerten numerischen Lösungsverfahren arbeiten allerdings nur lokal, sodass entweder eine hinreichend gute Startlösung bekannt sein muss, oder aber das Problem so zu formulieren ist, dass gar keine Nebenoptima auftreten können.[1]

Zunächst wird der Unterschied zwischen *statischer* und *dynamischer Optimierung* erklärt. Darauf aufbauend wird die direkte Methode vorgestellt, welche ein Optimalsteuerungsproblem durch ein statisches Optimierungsproblem in geeigneter Weise approximiert, da für letzteres effiziente numerische Lösungsmethoden existieren. Die verschiedenen Möglichkeiten der Approximation werden anschließend übersichtsartig dargestellt und auf fahrzeugspezifische Problemformulierungen wird anhand von Literaturbeispielen eingegangen.

Schließlich wird ein neuer Algorithmus vorgestellt, der Ausweichmanöver nahe der fahrphysikalischen Grenze realisiert und dabei in vollem Umfang von der angewandten direkten Methode profitiert. Die Besonderheit hierbei stellt die Berücksichtigung der kombinierten Quer-/Längsdynamik des Fahrzeugs dar, welche bei gebremsten Notmanövern die Optimaltrajektorie dominieren. Der entsprechende Abschnitt 5.4 wurde bereits in großen Teilen in den eigenen Arbeiten [235, 236] veröffentlicht und übernommene Texte sind nicht gesondert gekennzeichnet.

5.1 Statische vs. dynamische Optimierung

Die Optimierungstheorie bietet eine Fülle von Verfahren, die sich grundsätzlich für Komfort- und Sicherheitssysteme eignen. Wie bereits bei der Dynamischen Programmierung in Kap. 4 ist hierbei ganz wesentlich, ein Verständnis für geeignete Problemformulierungen zu entwickeln, um überhaupt die Optimierungsmethoden anwenden zu können. Aus dem Grund wird nachfolgend die statische von der dynamischen Optimierung abgegrenzt und erste Anmerkungen zur generellen Herangehensweise der direkten Optimierung gegeben.

---

1 Es wird auch von *konvexen* Optimierungsproblemen gesprochen.

DOI 10.1515/9783110531923-005

5.1.1 Problemformulierung statische Optimierung

Handelt es sich bei den Entscheidungsvariablen $\boldsymbol{p}$ um Elemente des euklidischen Raums $\mathbb{R}^n$, so liegt ein *statisches* Optimierungsproblem vor, das auch als *endlich-dimensionales* Optimierungsproblem bezeichnet wird [15, 152, 154]. Dessen allgemeine Formulierung lautet:

Minimiere die Kostenfunktion

$$f(\boldsymbol{p}), \quad \boldsymbol{p} \in \mathbb{R}^n \tag{5.1a}$$

unter Berücksichtigung der Gleichungs- und Ungleichungsbeschränkungen

$$\boldsymbol{g}(\boldsymbol{p}) = \boldsymbol{0}, \quad \boldsymbol{g} \in \mathbb{R}^m \tag{5.1b}$$

$$\boldsymbol{h}(\boldsymbol{p}) \le \boldsymbol{0}, \quad \boldsymbol{h} \in \mathbb{R}^q . \tag{5.1c}$$

Entfallen die Gleichungs- und Ungleichungsbeschränkungen (5.1b), (5.1c), so wird von einem *unbeschränkten Optimierungsproblem* gesprochen, andernfalls von einem *beschränkten Optimierungsproblem*.

Zur Veranschaulichung der Aufgabenstellung ist in Abb. 5.1 beispielhaft die optimale Lösung $\boldsymbol{p}^* \in \mathbb{R}^2$ dargestellt. Die Lösung dieser auch als *Parameteroptimierung* bezeichneten Aufgabenstellung erfordert Verfahren der *nichtlinearen Programmierung*, s. hierzu später auch Abschn. 5.4.3. Sie sind als „Black-Box"-Programme fester Bestandteil von Optimierungsbibliotheken, wobei sich *sequentielle quadratische Programme* (SQP-Verfahren) und *Innere-Punkte-Verfahren* (IP-Verfahren) als besonders praktikabel erwiesen haben [15, 152, 154]. Hierbei handelt es sich um lokale Optimierungsverfahren, die für nicht-konvexe Probleme eine hinreichend gute Startlösung benötigen, um zum globalen Optimum zu konvergieren [152].

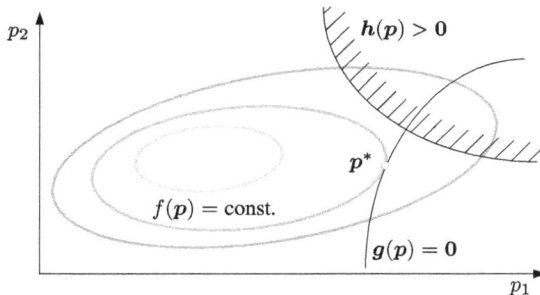

Abb. 5.1: Veranschaulichung der Lösung $\boldsymbol{p}^* \in \mathbb{R}^2$ des beschränkten statischen Optimierungsproblems; Die Darstellung der zu minimierenden Kostenfunktion erfolgt über ihre Isokosten (je heller desto geringere Kosten); Die Ungleichungsnebenbedingung (schwarze Schraffur) ist in $\boldsymbol{p}^*$ nicht aktiv, s. z.B. [152].

5.1.2 Grundsätzliche Vorgehensweise der direkten Methode

Bei der in diesem Kapitel behandelten Verfahrensklasse zur Trajektorienoptimierung wird, wie eingangs erwähnt, das ursprüngliche dynamische Optimierungsproblem durch ein statisches Optimierungsproblem approximiert [154], welches mit SQP- oder IP-Verfahren numerisch gelöst werden kann. Die Grundidee bei der Approximation besteht darin, eine *endliche Parametrierung* für die Zustände, den Eingang oder den Ausgang des Systems zu finden, ohne dass das ursprüngliche Problem zu stark vereinfacht wird und die Lösung damit unbrauchbar ist. Genauer gesagt ist nur der Optimierungsvektor endlich, im Unterschied zu Kap. 4 können dessen Elemente aber kontinuierliche (unendlich viele) Werte annehmen.

5.2 Direkte Optimierungsverfahren

5.2.1 Direkte Einfachschießverfahren

Bei den sog. *direkten Einfachschießverfahren* (*direct single shooting*, s. beispielsweise [76, 154]) wird zunächst eine endlich-dimensionale Parametrierung des *Systemeingangs* durchgeführt. Für die einfachste und daher am weitesten verbreitete Umsetzung wird das Intervall $[t_0, t_f]$ in N gleich lange Abschnitte aufgeteilt, über denen das Eingangssignal konstant gehalten wird, s. Abb. 5.2, und zwar

$$\boldsymbol{u}(t) = \boldsymbol{\psi}(t, \bar{\boldsymbol{u}}) = \boldsymbol{u}_i, \; t \in [t_i, t_{i+1}) \quad \text{und} \quad \bar{\boldsymbol{u}} = [\boldsymbol{u}_0, \boldsymbol{u}_1, \dots, \boldsymbol{u}_{N-1}]^{\mathrm{T}}.$$

Der Systemeingang ist damit vollständig durch den (endlich-dimensionalen) Parametervektor $\bar{\boldsymbol{u}}$ beschrieben. Der Einfachheit halber wird im Folgenden eine feste Endzeit

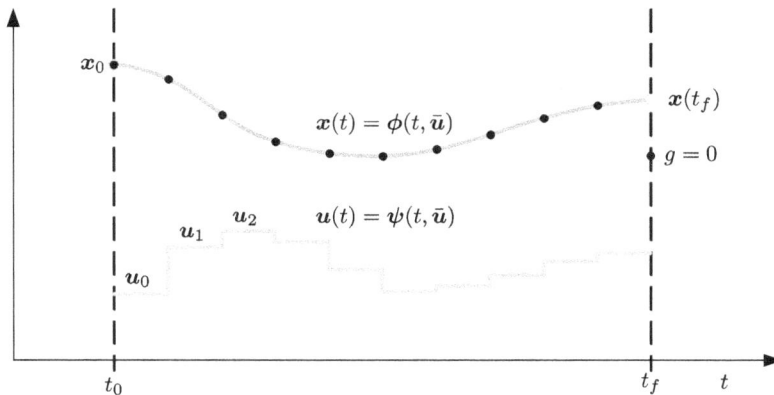

Abb. 5.2: Endliche Parametrierung mittels abschnittsweise konstanter Eingänge [154].

t_f angenommen.[2] Eingesetzt in die Systemdynamik (3.1b) ergibt sich somit

$$\dot{x}(t) = f(x(t), \psi(t, \bar{u}), t), \quad x(t_0) = x_0 ,$$

was ein Anfangswertproblem darstellt und auf dem Intervall $[t_0, t_f]$ mit gängigen ODE-Solvern[3] gelöst werden kann. Es wird so die Trajektorie $x(t) = \phi(t, \bar{u})$ erhalten.

Des Weiteren ist gängige Praxis, die Einhaltung der Ungleichungsnebenbedingungen (3.1d) (nur) an den N Subintervallgrenzen t_i zu fordern (s. schwarze Punkte in Abb. 5.2), was aufgrund des stetigen Zustandsverlaufs bei hinreichend vielen Subintervallen dazu führt, dass dazwischen die Nebenbedingungen nur unwesentlich verletzt werden können.

Insgesamt ergibt sich somit das statische Optimierungsproblem [76, 154]

$$\underset{\bar{u}}{\text{minimiere}} \quad \int_{t_0}^{t_f} l(\phi(t, \bar{u}), \psi(t, \bar{u}), t)\, \mathrm{d}t + V(\phi(t_f, \bar{u})) \tag{5.2a}$$

$$\text{u.B.v.} \quad g(\phi(t_f, \bar{u}), t_f) = 0 \tag{5.2b}$$

$$h(\phi(t_i, \bar{u}), \psi(t_i, \bar{u})) \leq 0, \quad i = 0, \dots, N . \tag{5.2c}$$

Anschaulich gesprochen wird in Abhängigkeit von $\bar{u}$ die Systemdynamik in „einem Schuss" simuliert, was dem Verfahren seinen Namen gibt. Bei der Implementierung bietet sich an, hierbei gleich die laufenden Kosten l für die Berechnung von (3.1a) durch Erweiterung des Systemzustands zu integrieren. Im Anschluss werden dann das Kostenfunktional (streng genommen nun nur noch eine Kostenfunktion von $\bar{u}$) sowie die Nebenbedingungsungleichungen und Endbedingungen evaluiert. Je nach eingesetztem statischen Optimierungsverfahren wird dieser Vorgang mit einer Variation von $\bar{u}$ wiederholt, sodass darauf geschlossen werden kann, wie die Lösung zu verbessern ist, um zum Optimum zu konvergieren.

Da sich innerhalb der Optimierung in jedem Schritt die Zustandstrajektorie $x(t)$ erst aus der Steuertrajektorie $\bar{u}$ ergibt, wird das Verfahren als *sequentiell* bezeichnet. Wird hingegen die Zustandstrajektorie gleichzeitig mit der Steuertrajektorie optimiert, wird von *simultanen* Verfahren gesprochen. Eine der bekanntesten Vertreter sind Mehrfachschießverfahren, die nachfolgend dargestellt sind.

5.2.2 Direkte Mehrfachschießverfahren

Die Grundidee von *direkten Mehrfachschießverfahren*, (*direct multi shooting*, s. beispielsweise [35, 76, 154]) ist, die Herangehensweise des vorangegangenen Abschnitts

---

2 Trifft das nicht zu, so ist der Optimierungsvektor um die Optimierungsvariable t_f zu erweitern und die Wahl der Subintervallgrenzen im nichtlinearen Programm entsprechend dynamisch anzupassen.
3 Methoden zur Lösung von gewöhnlichen Differentialgleichungen (*ordinary differential equations*), beispielsweise *Runge-Kutta*-Methoden [95, 162].

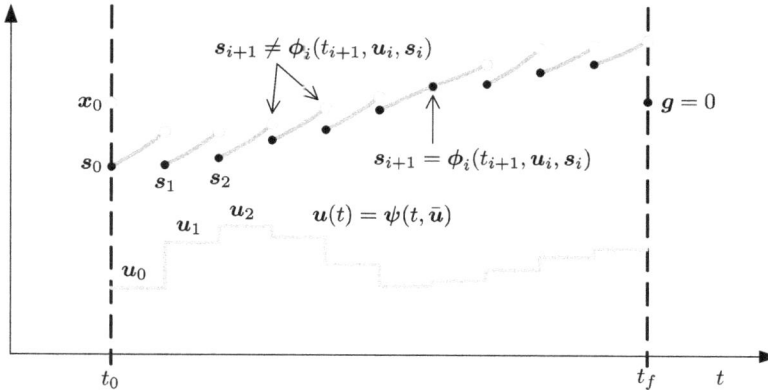

Abb. 5.3: Grundidee von Mehrfachschießverfahren [35].

dahingehend zu modifizieren, dass nunmehr auf jedem der N Teilintervalle ein Anfangswertproblem der Art

$$\dot{x}_i(t) = f(x_i(t), \psi(t, \bar{u}), t), \quad x(t_i) = s_i \quad \text{für} \quad t \in [t_i, t_{i+1})$$

gelöst wird. Hierbei stellen die Variablen s_i zusammengefasst als $\bar{s} = [s_0, s_1, \ldots, s_{N-1}]^T$ die Anfangszustände für die Teiltrajektorien $x_i(t) = \phi_i(t, u_i, s_i)$ eines jeden Subintervalls dar, s. Abb. 5.3, von denen aus *jeweils* „nach vorne geschossen" wird. Damit am Ende der Optimierung die zusammengesetzte Gesamttrajektorie an den Übergängen stetig ist, muss dort zusätzlich die Nebenbedingung $s_{i+1} = \phi_i(t_{i+1}, u_i, s_i)$ gefordert werden. Der Optimierungsvektor umfasst neben $\bar{u}$ nun auch noch die Anfangszustände $\bar{s}$, sodass daraus das statische Optimierungsproblem [76, 154]

$$\underset{\bar{u}, \bar{s}}{\text{minimiere}} \quad \sum_{i=0}^{N-1} \int_{t_i}^{t_{i+1}} l(\phi_i(t, u_i, s_i), u_i) \, dt + V(\phi_{N-1}(t_{N-1}, u_{N-1}, s_{N-1}))$$

u.B.v. $\quad g(\phi_{N-1}(t_{N-1}, u_{N-1}, s_{N-1})) = 0$

$\quad\quad\quad h(s_i, u_i) \leq 0, \quad\quad\quad\quad\quad\quad i = 0, \ldots, N$

$\quad\quad\quad s_0 - x_0 = 0$

$\quad\quad\quad s_{i+1} - \phi_i(t_{i+1}, u_i, s_i) = 0, \quad\quad\quad i = 0, \ldots, N-2$

resultiert. Die Optimierung erfolgt gleichzeitig für $\bar{u}$ und $\bar{s}$, sodass *simultan* die Zustands- und Steuertrajektorie optimiert werden. Die Dimension des Optimierungsproblems ist somit gegenüber dem Einfachschießverfahren gestiegen, es weist aber eine dünn besetzte Struktur auf, die von einer ganzen Reihe statischer Optimierungsverfahren ausgenutzt werden kann [35]. Des Weiteren wird aufgrund der Unabhängigkeit der Teilintervalle die Parallelisierung ihrer Evaluation auf mehrere Rechnerkerne möglich, was eine erhebliche Rechenzeiteinsparung mit sich bringen kann (vgl.

auch [12]). Der größte Vorteil besteht jedoch darin, dass sich für instabile und stark nichtlineare Systeme das Konvergenzverhalten stark verbessert [36], da das Modell während der Optimierung auf den kurzen Intervallen nicht so weit „abhauen" kann.

Werden die Subintervalle auf einen einzigen Integrationsschritt reduziert, die Differentialgleichung also an den Stützstellen s_i diskretisiert (z.B. durch die Trapezregel), so wird auch von Volldiskretisierung gesprochen, welche im Rahmen der Trajektorienplanung z.B. in [68] zum Einsatz kommt.

5.2.3 Flachheitsbasierte Ausgangsparametrierung

Anstelle der zuvor beschriebenen Parametrierung des Systemeingangs bietet sich bei der Klasse der sog. *flachen* Systeme [59] eine Parametrierung über einen geeigneten (fiktiven) Systemausgang an, den *flachen* Ausgang. Da auch die Fahrzeugdynamik als flaches System formuliert werden kann [64, 174], wird zunächst die Flachheitseigenschaft definiert. Hierzu dient als Ausgangspunkt die nichtlineare Zustandsraumdarstellung

$$\dot{\boldsymbol{x}} = \boldsymbol{f}(\boldsymbol{x}, \boldsymbol{u}), \quad \boldsymbol{x}(t_0) = \boldsymbol{x}_0 \in \mathbb{R}^n, \quad \boldsymbol{u} \in \mathbb{R}^m, \tag{5.4}$$

wobei vorausgesetzt wird, dass die Funktion $\boldsymbol{f}$ hinreichend oft stetig differenzierbar ist.

Definition 5.1. Ein nichtlineares System der Form (5.4) heißt (differentiell) flach [59], wenn ein (fiktiver) Ausgang

$$\boldsymbol{z} = \boldsymbol{\Phi}\left(\boldsymbol{x}, \boldsymbol{u}, \dot{\boldsymbol{u}}, \dots, \boldsymbol{u}^{(\alpha)}\right)$$

mit $\dim \boldsymbol{z} = \dim \boldsymbol{u}$ existiert,[4] der folgende Bedingung erfüllt. Sowohl die Zustände $\boldsymbol{x}$ als auch die Eingänge $\boldsymbol{u}$ können als Funktionen von $\boldsymbol{z}$ und einer endlichen Anzahl seiner Zeitableitungen ausgedrückt werden, d.h.

$$\boldsymbol{x} = \boldsymbol{\Psi}_x\left(\boldsymbol{z}, \dot{\boldsymbol{z}}, \dots, \boldsymbol{z}^{(\beta-1)}\right) \tag{5.5a}$$

$$\boldsymbol{u} = \boldsymbol{\Psi}_u\left(\boldsymbol{z}, \dot{\boldsymbol{z}}, \dots, \boldsymbol{z}^{(\beta)}\right). \tag{5.5b}$$

Aufgrund von $\dim \boldsymbol{z} = \dim \boldsymbol{u}$ sind die Komponenten von $\boldsymbol{z}$ (differentiell) unabhängig voneinander [174].

Im Hinblick auf die Optimierung mittels direkter Methode bietet sich nun der große Vorteil, dass durch (5.5) die Größen $\boldsymbol{x}$ und $\boldsymbol{u}$ durch den flachen Ausgang $\boldsymbol{z}$ ausgedrückt werden können, und die Differentialgleichung (5.4) des Systems nicht weiter

---

4 In der Praxis kann häufig ein flacher Ausgang gefunden werden, der nur eine Funktion des Zustands ist, d.h. $\boldsymbol{z} = \boldsymbol{\phi}(\boldsymbol{x})$.

berücksichtigt werden muss. Dementsprechend reicht es aus, eine endliche Parametrierung des Ausgangssignals

$$z(t) = \boldsymbol{\psi}_z(t, \bar{z}) \quad t \in [t_0, t_f]$$

mit dem Parametervektor $\bar{z} = [z_0, z_1, \dots]^{\mathrm{T}}$ zu finden, die sicherstellt, dass $z(t)$ hinreichend oft stetig differenzierbar ist, etwa über Polynome [222] oder Splines [33].

Damit ergibt sich das statische Optimierungsproblem

$$\underset{\bar{z}}{\text{minimiere}} \int_{t_0}^{t_f} l\left(\boldsymbol{\Psi}_x\left(\boldsymbol{\psi}_z(t, \bar{z}), \dot{\boldsymbol{\psi}}_z(t, \bar{z}), \dots\right), \boldsymbol{\Psi}_u\left(\boldsymbol{\psi}_z(t, \bar{z}), \dot{\boldsymbol{\psi}}_z(t, \bar{z}), \dots\right)\right) \mathrm{d}t$$

$$+ V\left(\boldsymbol{\Psi}_x\left(\boldsymbol{\psi}_z(t_f, \bar{z}), \dot{\boldsymbol{\psi}}_z(t_f, \bar{z}), \dots\right)\right) \tag{5.6a}$$

$$\text{u.B.v.} \quad \boldsymbol{g}\left(\boldsymbol{\Psi}_x\left(\boldsymbol{\psi}_z(t_f, \bar{z}), \dot{\boldsymbol{\psi}}_z(t_f, \bar{z}), \dots\right)\right) = \boldsymbol{0} \tag{5.6b}$$

$$\boldsymbol{h}\left(\boldsymbol{\Psi}_x\left(\boldsymbol{\psi}_z(t_i, \bar{z}), \dot{\boldsymbol{\psi}}_z(t_i, \bar{z}), \dots\right), \boldsymbol{\Psi}_u\left(\boldsymbol{\psi}_z(t_i, \bar{z}), \dot{\boldsymbol{\psi}}_z(t_i, \bar{z}), \dots\right)\right) \leq \boldsymbol{0},$$

$$i = 1, \dots, N. \tag{5.6c}$$

Zur Evaluation des Kostenfunktionals J in (5.6a) muss dann lediglich l numerisch integriert werden; ein Lösen der Differentialgleichung (5.4), wie in den Abschn. 5.2.1 und 5.2.2, ist aufgrund der Ausnutzung der Flachheitseigenschaft nicht erforderlich, was zu einer erheblichen Rechenaufwandsreduktion führen kann. Zur Evaluation von (5.6c) müssen die Nebenbedingungen jedoch noch zusätzlich zu N Zeitpunkten evaluiert werden, die hinreichend eng zu wählen sind, s. Abb. 5.4.

Aufgrund der flachheitsbasierten Systemparametrierung werden über den Ausgang $z(t)$ gleichzeitig der Systemeingang $u(t)$ und die Systemzustandsgrößen $x(t)$ optimiert, sodass diese Herangehensweise zu den simultanen Verfahren zu zählen ist.

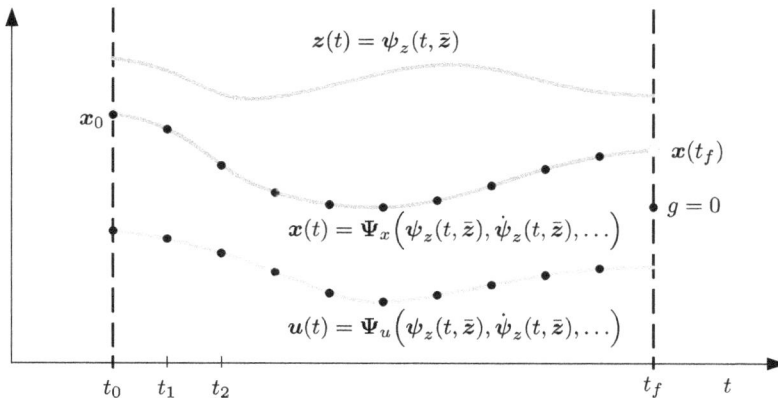

Abb. 5.4: Endliche Parametrierung des gesamten Systemverhaltens durch flachen Ausgang $z(t)$.

5.3 Fahrzeugspezifische Problemformulierungen

5.3.1 Systembeschreibung

Grundsätzlich eignet sich für die direkte Optimierungsmethode jedes Systemmodell, das sich numerisch stabil simulieren lässt und die im Kostenfunktional (3.1a) verwendeten Systemzustände x umfasst. Dennoch gilt auch hier die Devise: *So einfach wie möglich, so genau wie nötig!* Aufgrund der Arbeitsweise des nichtlinearen Programms wird nämlich in jedem Iterationsschritt die numerische Simulation des Modells viele Male durchgeführt und beansprucht damit den Großteil der Rechenzeit der direkten Optimierung. Für eine effiziente Simulation lohnt sich in jedem Fall der Blick auf die laufenden Kosten l in (3.1a), welche Aufschluss darüber geben, wie durch eine geeignete Systemkoordinatenwahl aufwändige Funktionsevaluationen zu vermeiden sind. Ein Beispiel hierfür stellt die Optimierung der Fahrzeugbewegung entlang der Straße dar. Dabei interessiert nicht der Fahrzeugabstand vom Koordinatenursprung sondern vielmehr die Fahrzeugposition innerhalb der Spur, sodass die Fahrzeugbewegung, wie in [163, 183], direkt in den sog. *Frénet-Koordinaten* der Straße modelliert wird (s. hierzu später auch Abschn. 5.4).

Da das optimierte Manöver vom Fahrzeug abgefahren werden muss, ist es wichtig, dessen Dynamik in der Systembeschreibung zu berücksichtigen, unabhängig davon, welcher Systemteil von einer unterlagerten Regelung stabilisiert wird. Hierbei ist es hilfreich zu wissen, dass über den Lenkwinkel δ (bei Vernachlässigung der Reifeneinlauflängen [144]) direkt die Reifenquerkräfte beeinflusst werden und damit auch ein unmittelbarer Zusammenhang zur Fahrzeugquerbeschleunigung a_q und Kurskrümmung κ besteht. Während es für langsame Manöver (Einparken, z.B. [109]) oder schnelle Manöver mit gleichmäßigen Lenkbewegungen wie auf der Rennstrecke (z.B. [68, 115]) ausreicht, stetige Krümmungen bzw. Querbeschleunigungen zu generieren, adressieren Notfallmanöver das instationäre Fahrverhalten, sodass weitere Fahrzeugzustände wie der Schwimmwinkel β und die Gierrate r zu berücksichtigen sind [50, 151, 155, 183, 220]. Gerade dann erweist sich die direkte Optimierungsmethode als äußerst vorteilhaft, da zudem auch Reifennichtlinearitäten [68, 220] oder gar dynamische Radlasten [50, 63] sowie umfangreiche Aktorikmodelle berücksichtigt werden können. Das gilt insbesondere bei einer Offline-Optimierung (z.B. Berechnung der Ideallinie auf einer Rennstrecke [68]), bei der die Rechenzeit eine untergeordnete Rolle spielt.

5.3.2 Kostenfunktional

Im Kostenfunktional ist, wie zuvor beschrieben, genau das ungewollte Systemverhalten mit Kosten zu belegen, sodass bei der Optimierung dieses minimiert wird. Hierzu zählen vor allem Kurskrümmungs-, Querbeschleunigungs- oder Lenkwinkeländerung [8, 135] (je nach Modellierung der Systemzustände oder -eingänge), da sie zu einer unkomfortablen Fahrweise führen, die zudem nur mit großem Stellaufwand und Verschleiß von der Lenkaktorik umgesetzt werden kann. Bei Notmanövern bietet sich darüber hinaus an, die Annäherung an die fahrphysikalische Grenze zu bestrafen, indem die Beschleunigungen und der Schwimmwinkel in die Kosten eingehen [8, 155]. Schließlich kann auch die Straßenverkehrsordnung in der Form berücksichtigt werden, dass Abweichungen (und deren zeitliche Ableitungen) von der Straßenmitte [135, 151, 155] zu den Gesamtkosten beitragen. In der Praxis wird das ungewollte Systemverhalten in aller Regel mit quadratischen Kostentermen beschrieben [8, 50, 135, 155, 183, 220], sodass sich die Integral- und Endkosten zu

$$l(\boldsymbol{x}(t), \boldsymbol{u}(t)) = \boldsymbol{x}(t)^\mathrm{T} \boldsymbol{Q} \boldsymbol{x}(t) + \boldsymbol{u}(t)^\mathrm{T} \boldsymbol{R} \boldsymbol{u}(t)$$

$$\bar{V}(\boldsymbol{x}(t_f)) = \boldsymbol{x}(t_f)^\mathrm{T} \boldsymbol{S} \boldsymbol{x}(t_f)$$

mit positiv definiten Wichtungsmatrizen $\boldsymbol{Q}$ und $\boldsymbol{R}$ ergeben.

Im Hinblick auf die Systemsicherheit nimmt die Berücksichtigung anderer Verkehrsteilnehmer und weiterer Hindernisse einen zentralen Punkt bei der Optimierung ein. Auf den ersten Blick erscheint es zweckmäßig, die Fahrzeugannäherung an ein Objekt über der Zeit zu bestrafen und deshalb innerhalb der Integralkosten l zu berücksichtigen. Das hat dann aber unweigerlich zur Folge, dass ein Manöver das Hindernis bei zunehmender Geschwindigkeit immer knapper passiert, da aufgrund der immer kürzeren Integrationszeit die Kosten fortwährend geringer ausfallen und die Optimierung zunehmend zugunsten einer geringeren Querbeschleunigung entscheidet. Da das dem subjektiven Risikoempfinden der Verkehrsteilnehmer widerspricht, empfiehlt sich die Erweiterung des Kostenfunktionals um sog. Punktkosten $\bar{V}(\boldsymbol{x}(t_i), t_i)$ (welche in der Sonderform der Endkosten $V(\boldsymbol{x}(t_f), t_f)$ bereits in (3.1a) aufgeführt sind), vgl. [135]. Über sie können definierten Zeitpunkten t_i bestimmte Kosten zugeschrieben werden. Um die Optimierung dazu zu bringen, einem Hindernis auszuweichen, muss demnach zunächst der Zeitpunkt bestimmt werden, an dem sich das Fahrzeug dem Hindernis am nächsten befindet. Abhängig von dem dann vorliegenden Abstand errechnen sich die Punktkosten, welche entsprechend hoch gewichtet werden müssen, um ein Schneiden des Hindernisses zu vermeiden, s. später Abschn. 5.4.2.5.

5.3.3 Nebenbedingungen

Die Berücksichtigung von Nebenbedingungen in der Optimierung in Form von Gleichungs- oder Ungleichungsbeschränkungen ist ein probates Mittel, um wichtigen Systemeigenschaften Rechnung zu tragen, die nicht in der Differentialgleichung (3.1b) berücksichtigt sind, vgl. [78]. Beim Fahrzeug zählt hierzu beispielsweise die konstruktionsbedingte Lenkwinkelbeschränkung. Im Unterschied zu den Optimierungskosten, über die mittels Wichtungsfaktoren Kompromisse zwischen konkurrierenden Optimierungszielen gefunden werden können (z.B. Komfort vs. Sicherheit bei einem Notmanöver), müssen die Nebenbedingungen zwingend eingehalten werden. Bei der dynamischen Neuplanung, die auf äußere Störungen und Kursänderungen anderer Verkehrsteilnehmer reagieren muss, bleibt es da nicht aus, dass ein sorgloser Umgang mit Nebenbedingungen (3.1d) dazu führt, dass diese zumindest kurzzeitig im Widerspruch zur Systemdynamik (3.1b) stehen. Aus der modellprädiktiven Regelung ist bekannt, dass eine (aktive) Nebenbedingung dazu führt, dass die Optimierungskosten immer weiter in den Hintergrund treten je näher (zeitlich gesehen) sie an den aktuellen Zeitpunkt herankommt, bis sie schließlich zu einer Singularität führt [60].

Darum ist es von Vorteil, die Kollisionsfreiheit eines Manövers nicht als Nebenbedingung zu formulieren, sondern, wie zuvor beschrieben, die Annäherung an ein Hindernis in den Kosten zu berücksichtigen. Der Kostenterm für die Annäherung ist dann auf der einen Seite so auszulegen, dass selbst in der unmittelbaren Umgebung eines Hindernisses die restlichen Kosten einen wesentlichen Einfluss auf die Lösung haben, sodass das Fahrzeug dann nicht „nervös" zu lenken oder zu bremsen beginnt. Auf der anderen Seite dürfen die Kosten aber auch nicht so niedrig gewählt werden, dass das Manöver bereits in großer Entfernung vom Hindernis ein zukünftiges Schneiden in Kauf nimmt. Die Berücksichtigung von Nebenbedingungen in den Optimierungskosten ist zwar formal immer möglich,[5] führt jedoch bei einigen statischen Optimierungsverfahren erfahrungsgemäß zu einem erhöhten Rechenaufwand. Es bietet sich deshalb an, zumindest eingangsnahe Restriktionen (z.B. für den Lenkwinkel) als Nebenbedingungen in der Optimierung zu belassen, wenn sichergestellt ist, dass die von den Restriktionen betroffenen Systemzustände weder durch Störungen (aufgrund einer nachgelagerten Regelung, s. Abschn. 3.3) noch von sich ändernden Umgebungsbedingungen (allen voran die Hindernisprädiktion) betroffen sind.[6]

5.4 Neuer Algorithmus für den aktiven Fußgängerschutz

Ein Fußgänger ist ein glücklicher Autofahrer,
der einen Parkplatz gefunden hat.

Joachim Fuchsberger

Zur Verdeutlichung der konkreten Vorgehensweise bei der direkten Optimierungsmethodik wird eine Sicherheitsfunktion für den aktiven Fußgängerschutz herangezogen, die bereits in den im Rahmen der Arbeit entstandenen Veröffentlichungen [235, 236] vorgestellt wurde. Aus Gründen der Einfachheit wird hier nur die Lösung des Optimal-

---

5 Bestimmte statische Optimierungsverfahren behandeln grundsätzlich Nebenbedingungen über zusätzliche Kostenterme (sog. Penalty-Terme), s. z.B. [152, 154].
6 Dennoch ist es erforderlich, numerisch-bedingte Singularitäten im Programm abzufangen, in dem z.B. die betroffenen Anfangszustände geringfügig korrigiert werden, sodass die Nebenbedingung eingehalten werden kann.

steuerungsproblems erläutert, nicht jedoch der kontinuierliche Echtzeit-Betrieb, der geringfügige Modifikationen erfordert.

Als Hintergrundinformation sei an dieser Stelle angemerkt, dass bereits heute in einigen Fahrzeugmodellen bei einer drohenden Fußgängerkollision eine automatische Notbremsung eingeleitet wird. Häufig verbleibt jedoch zu wenig Bremsweg zwischen Fahrzeug und Fußgänger, weshalb damit lediglich die Folgen einer Kollision reduziert werden können. Durch eine zusätzliche automatische Fahrzeugausweichbewegung innerhalb der Fahrspur lässt sich in vielen Situationen dennoch eine Kollision vermeiden [84]. Mit der hierzu notwendigen Planung einer kombinierten Brems-Ausweich-Trajektorie gehen jedoch mehrere Herausforderungen einher, und zwar

- die Berücksichtigung der prädizierten Fußgängerbewegung,
- die nichtlinearen Kopplungseffekte der Fahrzeuglängs- und -querdynamik sowie
- die Minimierung der durch das Ausweichmanöver hervorgerufenen Fahrerirritation,

welchen nachfolgend mit der Anwendung der direkten Optimierung begegnet wird.

5.4.1 Systemmodellierung

Wesentlicher Inhalt der Manöverplanung ist das prädizierte Verhalten des Streckenmodells, welches damit das wichtigste Element der Trajektorienoptimierung darstellt, vgl. [167]. Aus Gründen der Robustheit wird allerdings die zur optimierten Ausweichtrajektorie berechnete Stellgröße nicht direkt der Fahrzeugaktorik zugeführt, sondern entsprechend Abschn. 3.3 an einen unterlagerten Regler als Sollvorgabe weitergeleitet. Das hat zur Folge, dass es reicht, die Lösung des Optimalsteuerungsproblems nicht ganz so häufig zu berechnen (z.B. mit 10 Hz), ohne dass die Stabilität des Gesamtsystems gefährdet wird. Zusätzlich kann das Prädiktionsmodell zugunsten eines schnellen Optimierungsprozesses vereinfacht werden, da es geringeren Anforderungen genügen muss als das Reglerentwurfsmodell, welches die reale Stellgröße berechnet, s. Abschn. 3.3. Der erste Teil des Prädiktionsmodells stellt sich nun folgendermaßen dar,

$$\dot{x}_1 = v \cos \theta \tag{5.7a}$$

$$\dot{x}_2 = v \sin \theta \tag{5.7b}$$

$$\dot{\theta} = \frac{v}{l\left[1 + \left[\frac{v}{v_{\mathrm{ch}}}\right]^2\right]}\delta \tag{5.7c}$$

$$\dot{\delta} = u_1 \tag{5.7d}$$

$$\dot{v} = u_2. \tag{5.7e}$$

Wie Abb. 5.5 zu entnehmen ist, sind x_1, x_2 und v die Fahrzeugreferenzposition und -geschwindigkeit, θ bezeichnet die Kursrichtung und δ den (nicht dargestellten) Lenk-

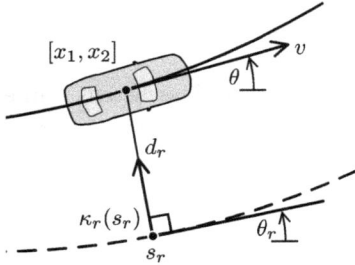

Abb. 5.5: Systemzustände des vereinfachten Fahrzeugmodells entlang einer Referenzkurve [235].

winkel der Reifen. Die Lenkwinkelrate wie auch die Zeitableitung der Geschwindigkeit dienen als Systemeingänge u_1 und u_2. Hierbei entstammt (5.7c) der stationären Gierdynamik des linearen Einspurmodells (s. z.B. [86, 144, 184]), dessen wichtigster Parameter die sog. charakteristische Geschwindigkeit $v_{ch} = \sqrt{[l^2 c_f c_r]/[m[c_r l_r - c_f l_f]]}$ ist. Sie hängt von der Fahrzeugmasse m, den Reifensteifigkeiten c_f und c_r sowie den Schwerpunktabständen l_f und l_r der Vorder- und Hinterachse als auch deren Gesamtabstand $l = l_f + l_r$ ab.

Das Modell bietet zwei große Vorteile gegenüber dem gewöhnlichen Einspurmodell. Zum einen ist es für $v = 0$ singularitätsfrei und ermöglicht dadurch eine Bremsung bis in den Stillstand. Zum anderen sind dessen Differentialgleichungen nicht sonderlich steif, was eine verhältnismäßig große numerische Simulationsschrittweite mit erheblich reduziertem Rechenaufwand ermöglicht. Um den unterlagerten Regelkreis während der extremen Fahrmanöver nicht zu überfordern, müssen der Trajektorie allerdings zusätzliche Restriktionen wie die vom Fahrzeug maximal erreichbare Querbeschleunigung auferlegt werden, was in Abschn. 5.4.2 erfolgt.

Als Wegbereiter für eine effektive Evaluation der Trajektoriengüte, s. auch Absch. 5.3.1, wird zusätzlich die Dynamik der Projektion des Fahrzeugs auf eine Referenzkurve (z.B. die Fahrstreifenmitte) modelliert, s. schwarzer Punkt auf gestrichelter Linie in Abb. 5.5. Hierbei stellen die Kursrichtung θ_r, der vorzeichenbehaftete Abstand d_r zum Fahrzeug, und die zurückgelegte Wegstrecke s_r der Projektion die Systemzustände dar. Mit Hilfe der Differentialgeometrie [150] lässt sich unter Berücksichtigung der Referenzkurvenkrümmung $\kappa_r(s_r)$ das bestehende Modell (5.7) um die Differentialgleichungen

$$\dot{d}_r = v \sin(\theta - \theta_r) \tag{5.8a}$$

$$\dot{\theta}_r = v \frac{\cos(\theta - \theta_r)}{1 - d_r \kappa_r(s_r)} \kappa_r(s_r) \tag{5.8b}$$

$$\dot{s}_r = v \frac{\cos(\theta - \theta_r)}{1 - d_r \kappa_r(s_r)} \tag{5.8c}$$

erweitern. Dabei gilt zu beachten, dass die Ausweichtrajektorie bei extremen Manövern stark von der Referenzkurve abweichen kann, sodass eine Linearisierung von

(5.8) nicht zulässig ist. Die Vorwärtssimulation der Differentialgleichungen als Teil des Prädiktionsmodells ermöglicht nun für beliebig geformte Referenzkurven $\kappa_r(s_r)$ eine effizientere Bestimmung von d_r und θ_r als etwa eine geometrische Projektion, s. hierzu bspw. [97].

5.4.2 Fahrphysikalische Restriktionen und Manövervorgaben

Zur Berücksichtigung weiterer Modellbeschränkungen, wie die maximal verfügbare Reifentraktion, und der Parametrierung der Ausweichrichtung, werden zusätzliche Restriktionen der Optimierung zugrunde gelegt, die nachfolgend erläutert werden.

5.4.2.1 Lenkdynamik, Reifentraktion und Fahrspurbreite
Der Beschränkung der Lenkdynamik wird mit Hilfe von Box-Restriktionen[7] Rechnung getragen,

$$u_1 \in [\dot{\delta}_{\min}, \dot{\delta}_{\max}], \qquad \delta \in [\delta_{\min}, \delta_{\max}],$$

wobei die Grenzen entsprechend dem eingesetzten Lenkaktor oder der dem Fahrer zumutbaren Maximalwerte zu wählen sind.

Aus absicherungstechnischer Sicht (Gegenverkehr, verdeckte Fußgänger auf dem Gehsteig) ist es darüber hinaus sinnvoll, den zulässigen Fahrspurbereich vorzugeben. Dies erfolgt ebenfalls über Box-Restriktionen, sodass

$$d_r \in [d_{r,\min}, d_{r,\max}]$$

ist. Da die übertragbare Gesamtkraft eines Reifens einen bestimmten Wert nicht übersteigen kann (der Radius des sog. Kamm'schen Kreises), ist die Fahrzeugbeschleunigung ebenfalls zu beschränken. In guter Übereinstimmung mit realen Fahrdaten reicht es für die vorliegende Anwendung aus, den Beschleunigungsvektor $[a_n, a_t] := [v\dot{\theta}, u_2]$ auf einen elliptischen Bereich zu begrenzen, der durch die Hauptachsen c_n und c_t, s. Abb. 5.6, beschrieben wird, und es gilt [25]

$$\left[\frac{a_t}{c_t}\right]^2 + \left[\frac{a_n}{c_n}\right]^2 \leq 1. \tag{5.9}$$

Hierbei ist zu beachten, dass nur der untere, dunkelgraue Teil in Abb. 5.6 für automatische Brems-Ausweich-Manöver relevant ist; der abgeflachte obere Teil, welcher die Antriebsleistung beschreibt, kann im Bremsfall ignoriert werden.

---

[7] Box-Restriktionen können leicht in zwei Nebenbedingungen der Form (3.1d) umgeformt werden.

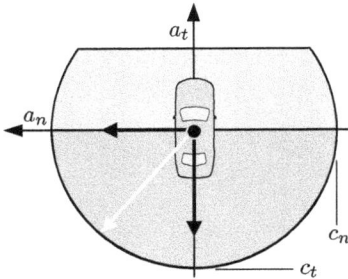

Abb. 5.6: Elliptische Näherung der zulässigen Gesamtfahrzeugbeschleunigung [235]s.

5.4.2.2 Vorgabe der Ausweichrichtung

Zur Berücksichtigung des Fußgängers werden der Trajektorie in dessen unmittelbarer Umgebung Kosten zugewiesen, s. Abschn. 5.4.2.5, die eine Art Abstoßung bewirken. Diese Herangehensweise bietet gegenüber dem Einsatz harter Restriktionen, welche algebraisch die Kollisionsfreiheit sicherstellen sollen (s. Abschn. 5.3.3), den großen Vorteil, dass der Abstand zum Fußgänger automatisch reduziert wird, falls es aus fahrphysikalischer Sicht unbedingt erforderlich ist. Jedoch ist die Wahl der Ausweichrichtung aus Anwendungssicht nicht dem numerischen (lokalen) Optimierer zu überlassen, sondern mittels eines eindeutigen Parameters zu beschreiben. Er ist der jeweiligen Situation (z.B. Fußgänger von links oder rechts) anzupassen oder entstammt einer vorgelagerten Optimierung, etwa auf Basis der Dynamischen Programmierung (Kap. 4).

Es wird nun $\boldsymbol{\xi}(t)$ als zeitabhängiger Vektor vom sich bewegenden Fußgänger zum Fahrzeug entsprechend Abb. 5.7 eingeführt. Darüber hinaus wird der Zeitpunkt

$$t_{d_{\min}} := \operatorname*{argmin}_{t} \; d(t)$$

auf dem Optimierungshorizont $t \in [t_0, t_f]$ bestimmt, bei dem der Fußgänger den geringsten Abstand $d(t) > 0$ zum Ego-Fahrzeug einnimmt (s. hierzu auch später Abschn. 5.4.2.5). Mit dem Normalenvektor $\boldsymbol{n}(t)$ der geplanten Trajektorie $[x_1(t), x_2(t)]^{\mathrm{T}}$ wird nun die Vorgabe der Ausweichrichtung als Restriktion mittels Skalarprodukt formuliert: Ausweichen zur linken (rechten) Seite erfordert zum Zeitpunkt $t_{d_{\min}}$, dass $\boldsymbol{\xi}^{\mathrm{T}}\boldsymbol{n} > 0$ ($\boldsymbol{\xi}^{\mathrm{T}}\boldsymbol{n} < 0$) gilt. Wie dem rechten Teil der Abbildung entnommen werden kann, gilt die Restriktion auch, falls das Fahrzeug noch vor dem Fußgänger zum Stehen kommt.

Zur Vermeidung gelegentlich beobachteter Konvergenzprobleme des Optimierungsprozesses, die mit dem fehlenden Gradienten in der Nähe der Fußgängermitte verbunden sind, wird der obige Ausdruck um einen geringfügigen, für die Optimaltrajektorie irrelevanten Mindestabstand ξ_{num} verschärft, s. linker Teil von Abb. 5.7.

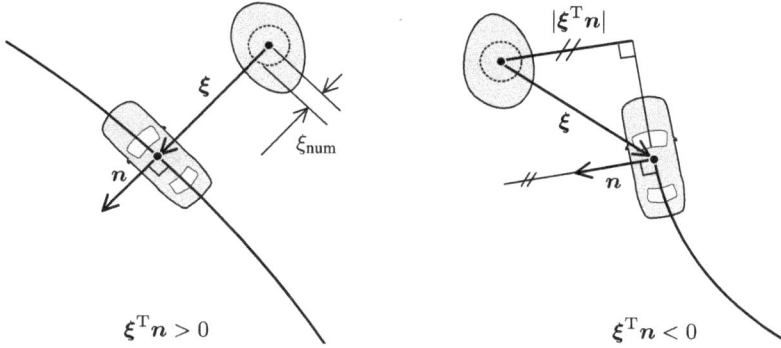

Abb. 5.7: Restriktionen zur Vorgabe der Ausweichrichtung, vgl. auch [68].

Mit $\gamma = -1$ zum Ausweichen nach links und $\gamma = 1$ zum Ausweichen nach rechts ist schließlich zu fordern, dass

$$\gamma \, \boldsymbol{\xi}^{\mathrm{T}}(t_{d_{\min}}) \, \boldsymbol{n}(t_{d_{\min}}) + \xi_{\mathrm{num}} \le 0$$

von der Trajektorie erfüllt wird.

5.4.2.3 Wahl eines geeigneten Gütekriteriums

Das Optimierungskriterium wird nachfolgend als Minimierung einer Kostenfunktion formuliert. Demnach dient sie als inverse Beschreibung des Idealverhaltens. Das Idealverhalten beim Ausweichmanöver ist wiederum charakterisiert durch eine maximale Reduktion der kinetischen Energie, d.h. Fahrzeuggeschwindigkeit, um bei einem dennoch auftretenden Fußgängerkontakt (weil er bspw. seinen Kurs spontan ändert) das geringste Verletzungspotential sicherzustellen. Darüber hinaus soll das Fahrzeug dem Fußgänger nicht zu nahe kommen, um Ungenauigkeiten in der Fußgängerdetektion und -prädiktion Rechnung zu tragen. Schließlich dürfen die Abweichungen weder in Position und Orientierung von der Referenzkurve noch die Lenkbewegungen zu groß sein, um einer allzu großen Irritation des Fahrers vorzubeugen. Diese verbalen Formulierungen werden nun nacheinander mathematisiert.

Zur Umsetzung der schnellstmöglichen Geschwindigkeitsreduktion wird nun gefordert, dass der Beschleunigungsvektor während des gesamten Manövers nicht nur innerhalb der Traktionsellipse, sondern genau auf dem Traktionsrand $[a_t/c_t]^2 + [a_n/c_n]^2 = 1$ liegt, da hierdurch bei gegebener Querbeschleunigung die maximal verfügbare Verzögerung realisiert wird. Die einfachste Berücksichtigung der Nebenbedingung ist das Auflösen nach $a_t := \dot{v} = u_2$, sodass u_2 in (5.7e) ersetzt werden kann und daraus

$$\dot{v} = -c_t \sqrt{1 - [v\dot{\theta}/c_n]^2} \tag{5.10}$$

resultiert. Demnach muss weder der Geschwindigkeitsreduktion im Kostenfunktional Rechnung getragen werden, noch eine Optimierung über das Eingangssignal u_2 stattfinden.

Die Zusammensetzung der Kostenfunktion J wird nun in den anschließenden Abschnitten beleuchtet, wobei eine Aufteilung in einen bewegungsbezogenen und einen Fußgänger-bezogenen Term entsprechend

$$J(\boldsymbol{x}, u_1) = J_{\text{mov}}(\boldsymbol{x}, u_1) + J_{\text{ped}}(\boldsymbol{x}) \tag{5.11}$$

vorgenommen wird.

5.4.2.4 Bewegungskosten
Zur Beschreibung der Idealbewegung innerhalb der eigenen Fahrspur wird nun

$$J_{\text{mov}}(\boldsymbol{x}, u_1) = \int_{t_0}^{t_f} \left\{ u_1^2 + \sum_{i \in \{v,a,j,\theta,\kappa\}} k_i \, \Delta_i^2(\boldsymbol{x}, u_1) \right\} dt; \tag{5.12a}$$

$$\Delta_v(\boldsymbol{x}) = v[\theta - \theta_r], \qquad \Delta_a(\boldsymbol{x}) = v^2[\kappa - \kappa_r], \qquad \Delta_j(\boldsymbol{x}, u_1) = v^2[\bar{\kappa} - \bar{\kappa}_r], \tag{5.12b}$$

$$\Delta_\theta(\boldsymbol{x}) = \theta - \theta_r, \qquad \Delta_\kappa(\boldsymbol{x}) = \kappa - \kappa_r; \tag{5.12c}$$

$$\text{mit} \quad \kappa := \frac{\delta}{l\left[1 + \left[\frac{v}{v_{\text{ch}}}\right]^2\right]}, \quad \bar{\kappa} := \frac{d\kappa}{d\delta}u_1, \quad \bar{\kappa}_r := \frac{d\kappa_r}{ds}\dot{s}$$

definiert. Hierbei bestrafen die Terme (5.12b) die genäherte laterale Geschwindigkeit $\Delta_v \approx \dot{d}_r$, Beschleunigung $\Delta_a \approx \ddot{d}_r$ und den lateralen Ruck $\Delta_j \approx \dddot{d}_r$. Aufgrund der Multiplikation mit v dominieren diese Ausdrücke die Trajektorienkosten bei höherer Längsgeschwindigkeit und sorgen für eine bestimmte Geschwindigkeitsinvarianz: Falls die Restriktionen während des Fahrmanövers nicht aktiv sind, werden die Passagiere (in einer äquivalenten Situation) dasselbe Beschleunigungsprofil bei 10 m/s wie bei 30 m/s erfahren. Das wiederum bedeutet, dass eine aufwändige Parameteradaption über den gesamten Geschwindigkeitsbereich entfällt.

Bei niedrigen Geschwindigkeiten hingegen, kurz bevor das Fahrzeug zum Stehen kommt, verschwinden die Terme, weshalb die geometrisch motivierten Terme (5.12c) ergänzt werden, die in Kombination mit dem Integral von u_1^2 in (5.12a) ein wohlgeartetes Lenkverhalten bis in den Stand sicherstellen.

Erwähnenswert ist, dass im Unterschied zu anderen Arbeiten auf einen Kostenterm für d_r verzichtet wird. Grund hierfür ist, dass das Fahrzeug nach dem Ausweichmanöver nicht eigenständig zur Fahrbahnmitte zurückkehren darf, da sich hinter dem ersten noch weitere, undetektierte Fußgänger aufhalten können und darüber hinaus die Fahrerirritation zunimmt.

5.4.2.5 Annäherungskosten für Fußgänger

Auf die Berücksichtigung des detektierten Fußgängers (s. bspw. [66]) in den Integral-kosten wird bewusst verzichtet, da das, wie in Abschn. 5.3.2 erläutert, in vielen Situationen zu ungewollten Effekten führt. Stattdessen wird der über den Optimierungshorizont prädizierte Mindestabstand $d_{\min} := \min d(t)$ des Fahrzeugumrisses zum Fußgänger in den Kosten berücksichtigt. Hierdurch ergibt sich

$$J_{\text{ped}}(\boldsymbol{x}) = k_{\text{ped}}\, C(d_{\min}(\boldsymbol{x})),$$

wobei die Annäherung an den Fußgänger über die Funktion $C(\cdot) = [\min([(\cdot) - d_{\text{infl}}], 0)]^2$ bestraft wird, deren Parameter d_{infl} den Einflussbereich der Kosten entsprechend Abb. 5.8 nach Erfahrungswerten definiert. Neben dem geringen Rechenaufwand zeichnet sich die Funktion dadurch aus, dass die Kosten immer endlich sind, was wichtig für eine robuste Konvergenz des Optimierers ist. Schließlich ist eine korrekt geplante Kollisionsfolgenminderung einem physikalisch nicht realisierbarem Manöver vorzuziehen.

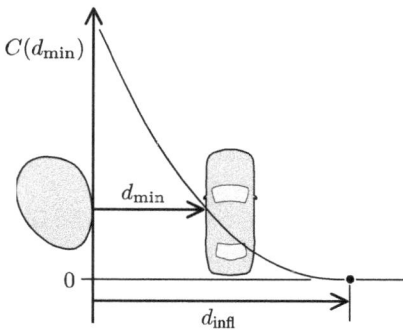

Abb. 5.8: Quadratischer Kostenanstieg in der Umgebung eines Hindernisses; d_{infl} zur Verdeutlichung vergrößert dargestellt [235].

Damit ist das restringierte Optimalsteuerungsproblem genau definiert, sodass sich der nächste Abschnitt mit dessen Lösung auf Basis der direkten Optimierung beschäftigt.

5.4.3 Implementierung und Evaluation

Die Lösung des Optimalsteuerungsproblems erfolgt aufgrund der gutmütigen Systemeigenschaften des Prädiktionsmodells über das in Absch. 5.2.1 beschriebene Einfachschießverfahren. Hierbei wird die endliche Parametrierung des Eingangs u_1 klassisch über ein stückweise konstantes Eingangssignal vorgenommen (20 Stützstellen, Initialisierung mit dem Nullvektor) und die Differentialgleichung mittels Runge-Kutta erster Ordnung für den gewählten Prädiktionshorizont von $t_f - t_0 = 2.0\,$s gelöst. Die

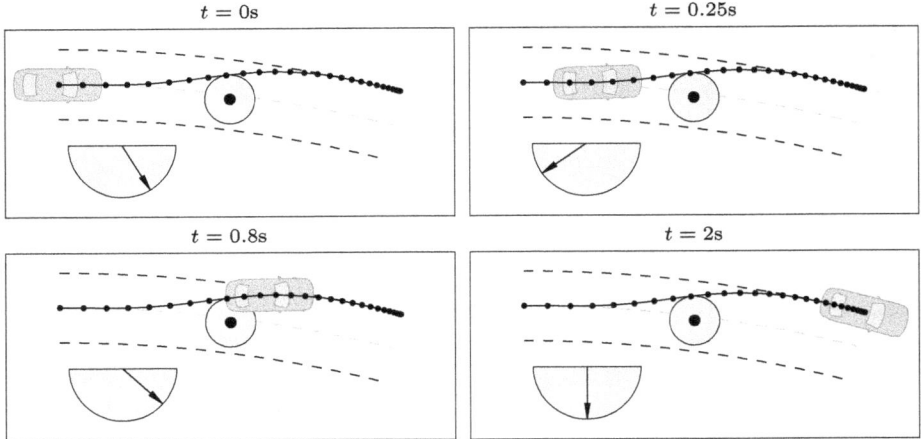

Abb. 5.9: Ergebnis des Optimalsteuerungsproblems zur Vermeidung eines Fußgängerunfalls durch kombiniertes Bremsen und Ausweichen unter Ausnutzung des Kamm'schen Kreises [235].

Optimierung selbst übernimmt ein SQP-Verfahren [154], wofür die benötigten Routinen in C implementiert werden. Die Wichtungsfaktoren werden zu $[k_v, k_a, k_j, k_\theta, k_\kappa] = [10^3, 10^2, 10^1, 10^2, 10^1, 10^0]$ gewählt (in SI-Einheiten), und der simulierte Fußgänger mit $d_{\text{infl}} = 0.2\,\text{m}$ und $k_{\text{ped}} = 10^5$ berücksichtigt. Die Fahrzeugprädiktion erfolgt mit $v_{\text{ch}} = 50\,\text{km/h}$, $\dot{\delta}_{\text{max}} = -\dot{\delta}_{\text{min}} = 0.8\,\text{rad/s}$, $d_{\text{max}} = -d_{\text{min}} = 2.0\,\text{m}$ und $c_n = c_t = 10.0\,\text{m/s}^2$.

Insgesamt ergibt sich für das nichtlineare Programm auf einem i5-520M (2.4 GHz) Prozessor eine Ausführungszeit von ca. 0.12 s, womit der Algorithmus grundsätzlich für eine Echtzeitanwendung im Fahrzeug geeignet ist, vgl. auch [1].

Die optimale Lösung wird nun anhand der in Abb. 5.9 dargestellten Situation beurteilt, in der der Fußgänger unmittelbar vor dem Fahrzeug auftaucht, sodass eine Kollision mit alleinigem Bremsen nicht mehr zu verhindern ist. Es sei angemerkt, dass das Hindernis hier lediglich aus Darstellungsgründen als stationär gewählt ist und keinerlei Einschränkungen bzgl. dynamischer Hindernisse bestehen, s. [235]. Durch die Vorgabe von $y = -1$ wird der Algorithmus zudem dazu veranlasst, nach links auszuweichen, ohne die Fahrspur zu verlassen.

Während des Manövers bremst das Fahrzeug so schnell wie möglich in den Stand, ohne die durch den Kamm'schen Kreis genäherte Fahrphysik zu überschreiten. Wie den dazugehörigen Signalverläufen in Abb. 5.10 zu entnehmen ist, zeichnet sich die optimale Trajektorie durch ein gleichmäßiges Ein- und Auslenken mit anschließendem Stabilisieren bis in den Stand aus. Aufgrund der gewählten Zielfunktion wird hierbei ein optimaler Kompromiss zwischen dem Sicherheitsabstand zum Fußgänger und der Eingriffsstärke der Lenkung gefunden. Auffällig ist zudem der Verzögerungsverlauf in Fahrzeuglängsrichtung (tangentiale Beschleunigung a_t), der sich durch die maximale quer-längs-kombinierte Kraftpotentialausnutzung ergibt. Das Fahrzeug öff-

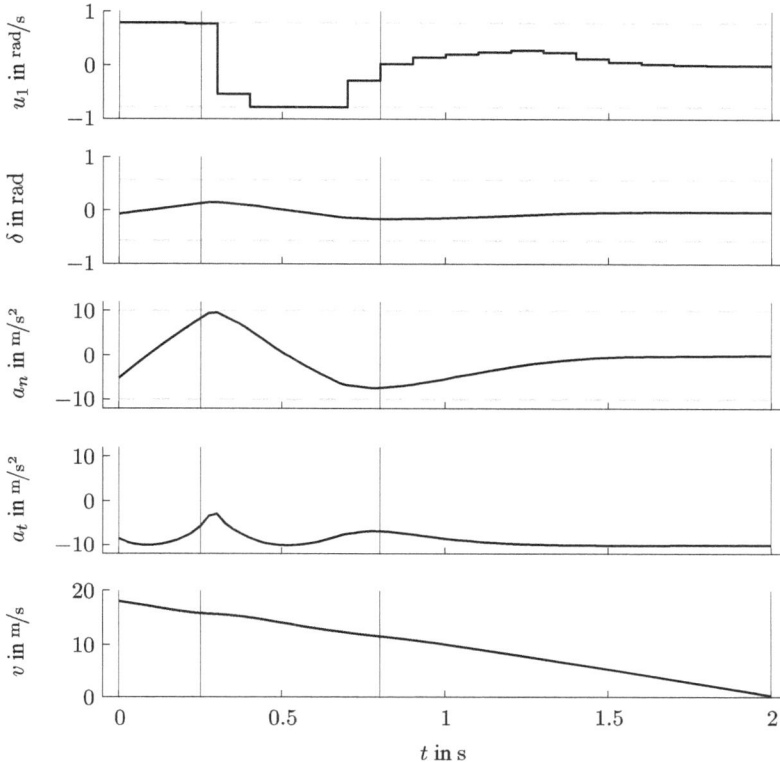

Abb. 5.10: Signalverläufe zu Abb. 5.9 mit optimaler Steuerung u_1, Lenkwinkel δ, Quer- und Längsbeschleunigung a_t, a_n sowie Geschwindigkeit v; Die vertikalen Linien markieren die Zeitpunkte der Draufsichten, die horizontalen gestrichelten Linien die Nebenbedingungen [235].

net also automatisch dann die Bremse, wenn die Querbeschleunigung zunimmt, sodass der Kamm'sche Kreis nicht überschritten wird, um ein Schleudern zu verhindern.

5.5 Bewertung

Der Hauptvorteil der direkten Methode besteht darin, dass (im Unterschied zur indirekten Methode des nachfolgenden Kapitels) keine *kanonischen Gleichungen* aufgestellt werden müssen. Das vereinfacht insbesondere die Systemmodellierung und die Zusammenstellung des Kostenfunktionals, da sie nur „vorwärts" programmiert werden müssen und das nichtlineare Programm die Lösung selbständig sucht. Bei der prototypischen Umsetzung neuer Fahrerassistenzfunktionen stellt sich zudem die direkte Optimierungsmethode als vergleichsweise flexibel heraus, da während des Entwicklungsprozesses eine bestehende Programmstruktur problemlos durch zusätzliche Kostenterme und Nebenbedingungen erweitert werden kann, um neue Erkenntnisse aus Simulationen und praktischen Fahrversuchen einfließen zu lassen. Überhaupt können Nebenbedingungen in Form von Zustandsbeschränkungen leichter berücksichtigt werden als bei der indirekten Methode.

Als großer Nachteil erweist sich die unmittelbare Abhängigkeit vom einzusetzenden statischen Optimierungsalgorithmus, dem sog. Solver, der i. Allg. nur *lokal* konvergiert. Damit ist die Wahl der Startlösung des Optimierungsvektors ganz entscheidend für das Optimierungsergebnis und die dafür benötigte Zeit. Insbesondere kombinatorische Fahrmanöverprobleme (Einparken, Ausweichen zwischen mehreren Hindernisse hindurch etc.), können deshalb nur unzureichend adressiert werden, sodass das Verfahren für solche Anwendungen mit einer vorgelagerten Startlösungssuche basierend auf globalen Optimierungsmethoden der Dynamischen Programmierung des vorangegangenen Kapitels zu kombinieren ist.

Auch wenn die Leistungsfähigkeit der Steuergeräte stetig zunimmt, so können sie den Rechenaufwand bei umfassenden Fahrzeugmodellen noch nicht in Echtzeit bewältigen. Dennoch stellt dann die direkte Optimierungsmethode eine hervorragende Möglichkeit dar, den Testfahrer in virtuellen Fahrversuchen zu ersetzen, sodass beispielsweise Fahrwerkseinstellungen bereits am virtuellen Fahrzeug beurteilt werden können.

6 Trajektorienoptimierung mit indirekten Methoden

Bei der Parameteroptimierung (s. Abschn. 5.1.1) ist bei einfachen Problemstellungen häufig die Anwendung der Differentialrechnung zielführend. So wird bereits Oberstufenschülern gelehrt, dass an den Extrema einer (differenzierbaren) Funktion $f(x)$ die erste Ableitung verschwindet, d.h. $f'(x) = 0$. Im multivariaten Fall $\nabla f(\boldsymbol{x}) = \boldsymbol{0}$ wird hierdurch ein Gleichungssystem erhalten, dessen Lösung *indirekt* zu den Minima oder Maxima von $f(\boldsymbol{x})$ führt. Analog hierzu wird bei der Variationsrechnung auf die Maxima oder Minima eines Funktionals $J(\boldsymbol{x}(t))$ geschlossen, indem kleine Änderungen δJ von der angenommenen Lösung betrachtet werden. Die Anwendung auf Optimalsteuerungsprobleme führt über die sog. *Hamilton-Differentialgleichungen* auf ein *Randwertproblem*. Dessen Formulierung und Lösung hinsichtlich der Fahrzeuganwendung ist Kernstück des vorliegenden Kapitels.

Zum besseren Verständnis der Methodik werden zunächst für ein allgemeines, unbeschränktes Optimalsteuerungsproblem die für die Lösung notwendigen Gleichungen hergeleitet, was klassisch durch die Konstruktion von einparametrigen Vergleichskurvenscharen geschieht. Dadurch wird das Variationsproblem auf ein statisches Optimierungsproblem zurückgeführt, dessen allgemeine Lösung auf die Hamilton-Differentialgleichungen führt.

Anschließend werden die aus der Literatur bekannten Gleichungen für eine erweiterte Problemstellung mit End-, Punkt-, Eingangs- und Zustandsbeschränkungen vorgestellt und anhand von Beispielen aus dem Bereich der Trajektorienoptimierung von Fahrzeugen erläutert. Eine zentrale Stellung nimmt hierbei das sog. *Maximumprinzip von Pontryagin* ein [60, 154].

Schließlich wird das allgemeine Vorgehen bei der Klasse der *linear-quadratischen* Optimierungsprobleme erläutert, für welche effiziente Lösungen existieren. Auf deren Basis wird ein neuer Algorithmus für das automatische Ausweichen vorgestellt, der eine Trajektorienoptimierung im Millisekundenbereich ermöglicht. Der entsprechende Abschnitt 6.4 wurde bereits in großen Teilen in der eigenen Arbeit [232] veröffentlicht und übernommene Texte sind nicht gesondert gekennzeichnet.

Insgesamt erweist sich die im vorliegenden Kapitel vorgestellte Methodik zwar als vergleichsweise aufwändig in der Anwendung hinsichtlich der Berücksichtigung von Nebenbedingungen, bei einer geeigneten Problemformulierung ermöglicht sie jedoch eine äußerst effiziente Berechnung der Optimallösung auf heutigen Seriensteuergeräten.

DOI 10.1515/9783110531923-006

6.1 Unbeschränkte Optimierungsprobleme

6.1.1 Problemlösung mittels Variationsrechnung

Zur Verdeutlichung der Herangehensweise seien die Endzeit t_f und der Endzustand $\boldsymbol{x}_f$ fest vorgegeben, aber keine weiteren Beschränkungen dem System auferlegt. Damit haben die Endkosten $V(\boldsymbol{x}(t_f))$ keinen Einfluss auf die Lösung, und das Optimalsteuerungsproblem (3.1) von S. 46 stellt sich folgendermaßen dar:

$$\underset{\boldsymbol{u}(\cdot)}{\text{minimiere}} \quad \int_{t_0}^{t_f} l(\boldsymbol{x}(t), \boldsymbol{u}(t), t)\, \mathrm{d}t \tag{6.1a}$$

$$\text{u.B.v.} \quad \dot{\boldsymbol{x}} = \boldsymbol{f}(\boldsymbol{x}, \boldsymbol{u}, t) \tag{6.1b}$$

$$\boldsymbol{x}(t_0) = \boldsymbol{x}_0 \tag{6.1c}$$

$$\boldsymbol{x}(t_f) = \boldsymbol{x}_f \tag{6.1d}$$

Zur Berücksichtigung der Nebenbedingung $\boldsymbol{f}(\boldsymbol{x}, \boldsymbol{u}, t) - \dot{\boldsymbol{x}} = \boldsymbol{0}$ wird nun auf die sog. *Lagrange-Multiplikatoren* zurückgegriffen, mit deren Hilfe ein Extremwertproblem mit Nebenbedingungen auf ein solches ohne Nebenbedingungen zurückgeführt werden kann [60, 76, 154]. Das Kostenfunktional stellt sich damit als

$$\tilde{J} = \int_{t_0}^{t_f} \left[l(\boldsymbol{x}(t), \boldsymbol{u}(t), t) + \boldsymbol{\lambda}^{\mathrm{T}}(t)\, [\boldsymbol{f}(\boldsymbol{x}, \boldsymbol{u}, t) - \dot{\boldsymbol{x}}] \right] \mathrm{d}t \tag{6.2}$$

dar. Im Unterschied zum Einsatz von konstanten Lagrange-Multiplikatoren in der statischen Optimierung ist der Vektor $\boldsymbol{\lambda}(t) = [\lambda_1(t), \lambda_2(t), \ldots, \lambda_n(t)]^{\mathrm{T}}$ bei der dynamischen Optimierung eine Funktion der Zeit. Er wird als *Kozustand* oder *adjungierte Variable* bezeichnet.

Es sei angenommen, dass die Lösung für $\boldsymbol{x}^*(t)$ und $\boldsymbol{u}^*(t)$ bekannt ist, womit einparametrische Vergleichskurvenscharen

$$\boldsymbol{x}(t) = \boldsymbol{x}^*(t) + \varepsilon\, \delta\boldsymbol{x}(t)$$

$$\boldsymbol{u}(t) = \boldsymbol{u}^*(t) + \varepsilon\, \delta\boldsymbol{u}(t)$$

auf $t \in [t_0, t_f]$ konstruiert werden, mit denen sich das Variationsproblem im Folgenden auf ein statisches Optimierungsproblem reduzieren lässt.[1] Hierbei sind für $\delta\boldsymbol{x}(t)$ und $\delta\boldsymbol{u}(t)$ beliebige Zeitfunktionen zulässig, die zu Vergleichskurven führen, die den Randbedingungen genügen, d.h. $\delta\boldsymbol{x}(t_0) = \boldsymbol{0}$ und $\delta\boldsymbol{x}(t_f) = \boldsymbol{0}$, s. Abb. 6.1. Einsetzen

---

[1] Das Herangehen erscheint zunächst sehr ähnlich zur endlichen Parametrierung der direkten Optimierungsmethode aus Kap. 5, verfolgt aber einen ganz anderen Zweck, der erst später ersichtlich wird.

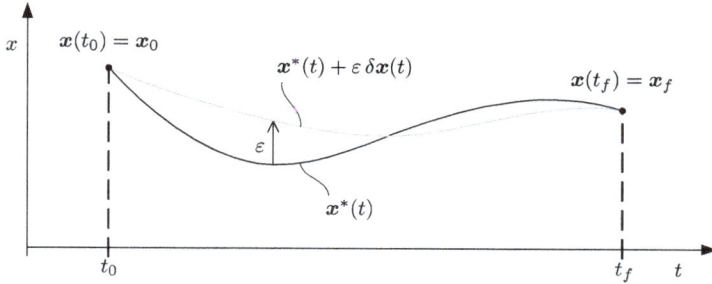

Abb. 6.1: Zulässige Variationen um die optimale Lösung $x^*(t)$ halten die Anfangs- und Endbedingungen ein, vgl. [60].

dieser sog. *zulässigen Variationen* in (6.2) liefert

$$\tilde{J}(\varepsilon) = \int_{t_0}^{t_f} \left[l(x^* + \varepsilon\delta x, u^* + \varepsilon\delta u, t) + \lambda^{\mathrm{T}}[f(x^* + \varepsilon\delta x, u^* + \varepsilon\delta u, t) - [\dot{x}^* + \varepsilon\delta\dot{x}]] \right] \mathrm{d}t$$

(6.3)

Da $x^*(t)$ und $u^*(t)$ die Lösung darstellt, muss $\tilde{J}(\varepsilon)$ für $\varepsilon = 0$ ein Minimum besitzen. Das wiederum bedeutet, dass es *notwendig* ist, dass die erste Variation von $\tilde{J}$ Null ist, d.h. $\delta\tilde{J} := \frac{\mathrm{d}\tilde{J}}{\mathrm{d}\varepsilon}\Big|_{\varepsilon=0} = 0$. Differentiation von (6.3) nach ε und Einsetzen von $\varepsilon = 0$ liefert (ohne Sternindex)

$$\delta\tilde{J} = \int_{t_0}^{t_f} \left[\left[\frac{\partial l}{\partial x} + \left[\frac{\partial f}{\partial x} \right]^{\mathrm{T}} \lambda \right]^{\mathrm{T}} \delta x + \left[\frac{\partial l}{\partial u} + \left[\frac{\partial f}{\partial u} \right]^{\mathrm{T}} \lambda \right]^{\mathrm{T}} \delta u - \lambda^{\mathrm{T}}\delta\dot{x} \right] \mathrm{d}t \, ,$$

was durch Produktintegration[2] zu

$$\delta\tilde{J} = \int_{t_0}^{t_f} \left[\left[\frac{\partial l}{\partial x} + \left[\frac{\partial f}{\partial x} \right]^{\mathrm{T}} \lambda + \dot{\lambda} \right]^{\mathrm{T}} \delta x + \left[\frac{\partial l}{\partial u} + \left[\frac{\partial f}{\partial u} \right]^{\mathrm{T}} \lambda \right]^{\mathrm{T}} \delta u \right] \mathrm{d}t - \left[\lambda^T \delta x \right]\Big|_{t_0}^{t_f}$$

führt. Aufgrund der Anfangs- und Endbedingungen gilt

$$\left[\lambda^T \delta x \right]\Big|_{t_0}^{t_f} = \lambda(t_f)^{\mathrm{T}}\delta x(t_f) - \lambda(t_0)^{\mathrm{T}}\delta x(t_0) = 0 \, ,$$

(6.4)

sodass der letzte Term verschwindet. Da $\delta\tilde{J} = 0$ für alle zulässigen $\delta x(t)$ und $\delta u(t)$ gelten muss, sind folgende Gleichungen zu erfüllen:

$$\dot{\lambda} = -\frac{\partial l}{\partial x} - \left[\frac{\partial f}{\partial x} \right]^{\mathrm{T}} \lambda$$

(6.5a)

$$0 = \frac{\partial l}{\partial u} + \left[\frac{\partial f}{\partial u} \right]^{\mathrm{T}} \lambda$$

(6.5b)

---

2 Auch als partielle Integration bekannt: $\int_a^b v'(t)w(t)\mathrm{d}t = [v(t)w(t)]|_a^b - \int_a^b v(t)w'(t)\mathrm{d}t$.

Mit anderen Worten muss es zur optimalen Lösung $x^*(t)$ und $u^*(t)$ auf $t_0 \leq t \leq t_f$ ein $\lambda^*(t)$ geben, sodass die Gleichungen (6.5) erfüllt sind.

6.1.2 Hamilton-Gleichungen und Transversalitätsbedingungen

Die Systemdynamik (6.1b) und die im vorherigen Abschnitt hergeleiteten Gleichungen (6.5) lassen sich mit Hilfe der sog. Hamilton-Funktion [60]

$$H(x, u, \lambda, t) = l(x, u, t) + \lambda^\mathrm{T} f(x, u, t) \tag{6.6}$$

auf dem Intervall $t_0 \leq t \leq t_f$ kompakt darstellen als

$$\dot{x} = f(x, u, t) \qquad \Rightarrow \qquad \dot{x} = \frac{\partial H}{\partial \lambda} \tag{6.7a}$$

$$\dot{\lambda} = -\frac{\partial l}{\partial x} - \left[\frac{\partial f}{\partial x}\right]^\mathrm{T} \lambda \qquad \Rightarrow \qquad \dot{\lambda} = -\frac{\partial H}{\partial x} \tag{6.7b}$$

$$0 = \frac{\partial l}{\partial u} + \left[\frac{\partial f}{\partial u}\right]^\mathrm{T} \lambda \qquad \Rightarrow \qquad 0 = \frac{\partial H}{\partial u}. \tag{6.7c}$$

Die Gleichungen (6.7) stellen entsprechend der Herleitung *notwendige* Bedingungen an eine optimale Lösung dar und werden auch als *Hamilton-Gleichungen* oder *kanonische Gleichungen* bezeichnet.

Aufgrund der festen Anfangs- und Endvorgabe im Optimalsteuerungsproblem (6.1) muss zusätzlich die Lösung noch

$$x(t_0) = x_0 \tag{6.8}$$

$$x(t_f) = x_f \tag{6.9}$$

genügen.

In vielen Fahrsituationen können jedoch der Endzustand und der Endzeitpunkt eines Manövers im Vorfeld der Optimierung gar nicht so genau spezifiziert werden, sodass sie Teil der Optimierung werden. Der Endzustand unterliegt dann dennoch bestimmten Bedingungen, da z.B. das Fahrzeug am Ende des Manövers entlang der Straße ausgerichtet sein muss, s. später Abschn. 6.1.3. Zu diesem Zweck können, anstelle von (6.9), sog. *Zielmannigfaltigkeiten*

$$g(x(t_f), t_f) = 0 \tag{6.10}$$

vorgegeben werden, die bereits im Optimalsteuerungsproblem (3.1) auf S. 46 in (3.1c) aufgeführt sind. Damit haben aber die Endkosten $V(x(t_f))$ im Kostenfunktional (3.1a) wieder Einfluss auf die Lösung, sodass es häufig zielführend ist, über sie „Empfehlungen" bzgl. des Endzustands zu formulieren. Die zulässigen Variationen $\delta x(t)$ müssen jetzt (6.10) genügen, sodass analog zu Abschn. 6.1.1 mit neuem Lagrange-Multiplikator $\boldsymbol{\mu}$ = const. die Bedingung

$$\left[\frac{\partial V}{\partial \boldsymbol{x}}\right]_{t_f} - \boldsymbol{\lambda}(t_f) + \left[\frac{\partial \boldsymbol{g}}{\partial \boldsymbol{x}}\right]_{t_f}^{\mathrm{T}} \boldsymbol{\mu} = \mathbf{0} \tag{6.11}$$

hergeleitet werden kann. Falls keine Vorgaben bzgl. des Endzustands gemacht werden sollen, es wird auch von freiem Endzustand gesprochen, dann gilt

$$\boldsymbol{\lambda}(t_f) = \left[\frac{\partial V}{\partial \boldsymbol{x}}\right]_{t_f} . \tag{6.12}$$

Ist die Endzeit t_f frei, so ergibt sich durch Variation um die optimale Endzeit t_f^* der Zusammenhang

$$\left[\frac{\partial V}{\partial t}\right]_{t_f} + \left[H(\boldsymbol{x}, \boldsymbol{u}, \boldsymbol{\lambda}, t)\right]_{t_f} + \left[\frac{\partial \boldsymbol{g}}{\partial t}\right]_{t_f}^{\mathrm{T}} \boldsymbol{\mu} = 0 \, , \tag{6.13}$$

der sich für einen freien Endzustand zu

$$\left[\frac{\partial V}{\partial t}\right]_{t_f} + \left[H(\boldsymbol{x}, \boldsymbol{u}, \boldsymbol{\lambda}, t)\right]_{t_f} = 0 \tag{6.14}$$

vereinfacht. Gleichungen (6.11) und (6.13) stellen sog. *Transversalitätsbedingungen* dar [60, 76, 154].

Des Weiteren sind interne Randpunkte [154] von Interesse, da Not-Manöver typischerweise so zu planen sind, dass das Fahrzeug eine Kollision zu einem bestimmten Zeitpunkt t_1 vermeidet, bevor es das Manöverende bei t_f erreicht, s. hierzu später Abb. 6.7. Da können analog zu den Endkosten $V(\boldsymbol{x}(t_f), t_f)$ in (3.1a) zusätzlich Punktkosten für einen internen Randpunkt in t_1 veranschlagt werden, sodass sich insgesamt

$$\tilde{J}(\boldsymbol{x}(t), \boldsymbol{u}(t), t_f, t_1) = J(\boldsymbol{x}(t), \boldsymbol{u}(t), t_f) + \tilde{V}(\boldsymbol{x}(t_1), t_1)$$

ergibt. Des Weiteren kann es ebenfalls zweckmäßig sein, Gleichungsnebenbedingungen der Form

$$\tilde{\boldsymbol{g}}(\boldsymbol{x}(t_1), t_1) = \mathbf{0}$$

zu berücksichtigen. Durch Variation um den optimalen internen Zustand $\boldsymbol{x}_1^*$ und den optimalen Zeitpunkt t_1^* ergeben sich [154] die zusätzlichen Transversalitätsbedingungen

$$\boldsymbol{\lambda}(t_1^-) = \boldsymbol{\lambda}(t_1^+) + \left[\frac{\partial \tilde{V}}{\partial \boldsymbol{x}}\right]_{t_1} + \left[\frac{\partial \tilde{\boldsymbol{g}}}{\partial \boldsymbol{x}}\right]_{t_1}^{\mathrm{T}} \boldsymbol{v} \tag{6.15}$$

$$\left[H(\boldsymbol{x}, \boldsymbol{u}, \boldsymbol{\lambda}, t)\right]_{t_1^-} = \left[H(\boldsymbol{x}, \boldsymbol{u}, \boldsymbol{\lambda}, t)\right]_{t_1^+} - \left[\frac{\partial \tilde{V}}{\partial t}\right]_{t_1} - \left[\frac{\partial \tilde{\boldsymbol{g}}}{\partial t}\right]_{t_1}^{\mathrm{T}} \boldsymbol{v} \, , \tag{6.16}$$

wobei t_1^- und t_1^+ die Zeit unmittelbar vor und nach t_1 bezeichnen. Entfallen die Gleichungsnebenbedingungen, so ist in den Gleichungen $v = 0$ zu setzen. Es erklärt sich von selbst, dass $x(t)$ in t_1 stetig verlaufen muss.

Zusammenfassend kann festgehalten werden, dass, wenn es eine optimale Lösung $x^*(t)$ und $u^*(t)$ gibt, dann muss sie den Hamilton-Gleichungen (6.7), den festen Anfangsbedingungen (6.8) und Endbedingungen (6.9) bzw. Transversalitätsbedingungen (6.11), (6.13) und ggf. (6.15) und (6.16) genügen. Umgekehrt reicht es nicht in jedem Fall, das Randwertproblem der Hamilton-Gleichungen zu lösen, um zur Optimalsteuerungslösung zu gelangen. Sie stellen entsprechend der Herleitung nur notwendige Bedingungen dar. Aus Entwicklersicht muss die Aufgabenstellung daher so formuliert werden, dass es nur eine Lösung geben kann. Ist das nicht möglich, so kann häufig das Kostenfunktional jeder Lösung des Randwertproblems evaluiert werden, um so zur optimalen Lösung zu gelangen.

6.1.3 Anwendung auf optimalen Spurwechsel

Zur Lösung eines Optimalsteuerungsproblems wird generell mit der Steuergleichung (6.7c) begonnen, die als gewöhnliche m-dimensionale Gleichung x, λ, u und t in Beziehung setzt und daher auch als *Koppelgleichung* bezeichnet wird. Um den Systemeingang in den Hamilton-Gleichungen zu eliminieren, muss sie nach u aufgelöst werden und anschließend in die n-dimensionale Zustandsgleichung des Systems (6.7a) und in die n Differentialgleichungen für den Kozustand λ eingesetzt werden. Insgesamt entstehen $2n$ verkoppelte, von u unabhängige Differentialgleichungen 1. Ordnung.

In Kombination mit den $2n$ Randbedingungen, die neben dem Anfangszustand (6.8) entweder durch eine Endvorgabe (6.9) oder durch die Transversalitätsbedingung (6.11) gegeben sind, und zusätzlich (6.13), sofern t_f frei ist, entsteht ein *Randwertproblem*, das durch verschiedene Methoden [75, 154] numerisch gelöst werden kann. Der große Vorteil der Indirekten Optimierungsmethode besteht jedoch darin, dass für einfache aber elementare Aufgabenstellungen das Randwertproblem analytisch gelöst werden kann und damit zu einem sehr schnell ausführbaren Algorithmus führt.

Die Herangehensweise sei anhand eines optimalen Spurwechsels verdeutlicht, vgl. [234] und [96]. Vereinfachend wird nur die Querbewegung des Fahrzeugs relativ zur Zielfahrspur betrachtet, sodass der Fahrzeugzustand der Differentialgleichung eines dreifachen Integrators mit $x = [x_1, x_2, x_3]^T$ und

$$\dot{x} = f(x, u) = [x_2, x_3, u]^T$$

genügt, wobei der Ruck als Eingang u dient und der Koordinatenursprung in der Mitte der Zielspur liegt, s. Abb. 6.2.

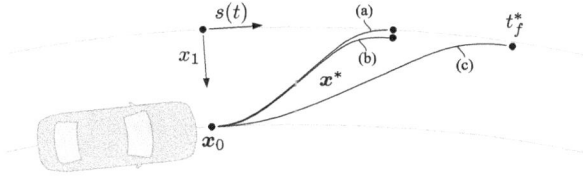

Abb. 6.2: Ruck-optimaler Spurwechsel mit (a) festem Endzustand und (b) freiem Endzustand; Ruck-Zeit-optimaler Spurwechsel (c) mit freiem Endzustand und freier Endzeit t_f; Zur Veranschaulichung sind die Trajektorien in Abhängigkeit der zurückgelegten Wegstrecke $s(t)$ für $v = $ const. dargestellt [230].

Fester Endzustand

Gesucht wird zunächst die optimale Zustandstrajektorie $\mathbf{x}^*(t)$ auf dem Intervall $0 \leq t \leq t_f$, sodass der gegebene Anfangszustand

$$\mathbf{x}(0) = \mathbf{x}_0 \tag{6.17}$$

bis zum festen Zeitpunkt t_f in den Endzustand

$$\mathbf{x}(t_f) = \mathbf{0} \, , \tag{6.18}$$

also auf der neuen Fahrbahnmitte ohne verbleibende Querbewegung, übergeführt wird, s. Trajektorie (a) in Abb. 6.2. Hierbei soll das komfortmotivierte Gütefunktional

$$J = \int_0^{t_f} \frac{1}{2} u(t)^2 \mathrm{d}t \tag{6.19}$$

minimiert werden, wobei o.B.d.A. t_0 zu Null gesetzt wurde. Mit der Hamilton-Funktion (6.6)

$$H = \frac{1}{2}u^2 + \lambda_1 x_2 + \lambda_2 x_3 + \lambda_3 u$$

ergibt sich die Steuergleichung (6.7c) zu

$$0 = \frac{\partial H}{\partial u} = u + \lambda_3 \quad \Rightarrow \quad u = -\lambda_3 \, . \tag{6.20}$$

Die Kozustandsdifferentialgleichung (6.7b) wiederum liefert

$$\dot{\boldsymbol{\lambda}} = -\frac{\partial H}{\partial \mathbf{x}} = \begin{bmatrix} 0 \\ \lambda_1 \\ \lambda_2 \end{bmatrix}$$

und damit gilt

$$\begin{aligned}
\dot{\lambda}_1 &= 0 &&\Rightarrow \quad \lambda_1(t) = c_1 \\
\dot{\lambda}_2 &= \lambda_1 &&\Rightarrow \quad \lambda_2(t) = c_1 t + c_2 \\
\dot{\lambda}_3 &= \lambda_2 &&\Rightarrow \quad \lambda_3(t) = \frac{1}{2}c_1 t^2 + c_2 t + c_3 \, ,
\end{aligned} \tag{6.21}$$

was mit dem Integrationskonstanten-Vektor $c_1 = [c_1, c_2, c_3]^T$ kompakt in Matrixschreibweise als

$$\boldsymbol{\lambda}(t) = \boldsymbol{M}_1(t)\boldsymbol{c}_1 \quad \text{mit} \quad \boldsymbol{M}_1(t) = \begin{bmatrix} 1 & 0 & 0 \\ t & 1 & 0 \\ \frac{1}{2}t^2 & t & 1 \end{bmatrix}$$

dargestellt werden kann. Des Weiteren ist u mittels (6.20) in (6.7a) zu eliminieren, sodass

$$\dot{\boldsymbol{x}} = \begin{bmatrix} x_2 \\ x_3 \\ -\lambda_3 \end{bmatrix},$$

woraus

$$\dot{x}_3 = -\lambda_3 \quad \Rightarrow \quad x_3(t) = -\frac{1}{6}c_1 t^3 - \frac{1}{2}c_2 t^2 - c_3 t - c_4$$

$$\dot{x}_2 = x_3 \quad \Rightarrow \quad x_2(t) = -\frac{1}{24}c_1 t^4 - \frac{1}{6}c_2 t^3 - \frac{1}{2}c_3 t^2 - c_4 t - c_5$$

$$\dot{x}_1 = x_2 \quad \Rightarrow \quad x_1(t) = -\frac{1}{120}c_1 t^5 - \frac{1}{24}c_2 t^4 - \frac{1}{6}c_3 t^3 - \frac{1}{2}c_4 t^2 - c_5 t - c_6$$

folgt, was sich als

$$\boldsymbol{x}(t) = \boldsymbol{M}_2(t)\boldsymbol{c}_1 + \boldsymbol{M}_3(t)\boldsymbol{c}_2 \quad \text{mit} \quad \boldsymbol{M}_2(t) = \begin{bmatrix} -\frac{1}{120}t^5 & -\frac{1}{24}t^4 & -\frac{1}{6}t^3 \\ -\frac{1}{24}t^4 & -\frac{1}{6}t^3 & -\frac{1}{2}t^2 \\ -\frac{1}{6}t^3 & -\frac{1}{2}t^2 & -t \end{bmatrix},$$

$$\boldsymbol{M}_3(t) = -\boldsymbol{M}_p \cdot \boldsymbol{M}_1(t), \quad \boldsymbol{M}_p = \begin{bmatrix} 0 & 0 & 1 \\ 0 & 1 & 0 \\ 1 & 0 & 0 \end{bmatrix} \quad \text{und} \quad \boldsymbol{c}_2 = [c_4, c_5, c_6]^T$$

repräsentieren lässt. Unter Berücksichtigung der Anfangsbedingungen (6.17) ergibt sich mit $\boldsymbol{M}_2(0) = \boldsymbol{0}$ und $\boldsymbol{M}_3(0) = -\boldsymbol{M}_p$ direkt $\boldsymbol{c}_2 = -\boldsymbol{M}_p\boldsymbol{x}_0$, sodass

$$\boldsymbol{x}(t) = \boldsymbol{M}_2(t)\boldsymbol{c}_1 - \boldsymbol{M}_3(t)\boldsymbol{M}_p\boldsymbol{x}_0 . \tag{6.22}$$

Damit stellt sich die Endvorgabe (6.18) als

$$\boldsymbol{x}(t_f) = \boldsymbol{M}_2(t_f)\boldsymbol{c}_1 - \boldsymbol{M}_3(t_f)\boldsymbol{M}_p\boldsymbol{x}_0 = \boldsymbol{0} \tag{6.23}$$

dar, was durch Auflösen nach den verbleibenden Integrationskonstanten

$$\boldsymbol{c}_1 = \boldsymbol{M}_2(t_f)^{-1}\boldsymbol{M}_3(t_f)\boldsymbol{M}_p\boldsymbol{x}_0 , \quad t_f \neq 0$$

liefert, sodass die optimale Trajektorie $\boldsymbol{x}^*(t)$ bestimmt ist.

Freier Endzustand

Aufgrund von $M_2(0) = 0$ entsteht im vorhergehenden Optimierungsproblem für $t_f = 0$ eine Singularität, die sich in der Anwendung darin äußert, dass im optimierungsbasierten Regelkreis gegen Ende des Manövers das Fahrzeug auf kleinste Störungen und Messrauschen zunehmend nervös reagiert, da es um jeden Preis (Stellgröße) die Endvorgabe erreichen muss. Da das Fahrzeug gar nicht angewiesen ist, exakt in der Fahrspurmitte zu fahren, kann das Problem durch Optimierung über den Endzustand gelöst werden. Damit das Fahrzeug überhaupt einen Spurwechsel vornimmt, wird (6.19) um Endkosten $V(x(t_f))$ auf

$$J = \int_0^{t_f} \frac{1}{2}u(t)^2 \mathrm{d}t + \frac{1}{2}x(t_f)^{\mathrm{T}}Sx(t_f) \quad \text{mit} \quad S = \mathrm{diag}(k_1, k_2, k_3),$$

und $k_1, k_2, k_3 > 0$ erweitert. Damit tritt an die Stelle der Endbedingung (6.18) die Transversalitätsbedingung (6.12)

$$\boldsymbol{\lambda}(t_f) = \left[\frac{\partial V}{\partial \boldsymbol{x}}\right]_{t_f} = \boldsymbol{S}x(t_f) \tag{6.24}$$

$$\Rightarrow \quad \boldsymbol{x}(t_f) = \boldsymbol{S}^{-1}\boldsymbol{\lambda}(t_f) = \mathrm{diag}\left(\frac{1}{k_1}, \frac{1}{k_2}, \frac{1}{k_3}\right)\boldsymbol{\lambda}(t_f), \tag{6.25}$$

was eingesetzt in (6.23) und nach Auflösen

$$\boldsymbol{c}_1 = [\boldsymbol{M}_2(t_f) - \boldsymbol{S}^{-1}\boldsymbol{M}_1(t_f)]^{-1}\boldsymbol{M}_3(t_f)\boldsymbol{M}_p\boldsymbol{x}_0$$

ergibt. Da $\boldsymbol{M}_1(0) = \boldsymbol{I}$ und $\boldsymbol{M}_2(0) = \boldsymbol{0}$ gilt, vereinfacht sich für $t_f = 0$ der in eckigen Klammern zu invertierende Ausdruck zu $\boldsymbol{S}$, sodass keine Singularität mehr auftritt. Durch die darin befindlichen k_i kann nun für jeden der Endzustände in der Spur zwischen Genauigkeit und Rausch- bzw. Störanfälligkeit abgewogen werden, s. Trajektorie (b) in Abb. 6.2.

Freie Endzeit

Die Vorgabe einer Spurwechseldauer t_f stellt kein allzu großes Problem dar, wenn sich das Fahrzeug zu Manöverbeginn ausgerichtet in der Fahrspur befindet. Für die permanente Optimierung der Trajektorie nimmt die Zeit t_f dann lediglich ab, d.h. $\dot{t}_f = -1$. Muss aber ein Spurwechsel aus einem beliebigen Zustand heraus durchgeführt werden, z.B. aufgrund eines Spurwechselabbruchs mit Rückkehr zur Originalspur, so ist eine geeignete Wahl für t_f nicht trivial, da z.B. ein zu großer Wert zu einem Überschwingen führt. Aus dem Grund wird schließlich noch die Endzeit t_f in die Optimierung aufgenommen.

Da ein unendlich langer Spurwechsel den Ruck minimiert, muss das Kostenfunktional große Werte von t_f bestrafen. Die Kosten werden daher um die gewichtete Endzeit zu

$$J = \int_0^{t_f} \frac{1}{2}u(t)^2 \mathrm{d}t + \left[\frac{1}{2}x(t_f)^{\mathrm{T}}Sx(t_f) + k_t t_f\right] \quad \text{mit} \quad k_t > 0$$

ergänzt. Die Transversalitätsbedingung (6.14) liefert dann mit (6.20) und (6.25)

$$k_t + \frac{1}{2}\lambda_3(t_f)^2 + \boldsymbol{\lambda}(t_f)^{\mathrm{T}} \boldsymbol{f}(\boldsymbol{x}(t_f), \boldsymbol{u}(t_f)) =$$

$$k_t + \frac{3}{2}\lambda_3(t_f)^2 + \frac{1}{k_2}\lambda_1(t_f)\lambda_2(t_f) + \frac{1}{k_3}\lambda_2(t_f)\lambda_3(t_f) = 0 \ . \tag{6.26}$$

Hierbei handelt es sich um ein Polynom höherer Ordnung in t_f, dessen Nullstellen effizient auf numerische Weise gefunden werden können [162]. Sie gilt es dann im Hinblick auf ihr jeweiliges J zu vergleichen, sodass t_f^* isoliert werden kann. Das Ergebnis ist als Trajektorie (c) in Abb. 6.2 dargestellt.

6.2 Beschränkte Optimierungsprobleme

Bei der Herleitung in Abschn. 6.1.1 wurde vorausgesetzt, dass alle Komponenten des Steuer- und Zustandsvektors unbeschränkt sind. Für viele praktische Optimalsteuerungsprobleme, zu denen, wie in Abschn. 5.3.3 bereits dargestellt, auch die assistierte und automatisierte Fahrzeugführung zählt, trifft das nicht zu. So schränkt insbesondere beim Rangieren und Parken der begrenzte Lenkwinkel die Manöverwahl erheblich ein. Auch die Fahrzeugbeschleunigung wird durch die Kraftübertragung zwischen Reifen und Fahrbahn limitiert, was bei der Optimierung eines Notmanövers nahe der fahrphysikalischen Grenze unbedingt zu berücksichtigen ist. Nachfolgend wird daher die Berücksichtigung von Stellgrößen- und Zustandsgrößenbeschränkungen in den Hamilton-Gleichungen behandelt.

6.2.1 Pontryagins Maximumprinzip

Zunächst werden Steuergrößenbeschränkungen der Form

$$\boldsymbol{u}(t) \in \mathcal{U} \subseteq \mathbb{R}^m \tag{6.27}$$

betrachtet, die mit *Pontryagins Maximumprinzip* angegangen werden können. Das Prinzip kann folgendermaßen erläutert werden. Die im unbeschränkten Fall gültige Steuergleichung $\frac{\partial H}{\partial \boldsymbol{u}} = \boldsymbol{0}$ stellt eine notwendige Bedingung für ein Extremum der Hamilton-Funktion bezüglich $\boldsymbol{u}$ dar. Genauer gesagt lässt sich zeigen, dass H für das optimale $\boldsymbol{u}$ minimal wird. *L.S. Pontryagin* hatte nun die Vermutung, dass allgemein für ein Optimum die Stellgröße $\boldsymbol{u}(t)$ so gewählt werden muss, dass H immer ein Minimum[3] annimmt. Wie in Abb. 6.3 für eine skalare Stellgröße $u \in \mathcal{U} = [-u_{\max}, u_{\max}]$ dargestellt ist, werden mit dieser Forderung auch die Fälle abgedeckt, in denen das Minimum auf den Rand fällt, wo $\frac{\partial H}{\partial u} = 0$ nicht mehr gilt.

---

[3] Das Maximumprinzip entstammt ursprünglich einem Maximierungsproblem, das ihm seinen Namen gibt.

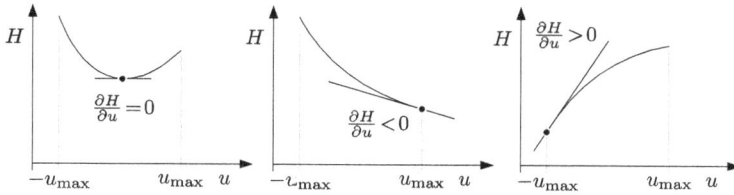

Abb. 6.3: Mögliche Minima der Hamiltonfunktion H für $u \in \mathcal{U} = [-u_{max}, u_{max}]$ [60, 154].

Tatsächlich konnte das Maximumprinzip für weitgehend allgemeine Systemklassen bewiesen werden, sodass die Steuergleichung $\frac{\partial H}{\partial \boldsymbol{u}} = \boldsymbol{0}$, als Kern des Prinzips, durch die allgemeinere Forderung

$$H(\boldsymbol{x}^*, \boldsymbol{u}^*, \boldsymbol{\lambda}^*, t) = \min_{\boldsymbol{u} \in \mathcal{U}} H(\boldsymbol{x}^*, \boldsymbol{u}, \boldsymbol{\lambda}^*, t) \tag{6.28}$$

ersetzt wird, durch die nun auch Steuerbeschränkungen der Form (6.27) berücksichtigt werden können. Die kanonischen Differentialgleichungen in (6.7) und die Transversalitätsgleichungen (6.11)–(6.16) bleiben davon unberührt.

6.2.2 Anwendungsbeispiel Doppelintegrator

Wie im unbeschränkten Fall, s. Abschn. 6.1.3, ist auch bei der Anwendung des Maximumprinzips der Eingang $\boldsymbol{u}$ in den Hamilton-Differentialgleichungen zu eliminieren. Allerdings muss jetzt $\boldsymbol{u}^* = \operatorname{argmin}_{\boldsymbol{u} \in \mathcal{U}} H(\boldsymbol{x}, \boldsymbol{u}, \boldsymbol{\lambda}) =: \boldsymbol{\psi}(\boldsymbol{x}, \boldsymbol{\lambda})$ für jede Konstellation von $\boldsymbol{x}$ und $\boldsymbol{\lambda}$ gelöst werden, bevor $\boldsymbol{\psi}(\boldsymbol{x}, \boldsymbol{\lambda})$ in (6.7a) und (6.7b) eingesetzt werden kann.

Das Vorgehen wird nun am häufig zitierten Beispiel des Doppelintegrators erläutert, s. z.B. [76, 154], dessen Dynamik für $\boldsymbol{x} = [x_1, x_2]^T$ durch

$$\dot{\boldsymbol{x}} = \boldsymbol{f}(\boldsymbol{x}, u) = [x_2, u]^T$$

gegeben ist. Ein solches doppeltintegrierendes Verhalten weist auch die Fahrzeuglängsdynamik mit Beschleunigung u, Fahrzeuggeschwindigkeit x_2 und zurückgelegter Wegstrecke x_1 auf. Aufgabe ist es nun, das System vom Anfangszustand $\boldsymbol{x}_0$ zeitoptimal, d.h. unter Minimierung von

$$J = \int_0^{t_f} 1 \, \mathrm{d}t = t_f \,,$$

in den Endzustand $\boldsymbol{x}_f = \boldsymbol{0}$ zu überführen, ohne dabei den zulässigen Beschleunigungsbereich zu überschreiten. Vereinfachend wird hierfür angenommen, dass in Fahrtrichtung ebenso stark beschleunigt wie gebremst werden kann, sodass

$$-a_{max} \leq u(t) \leq a_{max}$$

gilt. Die Hamiltonfunktion

$$H = 1 + \lambda_1 x_2 + \lambda_2 u \tag{6.29}$$

liefert mit (6.7b) die notwendigen Bedingungen

$$\dot{\lambda}_1 = -\frac{\partial H}{x_1} = 0 \quad \Rightarrow \quad \lambda_1 = c_1$$

$$\dot{\lambda}_2 = -\frac{\partial H}{x_2} = 0 \quad \Rightarrow \quad \lambda_2 = c_1 t + c_2 \tag{6.30}$$

mit unbekannten Integrationskonstanten c_1 und c_2. Soll nun H in jedem Zeitschritt mittels u minimiert werden, so muss der letzte Summand in (6.29) so klein wie möglich werden, was durch

$$u(t) = \begin{cases} +a_{\max} & \text{falls} \quad \lambda_2 < 0 \\ -a_{\max} & \text{falls} \quad \lambda_2 > 0 \end{cases} \tag{6.31}$$

sichergestellt wird. Da (6.30) affin bzgl. t ist, kann $\lambda_2 = 0$ nur zu einem einzigen Zeitpunkt oder aber auf dem Gesamtintervall $[0, t_f]$ gelten. Letzteres ist jedoch aufgrund der geltenden Transversalitätsbeziehung (6.14) mit $1 + \lambda_2(t_f)u(t_f) = 0$ ausgeschlossen. Damit wechselt λ_2 höchstens einmal das Vorzeichen, was dazu führt, dass mit (6.31) die optimale Steuerung *höchstens einmal* umschaltet.

Wie in Abb. 6.4 dargestellt, bewegt sich das System je nach $u = \pm u_{\max}$ auf Parabeln der Form

$$x_1 = \pm \frac{x_2^2}{2u_{\max}} + c \,,$$

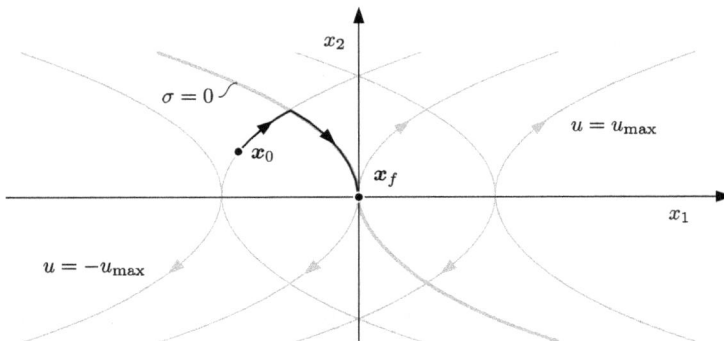

Abb. 6.4: Systemtrajektorien des Doppelintegrators für $u = \pm u_{\max}$ in der (x_1, x_2)-Ebene mit zeitoptimaler Umschaltung bei $\sigma = 0$, vgl. [76, 154].

vgl. auch Abb. 2.22 auf S. 39. Da zu $\boldsymbol{x}_f$ offensichtlich nur über die dicken, grauen Halbparabeln, zusammengefasst durch

$$\sigma := x_1 + \frac{x_2 |x_2|}{2u_{\max}} = 0 \, ,$$

gelangt werden kann, muss das System, so denn es sich noch nicht auf ihnen befindet, sie zunächst erreichen, um dort umzuschalten. Aufgrund der maximalen Schaltanzahl von Eins kann davor keine Umschaltung erfolgen, sodass hierfür durchgängig dieselbe Parabel eingeschlagen werden muss, s. Abb. 6.4. Das lässt sich in kompakter Form mit dem optimalen Stellgesetz

$$u(t) = -u_{\max} \operatorname{sign}(\sigma)$$

bewerkstelligen. Für die zeitoptimale Längsregelung bedeutet das, dass das Fahrzeug entsprechend Abb. 6.4 solange Vollgas geben muss, bis es die Schaltkurve σ erreicht, sodass eine Vollbremsung eingeleitet wird, die das Fahrzeug genau am Zielpunkt zum Stehen bringt. In Anbetracht dieses Manövers drängt es sich auf, das Gütekriterium um Verbrauchs- ($|u(t)|$) oder Energieintegrale ($u^2(t)$) zu erweitern, was jedoch zu etwas aufwändigeren Berechnungen führt [154].

Selbstverständlich lässt sich das Maximumprinzip auch auf die Querführung anwenden. So werden in [45] Pfade kürzesten Wegs ohne Richtungsumkehr für ein Fahrzeug mit beschränktem Wendekreis (in Abwesenheit von Hindernissen) hergeleitet. Die um Richtungsumkehrungen erweiterte Problemstellung wird in [168] behandelt und die Beschränkung der Krümmungsänderung erfolgt in [19]. Für eine ausführliche Darstellung der Anwendung des Maximumprinzips auf Pfade kürzesten Wegs sei auf [188] verwiesen.

6.2.3 Zustandsabhängige Eingangsbeschränkungen

Die Herangehensweise ändert sich grundlegend gegenüber dem vorangegangenen Beispiel, wenn dem geschwindigkeitsabhängigen (drehzahlabhängigen) Beschleunigungsvermögen des Motors Rechnung getragen werden soll, da dann *zustandsabhängige* Stellgrößenbeschränkungen der Form

$$\boldsymbol{h}(\boldsymbol{x}(t), \boldsymbol{u}(t)) \leq \boldsymbol{0} \, , \tag{6.32}$$

$\boldsymbol{h}(t) \in \boldsymbol{C}^2$, $\boldsymbol{h}(t) \in \mathbb{R}^q$ berücksichtigt werden müssen, sodass nunmehr anstelle von (6.27) der zulässige Steuerbereich durch

$$\mathcal{U}(\boldsymbol{x}) = \{\boldsymbol{u} \in \mathbb{R}^m \ : \ \boldsymbol{h}(\boldsymbol{x}, \boldsymbol{u}) \leq \boldsymbol{0}\} \tag{6.33}$$

gegeben ist. Zur Formulierung der notwendigen Optimalitätsbedingungen[4] kann die Hamilton-Funktion um die Ungleichungsnebenbedingungen zu

$$\tilde{H}(x, u, \lambda, t) = l(x, u) + \lambda^{\mathrm{T}} f(x, u) + \mu(t)^{\mathrm{T}} h(x, u) \tag{6.34}$$

erweitert werden, wobei $\mu(t) \in \mathbb{R}^q$ einen zusätzlichen Lagrangemultiplikator darstellt. Zu den Hamilton-Gleichungen (6.7a), (6.7b) und der Forderung (6.28) für (6.33) aus dem Maximumprinzip treten jetzt noch die notwendigen Komplementaritäts- und Vorzeichenbedingungen

$$\mu_i(t) h_i(t) = 0, \quad i = 1, \dots, q \tag{6.35}$$

$$\mu(t) \geq 0 \tag{6.36}$$

für $t \in [t_0, t_f]$ hinzu.

Die Behandlung *reiner* Zustandsbeschränkungen $h(x(t)) \leq 0$ gestalten sich aufwändiger, da die Bereiche aktiver Ungleichungsnebenbedingungen zu berücksichtigen sind. Das entsprechende Vorgehen wird im nächsten Abschnitt beleuchtet.

6.2.4 Reine Zustandsbeschränkungen bei Notbremsung

Die in Abschn. 6.1.3 vorgestellte Spurwechseloptimierung lässt sich direkt auf die Längsführung eines Fahrzeugs übertragen [234], da auch ruckartige Bremsvorgänge von den Insassen als störend empfunden werden. Bei Notbremsungen, sei es im Zuge eines automatisierten Fahrens oder aber eines Assistenzeingriffs, ist der Bremsverlauf jedoch auch ganz erheblich von der zulässigen Maximalverzögerung $a_{\min}$ geprägt.

Im Unterschied zu Abschn. 6.2.2 umfasst nun der Fahrzustand x auch die Beschleunigung x_3, um den Ruck als Systemeingang u im Kostenfunktional zu berücksichtigen, vgl. Abschn. 3.3.3. Hierdurch stellt sich nun die Beschleunigungsbeschränkung als (reine) Zustandsbeschränkung dar. Erneut wird das zeitoptimale[5] Anfahren einer Zielvorgabe x_f betrachtet, welches als Sonderfall einer Notbremsung entspricht. Insgesamt stellt sich das ruck-zeit-optimale, verzögerungsbeschränkte Optimalsteuerungsproblem als

$$\underset{u}{\text{minimiere}} \quad \int_0^{t_f} \frac{1}{2} u(t)^2 \mathrm{d}t + k_t t_f \tag{6.37a}$$

---

4 Es wird im Folgenden angenommen, dass die Anzahl der gleichzeitig aktiven Ungleichungsnebenbedingungen nie die Anzahl der Steuervariablen überschreitet und die Jacobi-Matrix $\frac{\partial h}{\partial u}$ der gleichzeitig aktiven Ungleichungsnebenbedingungen vollen Rang besitzt.

5 Bei einer Notbremsung kann durch entsprechende Wichtung der Zeit ein Überschwingen im Zielpunkt vermieden werden, was essentiell für eine Notbremsung ist.

$$\text{u.B.v.} \quad \dot{\boldsymbol{x}} = f(\boldsymbol{x}, u) = \begin{bmatrix} x_2 \\ x_3 \\ u \end{bmatrix} \tag{6.37b}$$

$$\boldsymbol{x}(0) = \boldsymbol{x}_0 \tag{6.37c}$$

$$\boldsymbol{x}(t_f) = \boldsymbol{x}_f \tag{6.37d}$$

$$h(\boldsymbol{x}(t)) = a - x_3 \leq 0 \tag{6.37e}$$

dar, vgl. [154].

Die Ungleichungsbeschränkung $h(\boldsymbol{x}(t))$ wird nun so oft abgeleitet, bis der Eingang erscheint,

$$\frac{\mathrm{d}h(\boldsymbol{x}(t))}{\mathrm{d}t} = -\dot{x}_3 \overset{(6.37b)}{=} -u\,, \tag{6.38}$$

was im ersten[6] Schritt erfolgt. Da für die aktive Nebenbedingung $h(\boldsymbol{x}) = 0$ auch dessen Ableitung verschwindet, muss dann nach (6.38) auch $u = 0$ gelten, sodass sich analog zu (6.34) die erweiterte Hamilton-Funktion als

$$\tilde{H} = \frac{1}{2}u^2 + \boldsymbol{\lambda}^{\mathrm{T}} \begin{bmatrix} x_2 \\ x_3 \\ u \end{bmatrix} - \mu(t)u \tag{6.39}$$

darstellt. Verletzt nun die unbeschränkte Lösung, s. Abschn. 6.1.3, die Nebenbedingung (6.37e), so liegt die Vermutung nahe, dass letztere nur auf einem Zeitintervall $[t_1, t_2] \subset [0, t_f]$ mit unbekannten t_1, t_2 aktiv ist. Im restlichen Bereich $t \in [0, t_1] \cup [t_2, t_f]$ gilt damit $\mu(t) = 0$, sodass die Auswertung der Hamilton-Gleichungen (6.7) für $\tilde{H}$ unter Berücksichtigung des Anfangszustands $\boldsymbol{x}_0$ entsprechend Abschn. 6.1.3 zu

$$\left. \begin{aligned} \boldsymbol{\lambda}(t) &= \boldsymbol{M}_1(t)\boldsymbol{c}_1 \\ \boldsymbol{x}(t) &= \boldsymbol{M}_2(t)\boldsymbol{c}_1 - \boldsymbol{M}_3(t)\boldsymbol{M}_p\boldsymbol{x}_0 \\ u(t) &= -\lambda_3(t) \end{aligned} \right\} \quad t \in [t_0, t_1]$$

und

$$\left. \begin{aligned} \boldsymbol{\lambda}(t) &= \boldsymbol{M}_1(t)\boldsymbol{c}_3 \\ \boldsymbol{x}(t) &= \boldsymbol{M}_2(t)\boldsymbol{c}_3 + \boldsymbol{M}_3(t)\boldsymbol{c}_4 \\ u(t) &= -\lambda_3(t) \end{aligned} \right\} \quad t \in [t_2, t_f]$$

mit noch zu bestimmenden Integrationskonstanten mit $\boldsymbol{c}_1 = [c_1, c_2, c_3]^{\mathrm{T}}$, $\boldsymbol{c}_3 = [c_7, c_8, c_9]^{\mathrm{T}}$ und $\boldsymbol{c}_4 = [c_{10}, c_{11}, c_{12}]^{\mathrm{T}}$ führt. Zusätzlich liefert die Endbedingung (6.37d), dass

$$\boldsymbol{M}_2(t_f)\boldsymbol{c}_3 + \boldsymbol{M}_3(t_f)\boldsymbol{c}_4 = \boldsymbol{x}_f \tag{6.40}$$

---

6 Zustandsbeschränkungen mit einer Ordnung größer Eins werden in [154] behandelt.

gelten muss. Für den Bereich dazwischen ist die Nebenbedingung aktiv und kann daher als Gleichungsnebenbedingung betrachtet werden. Aus (6.37e) und (6.38) folgt dann für $t \in [t_1, t_2]$

$$h(\boldsymbol{x}(t)) = a - x_3(t) = 0 \quad \Rightarrow \quad x_3(t) = a .$$

Das und $u = 0$ eingesetzt in die adjungierte Differentialgleichung und die Systemdynamik führt zu

$$\dot{\boldsymbol{\lambda}} = -\frac{\partial \tilde{H}}{\partial \boldsymbol{x}} = \begin{bmatrix} 0 \\ \lambda_1 \\ \lambda_2 \end{bmatrix} \quad \text{und} \quad \dot{\boldsymbol{x}} = \boldsymbol{f} = \begin{bmatrix} x_2 \\ x_3 \\ 0 \end{bmatrix} ,$$

was

$$\left. \begin{aligned} \boldsymbol{\lambda}(t) &= \boldsymbol{M}_1(t)\boldsymbol{c}_5 \\ \boldsymbol{x}(t) &= \boldsymbol{M}_4(t)\boldsymbol{c}_6 - \boldsymbol{a}(t) \\ u(t) &= 0 \end{aligned} \right\} \quad t \in [t_1, t_2]$$

mit Integrationskonstanten $\boldsymbol{c}_5 \in \mathbb{R}^3$ und $\boldsymbol{c}_6 = [c_{13}, c_{14}]^T$ sowie

$$\boldsymbol{a}(t) = a_{\min} \begin{bmatrix} -\frac{1}{2}t^2 \\ -t \\ -1 \end{bmatrix} \quad \text{und} \quad \boldsymbol{M}_4(t) = \begin{bmatrix} -t & -1 \\ -1 & 0 \\ 0 & 0 \end{bmatrix}$$

ergibt. Des Weiteren liefert die Stetigkeit von $\boldsymbol{x}(t)$ in t_1 und t_2

$$\boldsymbol{M}_2(t_1)\boldsymbol{c}_1 - \boldsymbol{M}_3(t_1)\boldsymbol{M}_p\boldsymbol{x}_0 = \boldsymbol{M}_4(t_1)\boldsymbol{c}_6 - \boldsymbol{a}(t_1) \tag{6.41}$$

$$\boldsymbol{M}_4(t_2)\boldsymbol{c}_6 - \boldsymbol{a}(t_2) = \boldsymbol{M}_2(t_2)\boldsymbol{c}_3 + \boldsymbol{M}_3(t_2)\boldsymbol{c}_4 . \tag{6.42}$$

Entsprechendes gilt für $\boldsymbol{\lambda}(t)$ in t_2, sodass aus

$$\boldsymbol{M}_1(t_2)\boldsymbol{c}_5 = \boldsymbol{M}_1(t_2)\boldsymbol{c}_3$$

$\boldsymbol{c}_5 = \boldsymbol{c}_3$ folgt. Um die restlichen Integrationskonstanten zu bestimmen, wird t_1 als interner Randpunkt betrachtet, für den die Transversalitätsbedingung (6.15)

$$\boldsymbol{\lambda}(t_1^-) = \boldsymbol{\lambda}(t_1^+) + \left[\frac{\partial h(\boldsymbol{x})}{\partial \boldsymbol{x}}\right]_{t_1}^T \nu = \boldsymbol{\lambda}(t_1^+) + \begin{bmatrix} 0 \\ 0 \\ -1 \end{bmatrix} \nu$$

lautet, woraus

$$\boldsymbol{M}_1(t_1)\boldsymbol{c}_1 = \boldsymbol{M}_1(t_1)\boldsymbol{c}_3 + \begin{bmatrix} 0 \\ 0 \\ -1 \end{bmatrix} \nu \quad \Rightarrow \quad [c_7, c_8] = [c_1, c_2]$$

$$\Rightarrow \quad \nu = \lambda_3(t_1^+) - \lambda_3(t_1^-) \geq 0 \tag{6.43}$$

folgt, was bedeutet, dass $\lambda_2(t)$ und $\lambda_3(t)$ in t_1 stetig verlaufen. Des Weiteren ist $h(x)$ zeitinvariant, weshalb auch für den internen Randpunkt t_1 die Hamilton-Funktion stetig verlaufen muss, sodass

$$0 = H(t_1^-) - H(t_1^+) = \frac{1}{2}u(t_1^-)^2 + \boldsymbol{\lambda}(t_1^-)^{\mathrm{T}} \begin{bmatrix} x_1(t_1) \\ x_2(t_1) \\ u(t_1^-) \end{bmatrix} - \boldsymbol{\lambda}(t_1^+)^{\mathrm{T}} \begin{bmatrix} x_1(t_1) \\ x_2(t_1) \\ 0 \end{bmatrix}$$

$$= \frac{1}{2}u(t_1^-)^2 + \lambda_3(t_1^-)\, u(t_1^-) = \frac{3}{2}\lambda_3(t_1^-) = 0 \quad \Rightarrow \quad \lambda_3(t_1^-) = 0 \qquad (6.44)$$

folgt und somit (6.43) grundsätzlich erfüllt ist. Die Abkopplung von der Nebenbedingung wiederum findet bei t_2 mit $\mu(t_2) = 0$ statt, was zu

$$0 = \frac{\partial \tilde{H}}{\partial u} = u + \lambda_3 - \mu(t) \quad \Rightarrow \quad 0 = \mu(t_2) = -\lambda_3(t_2)$$

$$\Rightarrow \quad \lambda_3(t_2) = 0 \qquad (6.45)$$

führt. Schließlich ergibt sich noch die Transversalitätsbedingung (6.14) für die freie Endzeit zu

$$k_t + \frac{1}{2}\lambda_3(t_f)^2 + \boldsymbol{\lambda}(t_f)^{\mathrm{T}} \begin{bmatrix} x_2(t_f) \\ x_3(t_f) \\ -\lambda_3(t_f) \end{bmatrix} = 0 \,. \qquad (6.46)$$

Für gegebene $[t_1, t_2, t_f]$ beschreiben (6.40), (6.41) und (6.42) ein lineares Gleichungssystem für die neun unbekannten Integrationskonstanten $[c_1, c_2, c_3; c_9; c_{10}, c_{11}, c_{12}; c_{13}, c_{14}]$, das problemlos in Abhängigkeit der drei Zeitpunkte gelöst werden kann. Das Ergebnis ist in das Gleichungssystem (6.44), (6.45) und (6.46) einzusetzen, welches dann numerisch gelöst werden muss. Hierbei treten eine Vielzahl von Lösungen auf, sodass es erforderlich ist, das Gütefunktional zur Selektion der optimalen Zeitpunkte $[t_1^*, t_2^*, t_f^*]$ heranzuziehen. Als zielführend hat sich die numerische Optimierung über t_f unter Berücksichtigung von (6.40) und (6.41) erwiesen. Das Ergebnis ist in Abb. 6.5 für unterschiedliche Endzustände $\boldsymbol{x}_f = [x_{1f}, 0, 0]$ dargestellt, die zu aktiven und inaktiven Beschleunigungsbeschränkungen führen.

6.3 Lineare Systemdynamik mit quadratischem Kostenfunktional

6.3.1 Problemformulierung

Für viele Optimierungsaufgaben kann die i. Allg. nichtlineare Fahrzeugbewegung um eine Trajektorie linearisiert werden. So bietet sich für das hochautomatisierte Fahren

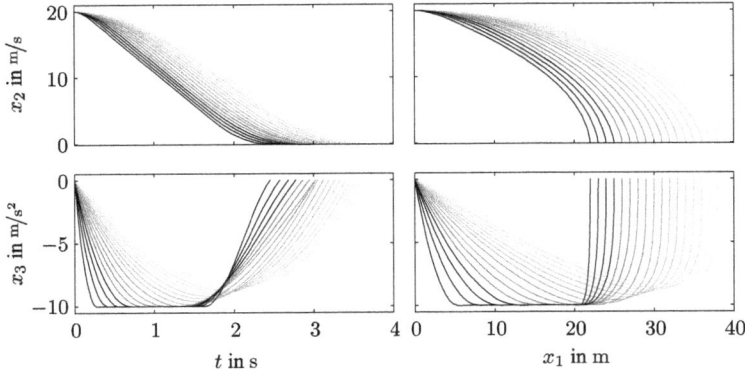

Abb. 6.5: Ruck-Zeit-optimale Zielbremsungen (links über der Zeit, rechts über der zurückgelegten Wegstrecke x_1) unter Berücksichtigung der maximalen Verzögerung ($x_3 \leq -10$ ᵐ/s²) mit Anfangsgeschwindigkeit $x_2(0) = 20$ ᵐ/s und -beschleunigung $x_3(0) = 0$ ᵐ/s²; je kürzer der verfügbare Bremsweg $x_1(t_f)$, desto dunkler die Trajektorie.

die Fahrbahnmitte an, die entweder aus der Umfeldsensorik oder aber aus einer Karte bezogen werden kann. Bei einem Ausweichassistenten hingegen, der auch in einer unstrukturierten Umgebung wie Parkplätzen verlässlich funktionieren muss, eignet sich die auf Basis des aktuellen Fahrzustands (z.B. Fahrtrichtung und -krümmung) unmittelbar vor dem automatischen Eingriff prädizierte Fahrtrajektorie (s. später Absch. 6.4). In Fahrzeuglängsrichtung wiederum bietet es sich an, die Eingangsnichtlinearitäten (Fahrwiderstände, Motorkennfeld) durch eine Eingangssubstitution zu kompensieren.

Die linearisierte Fahrzeugbewegung lässt sich dann bekanntermaßen in Form von

$$\dot{x} = Ax + Bu, \quad x(t_0) = x_0 \tag{6.47}$$

mit der Dynamikmatrix $A \in \mathbb{R}^{n \times n}$ und der Eingangsmatrix $B \in \mathbb{R}^{n \times m}$ darstellen, welche je nach Fahrzeugmodell und Referenztrajektorie konstant oder zeitvariant ausfallen können.

Der große Vorteil der Linearisierung ergibt sich durch Kombination mit einem quadratischen Gütemaß

$$J = \frac{1}{2} \int_{t_0}^{t_f} [x^{\mathrm{T}}(t) \, Q \, x(t) + u^{\mathrm{T}}(t) \, R \, u(t)] \mathrm{d}t + \frac{1}{2} x^{\mathrm{T}}(t_f) \, S \, x(t_f) \,, \tag{6.48}$$

mit entsprechend dimensionierten quadratischen Wichtungsmatrizen Q, R und S. Hierfür muss ggf. der Ursprung des Systems (6.47) angepasst werden, s. später Absch. 6.4.

6.3.2 Riccati-Differentialgleichung

Ausgangspunkt für die Lösung des linear-quadratischen Optimalsteuerungsproblems ist die Steuergleichung (6.7c), die sich mit der Hamilton-Funktion

$$H(\boldsymbol{x}, \boldsymbol{u}, \boldsymbol{\lambda}, t) = \frac{1}{2}[\boldsymbol{x}^\mathrm{T} \boldsymbol{Q}\boldsymbol{x} + \boldsymbol{u}^\mathrm{T} \boldsymbol{R}\boldsymbol{u}] + \boldsymbol{\lambda}^\mathrm{T}[\boldsymbol{A}\boldsymbol{x} + \boldsymbol{B}\boldsymbol{u}] \tag{6.49}$$

zu

$$\boldsymbol{0} = \frac{\partial H}{\partial \boldsymbol{u}} = \boldsymbol{R}\boldsymbol{u} + \boldsymbol{B}^\mathrm{T}\boldsymbol{\lambda} \quad \Rightarrow \quad \boldsymbol{u} = -\boldsymbol{R}^{-1}\boldsymbol{B}^\mathrm{T}\boldsymbol{\lambda} \tag{6.50}$$

ergibt [154]. Einsetzen in die kanonischen Differentialgleichungen (6.7a) und (6.7b) liefert mit (6.47)

$$\dot{\boldsymbol{x}} = \frac{\partial H}{\partial \boldsymbol{\lambda}} = \boldsymbol{A}\boldsymbol{x} + \boldsymbol{B}\boldsymbol{u} = \boldsymbol{A}\boldsymbol{x} - \boldsymbol{B}\boldsymbol{R}^{-1}\boldsymbol{B}^\mathrm{T}\boldsymbol{\lambda} \tag{6.51a}$$

$$\dot{\boldsymbol{\lambda}} = -\frac{\partial H}{\partial \boldsymbol{x}} = -\boldsymbol{Q}\boldsymbol{x} - \boldsymbol{A}^\mathrm{T}\boldsymbol{\lambda} \, , \tag{6.51b}$$

wobei sich aufgrund von (6.47) und (6.12) die Randwerte

$$\boldsymbol{x}(t_0) = \boldsymbol{x}_0 \quad \text{und} \quad \boldsymbol{\lambda}(t_f) = \boldsymbol{S}\boldsymbol{x}(t_f) \tag{6.52}$$

ergeben. Weiter ist es zielführend, den Lagrange-Multiplikator in der Form

$$\boldsymbol{\lambda}(t) = \boldsymbol{P}(t)\boldsymbol{x}(t) \tag{6.53}$$

anzusetzen. Dessen Ableitung $\dot{\boldsymbol{\lambda}}(t) = \dot{\boldsymbol{P}}(t)\boldsymbol{x}(t) + \boldsymbol{P}(t)\dot{\boldsymbol{x}}(t)$ liefert mit (6.47) nach Einsetzen in (6.51) den Zusammenhang

$$[\dot{\boldsymbol{P}} - \boldsymbol{P}\boldsymbol{B}\boldsymbol{R}^{-1}\boldsymbol{B}^T\boldsymbol{P} + \boldsymbol{P}\boldsymbol{A} + \boldsymbol{A}^T\boldsymbol{P} + \boldsymbol{Q}]\,\boldsymbol{x} = \boldsymbol{0} \, .$$

Die Gleichung hat für beliebige $\boldsymbol{x}$ zu gelten, sodass der Ausdruck in der Klammer verschwinden muss und damit die bekannte *Matrix-Riccati-Differentialgleichung*

$$\dot{\boldsymbol{P}} = \boldsymbol{P}\boldsymbol{B}\boldsymbol{R}^{-1}\boldsymbol{B}^T\boldsymbol{P} - \boldsymbol{P}\boldsymbol{A} - \boldsymbol{A}^T\boldsymbol{P} - \boldsymbol{Q} \tag{6.54}$$

erhalten wird.[7] Einsetzen von (6.53) in die letztere Gleichung von (6.52) liefert die zugehörige Endbedingung

$$\boldsymbol{P}(t_f) = \boldsymbol{S}, \tag{6.55}$$

sodass $\boldsymbol{P}(t)$ durch numerische *Rückwärtsintegration* gelöst werden kann, s. Abschn. 6.4.3. Durch Einsetzen von (6.53) in (6.50) lässt sich schließlich das Stellgesetz

$$\boldsymbol{u}(t) = -\boldsymbol{R}^{-1}\boldsymbol{B}^\mathrm{T}\boldsymbol{P}(t)\boldsymbol{x}(t) = -\boldsymbol{K}(t)\boldsymbol{x}(t) \, . \tag{6.56}$$

berechnen. Die Erweiterung um innere Randpunkte, welche zur Berücksichtigung von Hindernissen erforderlich sind, erfolgt im nächsten Abschnitt.

---

7 Für zeitinvariante Regelprobleme mit unendlichem Optimierungshorizont ergibt sich durch $\dot{\boldsymbol{P}} = \boldsymbol{0}$ direkt die *algebraische Riccati-Gleichung* (3.11) auf S. 57.

6.4 Neuer Riccati-basierter Ausweichalgorithmus

Zur Minimierung der Fahrerirritation während des automatischen Ausweichens eignen sich nur Versatzmanöver, bei denen das Fahrzeug gerade so weit ausweicht, wie zur Umfahrung des Hindernisses erforderlich ist, und die am Ende des Vorgangs Fahrzeugbewegungen aufweisen, die denen vor dem Fahreingriff möglichst stark ähneln. Es muss also nicht nur dem plötzlich auftretenden Hindernis ausgewichen, sondern sofort auch gegengelenkt und das Fahrzeug bis zum Eingriffsende stabilisiert werden. Hier übernimmt der Fahrer wieder das Lenken seines zwar versetzten, aber dem prinzipiellen Kurvenverlauf folgenden Fahrzeugs. Ein entsprechender optimaler Ausweichalgorithmus wurde im Rahmen der vorliegenden Arbeit entwickelt [232] und wird nachfolgend ausgeführt.

6.4.1 Formulierung des Optimalsteuerungsproblems

Ein geeignetes Fahrzeugverhalten lässt sich über die Minimierung eines Kostenfunktionals generieren, dessen Integralkosten die Querabweichung d_r von der prädizierten manuellen Fahrkurve und deren ersten drei zeitlichen Ableitungen berücksichtigen, s. Abb. 6.6.

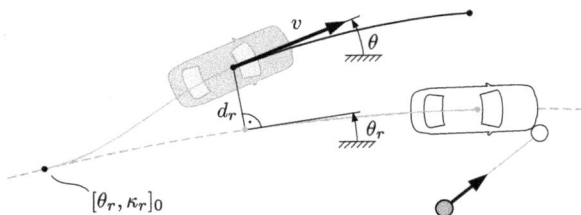

Abb. 6.6: Prädizierte manuelle Fahrkurve (grau-gestrichelt) zum Aktivierungszeitpunkt mit vorausberechnetem Kollisionspunkt (weißes Fahrzeug, weißer Fußgängerkreis), Historie der Ausweichtrajektorie (grau), aktuelle Fahrzeug- und Hindernisposition (graues Fahrzeug, grauer Fußgängerkreis) und Optimaltrajektorie (schwarz) zum Ausweichen [232].

Die Systemmodellierung gestaltet sich mit Zustand $x^T = [x_1, x_2, x_3] = [d_r - o, \dot{d}_r, \ddot{d}_r]$ und (virtuellem) Eingang $u = \dddot{d}_r$ dementsprechend einfach:

$$\dot{x} = Ax + bu, \quad x(t_0) = x_0, \quad (6.57)$$

$$A = \begin{bmatrix} 0 & 1 & 0 \\ 0 & 0 & 1 \\ 0 & 0 & 0 \end{bmatrix}, \quad b = \begin{bmatrix} 0 \\ 0 \\ 1 \end{bmatrix}$$

Die Variable o beschreibt hierbei die prädizierte Überlappung des Fahrzeugs mit dem um einen Sicherheitsabstand vergrößerten Hindernis zum vermeintlichen Kollisions-

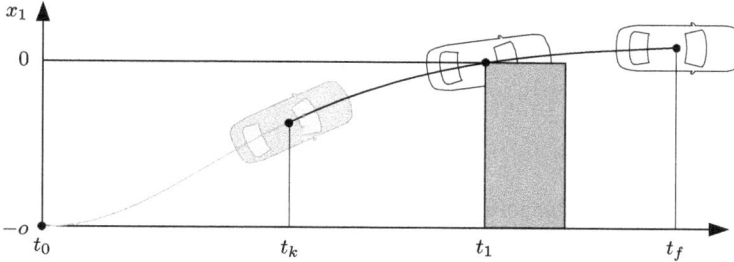

Abb. 6.7: Ausweichvorgang in den Koordinaten der manuellen Ursprungskurve mit erforderlicher Versatzbreite (graues Rechteck) und Endzustand [232].

zeitpunkt, s. Abb. 6.7, und wird später in (6.63a) quantifiziert. Da sich die manuelle Referenzkurve entsprechend über den Fahrzustand zum Aktivierungszeitpunkt t_0 definiert, gilt somit $x_0^T = [-o, 0, 0]$, s. Abb. 6.7.

Ziel ist es nun, den Systemeingang u in jedem Zeitschritt t_k so zu optimieren, dass das Fahrzeug bis zum Zeitpunkt t_1 keine Überlappung mehr mit dem Hindernis aufweist, dieses also sicher passiert, und bis zum Zeitpunkt t_f wieder entlang der manuellen Referenz ausgerichtet ist.

Mit Hilfe des Zustandsvektors x und der Systemstellgröße u lässt sich nun das Kostenfunktional

$$ J = \int\limits_{t_k}^{t_f} l(\boldsymbol{x}(t), u(t))\mathrm{d}t + \tilde{V}(\boldsymbol{x}(t_1), \boldsymbol{x}(t_f)) \tag{6.58} $$

definieren, welches neben den Integralkosten l jetzt auch die Punktkosten $\tilde{V}$ beinhaltet. Erstere sind gegeben durch

$$ l(\boldsymbol{x}(t), u(t)) = \frac{1}{2}\left[\boldsymbol{x}(t)^T \boldsymbol{Q} \boldsymbol{x}(t) + ru^2(t)\right], $$

$$ \boldsymbol{Q} = \mathrm{diag}(0, q_2, q_3), \quad r := 1. $$

Da x_2 die Ableitung $\dot{d}_r$ darstellt, bestraft $q_2 > 0$ hierbei die quadratische Versatzgeschwindigkeit. Aufgrund des Integrals in (6.58) werden damit kleine Versatzbreiten für den gesamten Ausweichvorgang bevorzugt. Die Kostenparameter $q_3 > 0$ und $r := 1$ wiederum führen zu einer Vermeidung großer Versatzbeschleunigungsquadrate $(\ddot{d}_r)^2$ und -ruckquadrate $(\dddot{d}_r)^2$, sodass die Fahrphysik und die Fahrzeuginsassen nicht unnötig strapaziert werden.

Anstelle „harter" Nebenbedingungen an die Trajektorie wird das gewünschte Verhalten am internen Randpunkt t_1 und am Endpunkt t_f über quadratische Punktkosten

$\tilde{V}(\boldsymbol{x}(t_1), \boldsymbol{x}(t_f))$ der Form

$$\tilde{V}(\boldsymbol{x}_1, \boldsymbol{x}_f) = \frac{1}{2} \left[\boldsymbol{x}_1^\mathsf{T} \boldsymbol{S}_1 \boldsymbol{x}_1 + \boldsymbol{x}_f^\mathsf{T} \boldsymbol{S}_f \boldsymbol{x}_f \right], \tag{6.59}$$

$$\boldsymbol{S}_1 = \mathrm{diag}(s_{11}, 0, 0), \quad \boldsymbol{S}_f = \mathrm{diag}(0, s_{22}, s_{33}), \tag{6.60}$$

mit $\boldsymbol{x}_1 = \boldsymbol{x}(t_1)$ und $\boldsymbol{x}_f = \boldsymbol{x}(t_f)$ herbeigeführt. Ein großes $s_{11} > 0$ stellt sicher, dass das Fahrzeug das Hindernis möglichst genau mit dem vorgegebenen Sicherheitsabstand passiert ($x_1(t_1) \approx 0$); am Manöverende hingegen erzwingen große $s_{22} > 0$ und $s_{33} > 0$, dass das Fahrzeug keine merkliche Relativgeschwindigkeit und -beschleunigung zur manuellen Ursprungskurve mehr aufweist. Die Endposition wird nicht vorgeschrieben, damit das Fahrzeug nicht wieder hinter dem Hindernis einschert, wofür keine verlässliche Sensorinformation verfügbar ist und wo sich das nächste Hindernis befinden kann.

6.4.2 Lösung des Optimalsteuerungsproblems

Wie bereits in Abschn. 6.3.2 folgt aus (6.12) unmittelbar für t_f die Endbedingung

$$\boldsymbol{P}(t_f) = \boldsymbol{S}_f, \tag{6.61}$$

s. Gleichung (6.55). Im Unterschied dazu teilt nun der interne Randpunkt in t_1 den Optimierungshorizont in zwei Teilintervalle $[t_0, t_1)$ und $[t_1, t_f]$. Die Lösung der Differentialgleichung (6.54) für $\boldsymbol{P}(t)$ erfordert demnach eine weitere Anfangsbedingung, die sich aus der Transversalitätsbedingung (6.15) zu

$$\frac{\partial \tilde{V}}{\partial \boldsymbol{x}_1} - \boldsymbol{\lambda}(t_1^-) + \boldsymbol{\lambda}(t_1^+) = \mathbf{0}$$

ergibt. Mit (6.53) wird nämlich $\boldsymbol{S} \boldsymbol{x}_1 - \boldsymbol{P}(t_1^-)\boldsymbol{x}_1 + \boldsymbol{P}(t_1^+)\boldsymbol{x}_1 = \mathbf{0}$ erhalten und damit gilt

$$\boldsymbol{P}(t_1^-) = \boldsymbol{P}(t_1^+) + \boldsymbol{S}_1.$$

Mit anderen Worten: $\boldsymbol{P}(t)$ springt zum Zeitpunkt t_1 um die internen Punktkosten $\boldsymbol{S}_1$ und entspricht am Ende der Trajektorie den Endkosten $\boldsymbol{S}_f$. Damit lässt sich durch Rückwärtsintegration die matrixwertige Funktion $\boldsymbol{P}(t)$ für $t \in [t_0, t_f]$ numerisch berechnen, was genauer im nächsten Abschnitt beschrieben wird.

Zuvor muss jedoch noch ein Sonderfall behandelt werden, der vor allem beim aktiven Mitlenken des Fahrers zum Tragen kommt. Das Optimierungsziel in (6.59) ist nämlich, dass das Fahrzeug zum Zeitpunkt t_1 möglichst genau den seitlichen Sicherheitsabstand zum Hindernis einhält. Lenkt jetzt der Fahrer eigenständig mit größerem Sicherheitsabstand als parametriert am Hindernis vorbei, versetzt eine Störung das Fahrzeug etwas weiter vom Hindernis weg als zunächst geplant oder zieht sich die

Prädiktion des Hindernisses aus dem Fahrschlauch zurück (z.B. weil der Fußgänger stehenbleibt), dann würden die Punktkosten (6.59) dazu führen, dass das Fahrzeug wieder zum Hindernis „hingezogen" wird. Um das zu verhindern, muss eine einfache Fallunterscheidung durchgeführt werden: Führt die Trajektorie unter Berücksichtigung des links (rechts) zu passierenden Hindernisses zu einem größeren (kleineren) Ruck u als ohne Hindernis, dann ist der Ausweichtrajektorie zu folgen. Andernfalls ist das Hindernis im aktuellen Zeitschritt zu ignorieren und die Stellgröße der Optimierung ohne Hindernis zu verwenden.

Die Trajektorie ohne Hindernis kann hierbei wie die im Folgenden beschriebene Trajektorie mit Hindernis generiert werden, indem lediglich die Punktkosten für t_1 der Nullmatrix gleichgesetzt werden, d.h.

$$\tilde{S}_1 = 0 \,,$$

und das klassische LQ-Problem mit endlichem Optimierungshorizont gelöst wird.

6.4.3 Rückwärtsintegration und Zeittransformation

Wie bereits im vorhergehenden Abschnitt erwähnt, kann $P(t)$ durch numerische Rückwärtsintegration[8] gelöst werden. Entsprechend Tabelle 6.1 wird hierbei ausgehend von den Endkosten zum Zeitpunkt t_f die Riccati-Differentialgleichung (6.54) rückwärts integriert. Zum Zeitpunkt t_1 werden dann die Punktkosten hinzuaddiert bis schließlich t_0 erreicht wird. Für das Stellgesetz (6.56) kann daraus direkt die $K(t)$-Matrix bestimmt werden.

Diese Berechnung stellt keinen übermäßigen Rechenaufwand dar, der ein Lösen zur Laufzeit verbietet, vgl. [18, 75]. Jedoch kann bei festem $t_{12} := t_f - t_1$, also der Stabilisierungszeit zwischen Passieren des Hindernisses und der Übergabe an den Fahrer, die $K(t)$-Matrix durch eine geeignete Zeittransformation vorberechnet werden, sodass sich der Online-Rechenaufwand auf den eines gewöhnlichen Zustandsreglers reduziert.

Hierzu wird die bereits in Abschn. 2.5.2 eingeführte time-to-collision T_{tc} herangezogen. Da es aufgrund des Ausweichmanövers zu keiner Kollision kommt, beziffert sie hier die verbleibende Zeit des auf die ursprüngliche Referenzkurve projizierten Fahrzeugs bis es das Hindernis berührt, s. Abb. 6.6. Mit dem vermeintlichen Kollisionszeitpunkt t_1 ergibt sich somit

$$T_{tc} := t_1 - t_k \,.$$

Die Vorberechnung der Matrix $K(T_{tc})$ muss jetzt lediglich für den Bereich zwischen $T_{tc} = t_1 - t_f$, also dem für alle Ausweichmanöver gemeinsamen Übergabezeitpunkt an

---

8 Zur Verwendung von Standard-DGL-Solvern muss das matrixwertige Differentialgleichungssystem (6.54) in ein vektorwertiges umgeschrieben und der rückwärtslaufenden Zeit Rechnung getragen werden.

Tab. 6.1: Berechnungen der K-Matrix des LQ-Optimierungsproblems.

---

1) Parametrierung
- Wahl der Kostenwichtungsfaktoren $q_2, q_3, s_{11}, s_{22}, s_{33}$
- Festlegung der Zeitpunkte t_0, t_1, t_f

2) Rückwärtsintegration bis zum Hindernis
  DGL (6.54) mit $P(t_f) = S_f$, $\quad \tau \in [t_1, t_f]$

3) Rückwärtsintegration ab Hindernis
  DGL (6.54) mit $P(t_1^-) = P(t_1^+) + S_1$, $\quad \tau \in [t_0, t_1)$

4) Berechnung der Verstärkungsmatrix
  $K(\tau) = r^{-1} \boldsymbol{b}^\mathsf{T} P(\tau)$, $\quad \tau \in [t_0, t_f]$

---

den Fahrer nach der vermiedenen Kollision, und einer T_{tc}, oberhalb derer überhaupt keine Auslösung der Funktion in der Praxis mehr auftritt, analog Tabelle 6.1 durchgeführt werden.

6.4.4 Zustandstransformation für unterlagerte Folgeregelung

Um auf eine absolute Eigenlokalisierung zu verzichten, etwa über GPS oder Landmarken, kann nach Aktivierung des Systems in jedem Schritt die Position und Bewegungsrichtung des Fahrzeugs durch Koppelnavigation, s. Abschn. 2.4.2.1 näherungsweise bestimmt werden. Anschließend müssen dann der Abstand und die Ausrichtung zur Referenzkurve errechnet werden. Wird hierfür direkt die Relativbewegung

$$\dot{d}_r = v \sin \Delta\theta, \qquad\qquad d_r(t_0) = 0 \qquad\qquad (6.62a)$$

$$\Delta\dot{\theta} = v \left[\kappa - \frac{\cos \Delta\theta}{1 - d_r \kappa_r} \kappa_r \right], \qquad\qquad \Delta\theta(t_0) = 0 \qquad\qquad (6.62b)$$

vom Fahrzeug zur Referenzkurve, s. z.B. [215], mit Differenzkurswinkel $\Delta\theta = \theta - \theta_r$ und Fahrgeschwindigkeit v herangezogen, erfolgt das in einem Schritt. Hierzu ist eine Schätzung der Kurskrümmung $\kappa(t)$ des Fahrzeugs mittels der ESP-Serieninertialsensorik erforderlich. Die geschätzte Istkrümmung wird auch zum Zeitpunkt der Aktivierung t_0 für die Referenzkurve übernommen, d.h. $\kappa_r = \kappa(t_0) = \text{const.}$, s. Abb. 6.6.
  Die Transformation in den Systemzustand $\boldsymbol{x}^\mathsf{T} = [x_1, x_2, x_3]$ der Optimierung ist dann gegeben durch

$$x_1 = d_r - \underbrace{(d_{\text{obs}} + d_s + \tfrac{1}{2}(b + b_{\text{obs}}))}_{:=o} \qquad\qquad (6.63a)$$

$$x_2 = \dot{d}_r = v \sin \Delta\theta \qquad\qquad (6.63b)$$

$$x_3 = \ddot{a}_r = v \cos \Delta\theta \cdot \Delta\dot\theta + \dot v \sin \Delta\theta$$

$$= v^2 \cos \Delta\theta \left[\kappa - \frac{\cos \Delta\theta}{1 - d_r \kappa_r} \kappa_r \right] + a \sin \Delta\theta \tag{6.63c}$$

wobei d_{obs} die Querposition des Hindernisses zur Referenzkurve zum vermeintlichen Kollisionszeitpunkt, d_s den Sicherheitsabstand und b bzw. b_{obs} die Breite des Eigenfahrzeugs und des Hindernisses bezeichnen. Die Fahrzeugbeschleunigung in Bewegungsrichtung ist wiederum gegeben durch $a = \dot v$.

In der Praxis hat sich die asymptotische Stabilisierung der Fahrkrümmung κ durch einen unterlagerten Lenkregler bewährt, s. Abschn. 3.3.3. Damit das hierzu notwendige Referenzsignal $\kappa_d(t)$ stetig verläuft, wird zunächst ein $x_{3,d}$ durch Integration der virtuellen, optimierten Stellgröße u^* bestimmt, d.h.

$$\dot x_{3,d} = u^*, \quad x_{3,d}(t_0) = 0,$$

und der Optimierung selbst wiederum als Systemzustand $x_3 = x_{3,d}$ zurückgeführt, vgl. auch Abb. 3.10 auf S. 66. Mit $\kappa = \kappa_d$ und (6.63c) wird nach Auflösen dann sofort die umzusetzende Referenzkrümmung

$$\kappa_d = \frac{x_{3,d} - a \sin \Delta\theta}{v^2 \cos \Delta\theta} + \frac{\cos \Delta\theta}{1 - d_r \kappa_r} \kappa_r. \tag{6.64}$$

erhalten. Der Gesamtablauf des Algorithmus kann Abb. 6.8 entnommen werden.

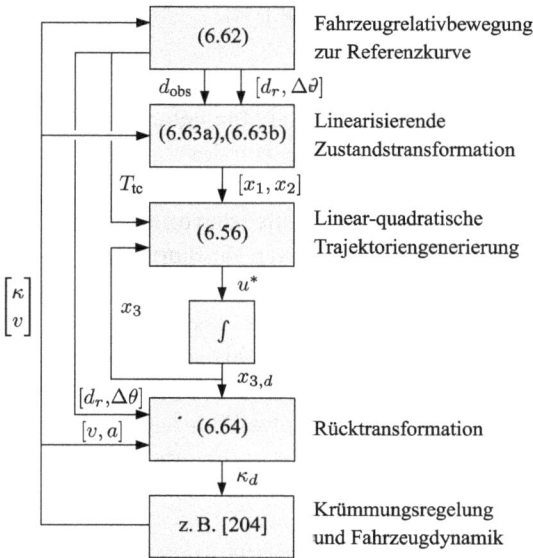

Abb. 6.8: Aufbau der Riccati-basierten Trajektorienplanung [232].

6.4.5 Implementierung und Evaluation im Realversuch

Für den Funktionsnachweis wurden die Algorithmen der Trajektorienoptimierung und Krümmungsregelung in Simulink/Embedded Matlab implementiert. Sie laufen auf einer dSpace Autobox mit einer Zykluszeit von 10 ms, von der die für die Optimierung erforderlichen Rechenoperationen nur einen Bruchteil beanspruchen. Die Fußgängerdetektion und -klassifikation erfolgt über Kamera, s. schwarzer Kasten rechts neben dem Rückspiegel in Abb. 6.9.

Abb. 6.9: Fahrzeuginnenansicht bei der Anfahrt auf Fußgängerattrappe [232].

Zur Visualisierung des Fahrversuchs stellt Abb. 6.10 vier Momentaufnahmen der Fahrzeugdraufsicht dar. Die detektierte Größe und Position von der stationär[9] installierten Fußgängerattrappe werden durch den dunkelgrauen Kreis repräsentiert. Die beiden hellgrauen Linien zu beiden Seiten des Fahrzeugs stellen den unter Berücksichtigung der Fahrkrümmung und der Außenspiegel prädizierten Fahrkorridor zum Zeitpunkt der Systemaktivierung (schwarzer Punkt) dar. Die optimierte Trajektorie wird zur verbesserten Darstellung durch numerische Simulation des idealen Systemverhaltens als Reaktion auf das optimale Stellgesetz bestimmt und als schwarze Linie gezeichnet.

Die zu den vier Instantanaufnahmen zugehörigen Signalverläufe der Trajektorienoptimierung werden in Abb. 6.11 dargestellt. Hierbei wird die optimierte Trajektorie in

---

9 Die korrekte Funktionsweise des Gesamtsystems wurde ebenfalls mit einem dynamischen Hindernis nachgewiesen. Der dafür erforderliche Prüfstand ist allerdings nicht für die hier demonstrierte Kurvenfahrt geeignet.

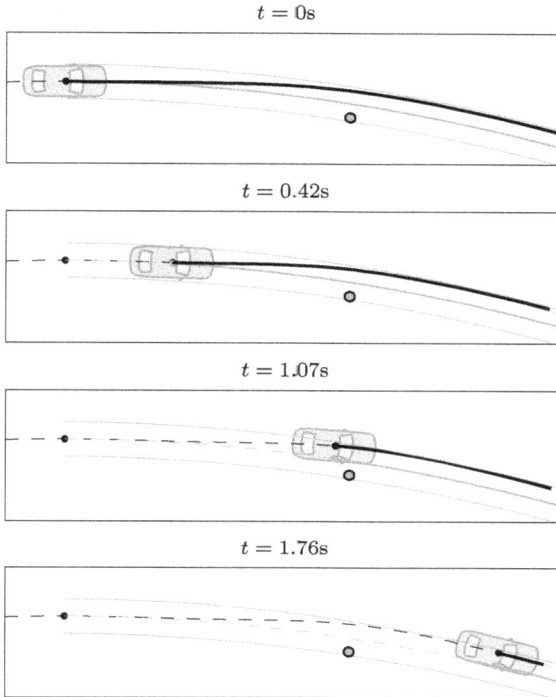

Abb. 6.10: Vogelperspektive auf Fahrzeug und Fußgänger (dunkelgrauer Punkt) mit optimierter Ausweichtrajektorie (schwarz) und Referenzkorridor (durchgezogen, grau) zu verschiedenen Zeitpunkten [232].

schwarz, die tatsächliche, zukünftige Trajektorie in grau und die tatsächlich gefahrene Trajektorie gestrichelt gezeichnet.

Der sich durch das automatische Ausweichmanöver ergebende Winkelverlauf des Lenkrads $\delta_h(t)$ und die Querbeschleunigung $a_q(t)$ sind Abb. 6.12 zu entnehmen.

Zu Versuchsbeginn bewegt sich das manuell gesteuerte Fahrzeug entlang einer Rechtskurve auf den Fußgänger mit etwas über 40 km/h zu. Sobald die T_{tc} den parametrierten Schwellwert von einer Sekunde unterschreitet, aktiviert sich das System[10] (s. oben in Abb. 6.10) und greift in die Lenkung ein, da es für eine kollisionsvermeidende Bremsung zu spät ist. Der kurvenäußere Punkt des Fußgängers ragt zu diesem Zeitpunkt etwa einen halben Meter in den Fahrkorridor, sodass sich zur Vermeidung der Fußgängerkollision mit Sicherheitsabstand eine erforderliche Versatzbreite von 0.75 m ergibt. Diese wird durch ein zügiges automatisches Aus- und Gegenlenken

---

10 Zur Simulation eines plötzlich die Fahrbahn betretenden Fußgängers wird bis zu dem Zeitpunkt das Kamerasignal unterdrückt, sodass das Fahrzeug nicht frühzeitig die Situation durch Bremsen entschärft.

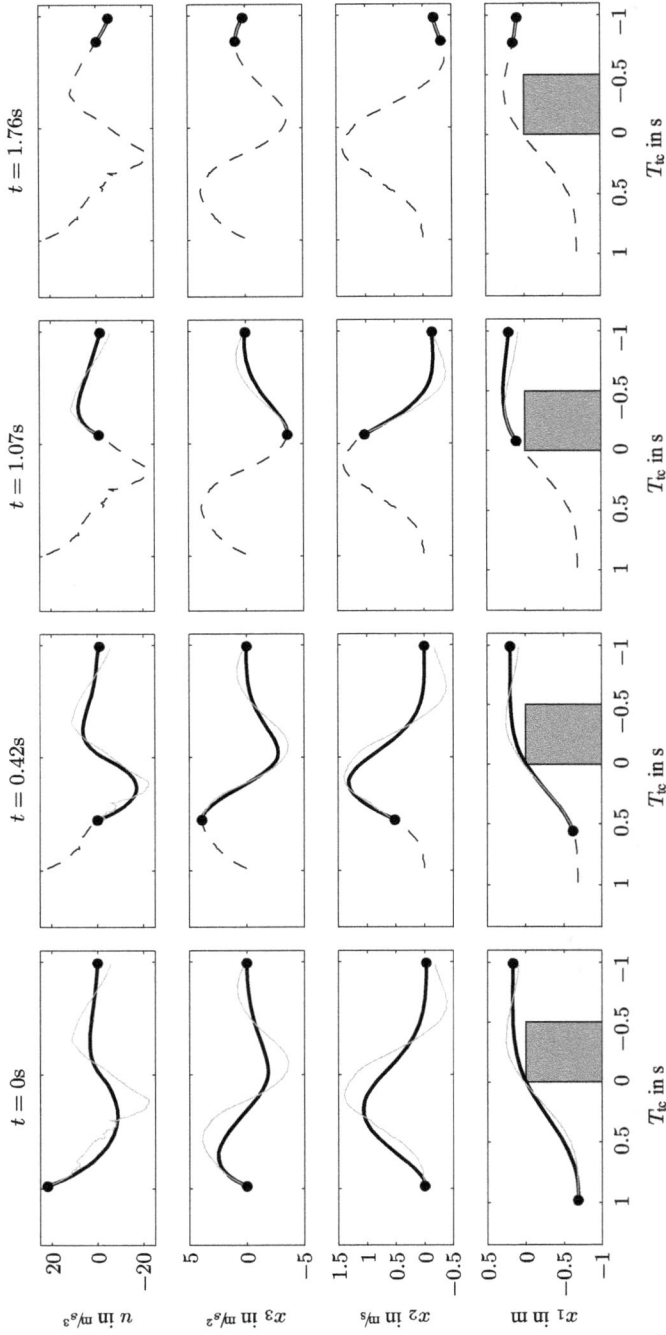

Abb. 6.11: Zustandsverläufe der Trajektorienplanung mit optimierter Trajektorie (schwarz), tatsächliche, zukünftige Trajektorie (grau) und tatsächlich gefahrene Trajektorie (grau gestrichelt) zu den in Abb. 6.10 dargestellten Zeitpunkten [232].

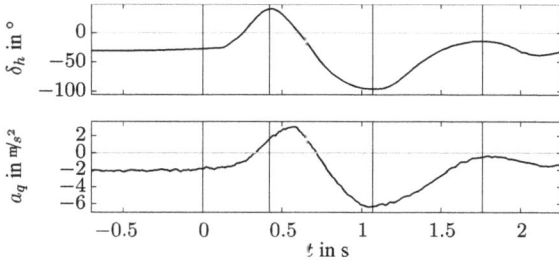

Abb. 6.12: Lenkradwinkel- und Querbeschleunigungsverlauf des ausweichenden Fahrzeugs; die vertikalen Linien markieren die in Abb. 6.10 dargestellten Zeitpunkte [232].

(s. δ_h-Signal in Abb. 6.12) bis zum Zeitpunkt $T_{tc} = 0$ auf wenige Zentimeter genau realisiert (s. x_1-Signal in Abb. 6.11). Da eine Stabilisierungsdauer von $t_f - t_1 = 1.0$ s parametriert ist, nutzt das System die Zeit, durch ruhiges Lenken den Fahrzustand entsprechend der manuellen Ursprungskurve zu stabilisieren, s. Abb. 6.12 bei $t = 2.0$ s.

Obwohl der unterlagerte Regelkreis die Krümmungssollvorgabe der Trajektorienoptimierung nicht sonderlich genau[11] umsetzt, s. Diskrepanz zwischen geplantem (schwarz) und tatsächlichen Verlauf (grau) vom x_3-Signal in Abb. 6.11 zum ersten Zeitpunkt, wird dem Fußgänger sicher ausgewichen und das Fahrzeug zuverlässig stabilisiert. Grund hierfür ist die kontinuierliche Optimierung, welche permanent auf die Punktvorgaben für t_1 und t_f regelt. Wie dem Zeitpunkt $t = 1.07$ s zu entnehmen ist, wird hierbei kurz vor Erreichen des Zeitpunkts $T_{tc} = 0$ aufgrund der bereits aufgebauten Versatzgeschwindigkeit das Hindernis ignoriert und direkt auf den Zielzustand umgeschaltet, s. Ende Abschn. 6.4.2. Kann darüber hinaus während des Ausweichvorgangs die Fahrzeugsensorik den Fußgänger weiter verfolgen, so muss nicht, wie im vorliegenden Fall,[12] an der Messinformation zu Manöverbeginn festgehalten werden. Die Neuplanung berücksichtigt dann automatisch in jedem Zeitschritt die aktualisierte Fußgängerprädiktion, sodass die Versatzbreite automatisch angepasst wird und das Fahrzeug auch wirklich nur so viel ausweicht wie zur Kollisionsvermeidung notwendig.

Zusammenfassend kann festgehalten werden, dass zur Vermeidung von Fußgängerkollisionen ein Verfahren vorgestellt wird, das die Ausweichtrajektorienplanung als linear-quadratisches Optimalsteuerungsproblem formuliert und effizient löst.

Unter Prädiktion der Fahrzeuglängs- und Fußgängerbewegung wird das Planungsproblem relativ zur ursprünglichen manuellen und i. Allg. gekrümmten Fahrkurve for-

---

11 Gründe hierfür sind in der praktischen Anwendung neben Parameterschwankungen vor allem die Fahrerhände am Lenkrad.

12 Die eingesetzte Sensorik kompensiert die mit einem Ausweichmanöver einhergehende Gier- und Wankbewegung nicht ausreichend genau, sodass in der vorliegenden Implementierung lediglich dem letzten Messwert vor dem Ausweichmanöver vertraut wird.

muliert. Dadurch stellt sich die Querbewegung als lineares Integratorsystem dar. Um die Fahrerirritation klein zu halten, darf der Eingriff nur auf einem endlichen Horizont erfolgen, sodass dies von vornherein im Optimierungskriterium berücksichtigt werden muss. Das Optimierungskriterium selbst setzt sich aus zu minimierenden quadratischen Integralkosten bestehend aus Querruck, Quergeschwindigkeit und Querbeschleunigung sowie quadratischen Punktkosten zur Einhaltung des Sicherheitsabstands zum Hindernis und des Fahrzustands am Manöverende zusammen.

Insgesamt ergibt sich so ein linear-quadratisches Optimierungsproblem, welches ähnlich zur Riccati-Regelung mit endlichem Optimierungshorizont effizient gelöst werden kann. Durch Parametrierung des Problems über der verbleibenden Zeit bis zum Passieren des Hindernisses kann zusätzlich der rechenintensive Teil der Optimierung vorberechnet werden, sodass sich zur Laufzeit der Rechenaufwand in jedem Zeitschritt auf die Auswertung eines Matrix-Vektor-Produkts reduziert, was bei einer Planungsfrequenz von 100 Hz die Echtzeitfähigkeit des Verfahrens bereits auf heutigen Steuergeräten sicherstellt. Die durchgeführten Realversuche mit einer Fußgängerattrappe belegen darüber hinaus die hohe Genauigkeit und Robustheit des optimalen Regelkreises, was auf die permanente Berücksichtigung des Systemzustands in der Optimierung zurückzuführen ist.

6.5 Bewertung

Auf den ersten Blick erscheint die indirekte Optimierungsmethodik bereits für einfache Problemstellungen sehr aufwändig. Im Unterschied zur direkten Methodik, bei der das Problem „vorwärts" implementiert wird und dem Rechner zur Laufzeit die Optimierung der Zustands- und Stellgrößenverläufe überlassen wird, ist bei der indirekten Methode das Optimierungsproblem vorab in ein Randwertproblem überzuführen, was je nach Aufgabenstellung mehr oder weniger „Handarbeit" erfordert. Für elementare Standardmanöver, bei denen das Fahrzeug als Punktmasse modelliert wird, können jedoch geschlossene Lösungen gefunden werden, deren Berechnung zur Programmlaufzeit einen minimalen Aufwand bedeutet. Das ermöglicht die effiziente Einbettung der Elementarmanöver in übergeordnete Optimierungsroutinen mit vielfältigen Einsatzmöglichkeiten. So werden in [234] die in Abschn. 6.1.3 hergeleiteten Optimaltrajektorien zur Berechnung quer-längs-gekoppelter Manöver zwischen beweglichen Hindernissen herangezogen, indem durch geeignetes Sampling über eine Vielzahl möglicher Zielzustände und Endzeitpunkte optimiert wird. In leicht abgeänderter Form findet der Algorithmus auch Anwendung bei der Prädiktion von Fremdfahrzeugen [93] und der Simulation ganzer Verkehrsflüsse [219].

Des Weiteren stellen schnell berechenbare Elementarlösungen geeignete Distanzmaße dar [188], um bei der gerichteten Suche in Abschn. 4.2.3 als Heuristik das Auffinden der Optimallösung enorm zu beschleunigen, s. hierzu Kap. 4.

Die Aufgabenstellung kann darüber hinaus durch zusätzliche Nebenbedingungen für interne Randpunkte, Zustände oder Eingänge an weitere praktische Anforderungen angepasst werden, wenn auch mit ungleich größerem Aufwand als bei den direkten Methoden. Das hat aber zur Folge, dass in den allermeisten Fällen, wie auch in Abschn. 6.2.4, die hinzukommenden algebraischen Gleichungen numerisch gelöst werden müssen, was den Online-Rechenaufwand erhöht, insbesondere wenn Lösungen (der nur notwendigen Gleichungen) auftreten, die nicht Lösung des Optimalsteuerungsproblems sind.

Beim Entwurf neuer Fahrfunktionen steht der Entwickler folglich vor der Aufgabe zu entscheiden, ob aus der übergeordneten Problemstellung elementare Teilaufgaben isoliert werden können, die sich so übersichtlich darstellen, dass die indirekte Methodik gewinnbringend eingesetzt werden kann. Falls dann der Weg über die indirekte Methodik eingeschlagen wird, sich aber neue Anforderungen ergeben, so verbleibt immer noch die Möglichkeit, die Aufgabenstellung mit geeignet gewählten internen Randpunkten und weiterer Nebenbedingungen anzupassen.

Insbesondere bei nichtlinearen Problemen ist es schwierig, die Hamilton-Differentialgleichung geschlossen zu lösen, sodass der Ingenieur dann darauf angewiesen ist, das Randwertproblem numerisch zu lösen (vgl. Abschn. 5.2). Als indirekte Optimierungsmethoden existieren hierzu Diskretisierungs-, Schieß- oder Gradientenverfahren (s. [154] und für die praktische Umsetzung z.B. [77]). Da die Verfahren noch nicht den Bekanntheitsgrad der direkten Methode genießen, verwundert es nicht, dass zurzeit keine Anwendungen im Fahrzeugumfeld bekannt sind, sodass auf deren Darstellung verzichtet wird. Angesichts der Tatsache, dass die genannten Verfahren i. Allg. keine Zusatzsoftware (wie etwa Sequentielle Quadratische Programme bei der direkten Methode) erfordern, die eine Zertifizierung des Fahrerassistenzsystems erschwert, besteht hier Forschungsbedarf.

7 Empfehlungen für den Entwurf optimaler Fahreingriffe

Dieses Kapitel gibt eine kurze Zusammenstellung wichtiger Empfehlungen für den Entwurf und die Entwicklung optimaler Fahreingriffe. Im Unterschied zu den vorangegangen Kapiteln, die einen Schwerpunkt auf die mathematischen Zusammenhänge der verschiedenen Entwurfsmethodiken legen, basieren die nachfolgenden kapitelübergreifenden Empfehlungen auf in der erfolgreichen Praxis wiederkehrende Muster, welche auch als Erfolgsmethoden („best-practices") bezeichnet werden. Sie wurden bereits im Rahmen von [230] veröffentlicht.

7.1 Kombination der Optimierungsmethoden

Bei Betrachtung der Dynamischen Programmierung aus Kap. 4 und der Direkten Optimierung aus Kap. 5 ist zusammenfassend festzuhalten, dass die beiden Herangehensweisen orthogonale Leistungsvermögen aufweisen, siehe Tab. 7.1. Die Dynamische Programmierung leidet bekanntermaßen unter dem *Fluch der Dimensionalität* [13, 60], in dem Sinne, dass sie mit Hinblick auf die Anzahl der Systemzustände schlecht skaliert. Ihre direkte Anwendung ist demnach auf Systeme mit wenigen Systemzuständen beschränkt (<3–4), welche auch nur recht grob diskretisiert werden dürfen. In der Direkten Optimierung hingegen können Systemmodelle mit einer große Anzahl (>4) von kontinuierlichen Systemzuständen berücksichtigt und hieraus direkt die kontinuierlichen Systemstellgrößen $u(t)$ bestimmt werden. Im Gegenzug dazu kommt die Direkte Optimierung aufgrund der numerischen Limitierungen (insbesondere lokale Konvergenz) der unterlagerten Optimierung nicht mit beliebigen Kostenfunktionalen zurecht. Darüber hinaus wächst die Laufzeit exponentiell mit der Anzahl der Optimierungsvariablen, sodass die Länge des Optimierungshorizonts auf wenige Sekunden beschränkt bleiben muss. Im Unterschied dazu können in der Dynamischen Programmierung nahezu beliebige Kosten behandelt werden und es wird immer das globale Optimum gefunden. Des Weiteren skaliert die Dynamische Programmierung viel besser in Bezug auf die Länge des Optimierungshorizonts, was sich beispielsweise an der linearen Laufzeit der in Abschn. 4.2.1 vorgestellten Wertiteration verdeutlicht.

Anbetracht dessen ist es bei der Lösung komplexer, vorausschauender Trajektorienoptimierungsaufgaben in der Praxis unabdingbar, die zuvor beschriebenen Optimierungsmethoden vorteilhaft zu kombinieren. Die Lösung der Dynamische Programmierung liefert dann nur einen „groben Plan", der entweder als Referenztrajektorie (siehe z.B. [53, 54, 82]) und/oder als Startlösung für die lokal arbeitende Direkte Optimierungsmethode dient. Letztere berücksichtigt dann ein detailliertes Fahrzeugmodell und verbessert die Lösung der Dynamischen Programmierung auf einem reduzierten Optimierungshorizont hin zu einer physikalisch fahrbaren Trajektorie.

DOI 10.1515/9783110531923-007

Die Optimaltrajektorie wird dann entweder an einen unterlagerten Regelkreis weitergeleitet oder liefert direkt die Fahrzeugstellgrößen. In vielen Fällen sind geschlossene Lösungen der Indirekten Optimierungsmethode dazu geeignet, die Dynamische Programmierung zu beschleunigen. Dies kann z.B. in Form von A*-Heuristiken [225] oder analytischen Expansionen [40] erfolgen, welche beide, salopp gesprochen, die verbleibende Trajektorie bis zum Ziel approximieren, sodass sich insgesamt der rechentechnisch beherrschbare Optimierungshorizont deutlich verlängern kann. Analog hierzu können geschlossene Lösungen der Indirekten Optimierungsmethode auch als approximative Zielkosten bei der Direkten Optimierung herangezogen werden, sodass sich der Optimierungshorizont virtuell verlängert, siehe Abschn. 3.2.1 und Tab. 7.1.

Tab. 7.1: Optimierungsmethoden und deren Kombination im direkten Vergleich.

Methode	Viele Zustände	Kont. Zustände	Glob. Optimum	Langer Horizont
DP	⊖	⊖	⊕	⊕
DO	⊕	⊕	⊖	⊖
DP + DO	⊕	⊕	⊕	⊕
DP + DO + IO	⊕	⊕	⊕	⊕⊕

DP: Dynamische Programmierung; DO: Direkte Optimierung; IO: Indirekte Optimierung.

7.2 Iterativer Funktionsentwurf

Die Software einer guten Fahrerassistenzfunktion entsteht nicht im Büro, wo der Ingenieur alle Eventualitäten im Kopf durchspielt, Anforderungen an eine Implementierung ableitet und diese schließlich programmtechnisch umsetzt. Den allermeisten Herausforderungen wird erstmalig auf dem Testgelände und im Realverkehr begegnet. Häufig wird nämlich die Qualität der Umfeldsensorik überschätzt, sodass in den fahrzeugverhaltensgenerierenden Modulen später ein großer Aufwand entsteht, die Sensorik-Defizite situationsabhängig zu kompensieren. Gleichzeitig stellen sich manche vorhergesagten Probleme als praktisch unbedeutend heraus. Wichtig ist es daher, möglich schnell ein Gefühl für die wirklichen Knackpunkte der betrachteten Aufgabe einschließlich deren Auftretenshäufigkeiten zu entwickeln, um den einfachsten Algorithmus zu entwerfen, der das Hauptproblem zufriedenstellend löst. Trotzdem lässt es sich über die Entwicklungszeit hinweg meist nicht vermeiden, dass neu identifizierte Sondersituationen eine Erweiterung des Algorithmenkerns erfordern (das sogenannten „Anbauen von Balkonen"). An dieser Stelle sei angemerkt, dass es sich bereits in einer frühen Entwicklungsphase lohnt, den gesamten Geschwindigkeitsbereich im Konzept zu adressieren, da geschwindigkeitsabhängige Fallunterscheidungen immer wieder zu ungewollten Effekten führen.

Weiter sei empfohlen, dass sich der Funktionsentwurf auf ein natürliches, menschenähnliches und vorausschauendes Fahrverhalten fokussiert. Dieser zielt nämlich nicht nur auf einen guten Systemkomfort ab, sondern führt zu weniger Irritationen im Straßenverkehr und damit zu einem geringeren Unfallpotential. So viel anspruchsvoller sich die Implementierung einer guten Situationsprädiktion mit einer vorausschauenden Systemreaktion erweisen kann, so stark vereinfacht sich dann möglicherweise der Fahreingriff. Schließlich werden durch eine frühzeitige Reaktion physikalische Grenzbereiche gemieden und das Fahrzeug nur im gut beherrschbaren, linearen Dynamikbereich bewegt. Einen wesentlichen Beitrag zu einem natürlichen Fahrverhalten liefern auch die „weichen" Risikomaße der Verkehrspsychologie, allen voran die *time-to-collision* aus Abschn. 2.5.2, welche in die „harten" Optimierungskriterien, wenn immer möglich, aufgenommen werden sollten.

7.3 Durchgängige Entwicklungstoolkette

Anbetracht des vorhergehenden Abschnitts vermag es widersprüchlich erscheinen, dass die größten Ineffizienzen bei der Entwicklung neuer Fahrerassistenzsysteme erfahrungsgemäß im praktischen Erprobungsbetrieb entstehen. Als Begründung sind die nicht kontrollierbaren und damit nicht reproduzierbaren Eingangsdaten des Realversuchs zu nennen, die eine systematische, effiziente Fehlersuche verhindern. Auch erfordert jeder praktische Fahrversuch einen nicht zu unterschätzenden Vorbereitungs-, Wartungs- und Koordinationsaufwand. Der Schlüssel zu einem effizienten Erprobungsbetriebs ist daher das Aufzeichnen von Eingangsdaten und das Nachstellen der Anwendungsfälle am Büroarbeitsplatz. Die dazu erforderliche Toolkette ist zugegebenermaßen aufwändig zu erstellen, zahlt sich jedoch mittelfristig vielfach aus.

Grundsätzlich kann im Zusammenhang der Toolkette zwischen einem *Open-loop-* und einem *Closed-loop-Test* unterschieden werden, wobei bei ersterem die im Realversuch aufgezeichneten Eingangsdaten dem zu evaluierenden Algorithmus lediglich eingespielt werden, um auf grundlegende Implementierungsfehler in der Trajektorienoptimierung zu stoßen.

Bei einem Closed-loop-Test hingegen wird der Einfluss der Trajektorienoptimierung und unterlagerten Regelung auf die Systemdynamik untersucht, welche wiederum die Eingangsdaten beeinflusst und sich dadurch der Regelkreis schließt. Damit müssen die Fahrzeugreaktion und das -umfeld (rauschbehaftet!) simuliert werden, was einen wesentlich größeren Aufwand gegenüber dem Open-loop-Test darstellt. Die Simulation des Egofahrzeugs und der Fremdobjekte sollte hierbei so einfach wie möglich gehalten, jedoch permanent um die im Realversuch angetroffenen Effekte erweitert werden. Wird letzteres versäumt, beispielsweise durch das hastende Hinarbeiten auf einen festen Demo-Meilenstein im Projekt, wird die Simulation von der Algorithmik „abgehängt" und verliert schnell ihre Bedeutung in der Toolkette, begleitet von großen Effizienzeinbußen.

Des Weiteren ist eine zentrale Visualisierung bei der i. Allg. vorliegenden Datenkomplexität und den unterschiedlichen Evaluationsmodi (Realversuch, Open-loop- und Close-loop-Test) von der ersten Minute an unabdingbar und permanent zu erweitern. Idealerweise liefert sie die Möglichkeit, skriptbasiert Datenplots und Szenenansichten für wissenschaftliche Veröffentlichungen oder die interne Dokumentation zu erstellen und Videos für Präsentationen zu exportieren.

Abschließend sei erwähnt, dass bei umfangreichen Entwicklungsprojekten mit großen Teams, wie sie beim automatisierten Fahren vorzufinden sind, Algorithmen nur im Gesamtsystem getestet und evaluiert werden können. Der Koordinations- und Qualitätssicherungsaufwand ist hier weitaus höher, sodass spezielle Softwaretechniken wie Versionsverwaltung, automatisierte Tests und Softwaremetriken selbstverständlich sind.

8 Zusammenfassung

Die Automation im Fahrzeug wird weiter fortschreiten und unsere Benutzungsgewohnheiten grundlegend wandeln. Wie schnell sich die Entwicklung vollziehen wird, ist aufgrund der gesellschaftlichen und gesetzlichen Einflussnahme auf eine technische Lösung nur schwer abzuschätzen. Einigkeit herrscht jedoch unter den Automobilherstellern und Zulieferern darüber, dass schon jetzt Fahrerassistenzsysteme einen großen Kaufanreiz bieten und die von der Öffentlichkeit wahrgenommene Innovationskraft stärken.

Vor diesem Hintergrund richtet sich die Arbeit vor allem an Entwicklungsingenieure, industrielle Forscher, wissenschaftliche Universitätsmitarbeiter und Promotionsstudenten, die sich automatisierten und assistierenden Fahrfunktionen mit dem Ziel eines sichereren, wirtschaftlicheren und komfortableren Straßenverkehrs widmen. In der Arbeit wird erstmalig ein systematisierter Überblick über die damit verbundenen Aufgabenstellungen, geeignete Problemformulierungen und praxiserprobte Lösungsmethoden gegeben. Zudem liefern neue Fahrfunktionen und Algorithmen anschauliche Erläuterungen zu den größtenteils mathematisch-theoretischen Inhalten.

Eine große Herausforderung beim Entwurf neuer Fahrfunktionen besteht darin, die Wechselwirkungen zwischen Optimierung und Stabilisierung gedanklich zu durchdringen. Dieser Herausforderung wird in Kapitel 2 durch die Algorithmisierung der menschlichen Fahraufgaben über ein modifiziertes Drei-Ebenen-Modell begegnet, was auf einen kaskadierten, modellprädiktiven Regelkreis führt. Als Angelpunkt der Arbeit und im Sinne eines Rahmenwerks berechnet er hierarchisch Fahreingriffe durch das rasch aufeinanderfolgende Lösen von Optimalsteuerungsproblemen. Des Weiteren stabilisiert der Regelkreis das Fahrzeug durch unterlagerte Regelungen robust gegen Störungen und Modellfehler. Darauf bezugnehmend werden gängige Begrifflichkeiten von Regelungstechnikern und Robotikern erläutert – die Hauptprotagonisten aktiver Fahreingriffe – und Gemeinsamkeiten und Unterschiede herausgearbeitet. Die anschließende Beschreibung der wichtigen Randthemengebiete des modellprädiktiven Regelkreises skizziert das große Gesamtbild einer Fahrfunktion und unterstreicht die Wichtigkeit einer interdisziplinären Zusammenarbeit in der Fahrerassistenz.

Kapitel 3 greift die praktischen und theoretischen Errungenschaften der Regelungstechnik auf, die mit der als modellprädiktiver Regelkreisentwurf formulierten Aufgabenstellung verbunden sind. Es erfolgt die mathematische Problemformulierung eines für die Fahraufgabe passenden Optimalsteuerungsproblems, das über ein permanentes Lösen auf den modellprädiktiven Regelkreis führt. Anhand eines anschaulichen Beispiels der Fahrerassistenz werden Realisierbarkeits- und Stabilitätsbetrachtungen vorgenommen, die aufgrund des in der Praxis grundsätzlich beschränkten Optimierungshorizonts für die Fahrzeuganwendung von großem Inter-

DOI 10.1515/9783110531923-008

esse sind. Darauf aufbauend wird ein etabliertes modellprädiktives Regelungsschema vorgestellt, das den Optimierungshorizont gewissermaßen virtuell erweitert, ohne die erforderliche Rechenleistung zu strapazieren.

Den der Praxis anhaftenden Modellunsicherheiten und Störungen wird bei der anschließenden Robustheitsbetrachtung mit dem Einsatz unterlagerter Regelungen begegnet. Typischerweise wird in der Regelungstheorie die optimierte Eingangsgröße direkt gestellt oder aber die optimale Trajektorie als Referenzsignal einer nachfolgenden Trajektorienfolgeregelung zugeführt. Damit wird die Strecke entweder über die Optimierung oder die Folgeregelung stabilisiert. Das vorgestellte neuartige Zustandsrückführungskonzept hingegen basiert auf der Einbettung eines klassischen Reglers in den modellprädiktiven Regelkreis. Damit kann die Stabilisierung der Systemzustände gezielt auf die Optimierung und die unterlagerte Regelung verteilt werden, um flexibel den praktischen Anforderungen in Bezug auf Störverhalten, Zykluszeit und Modularität Rechnung zu tragen. Die beschriebene Herangehensweise ist keinesfalls auf die Fahrzeuganwendung beschränkt, spielt aber gerade dort ihre Überlegenheit aus.

Zur praktischen Umsetzung eines modellprädiktiven Regelkreises ist der entscheidende Faktor das hinreichend schnelle Lösen des Optimalsteuerungsproblems während der Laufzeit. Die drei dazu bekannten, grundverschiedenen Herangehensweisen werden in den verbleibenden Kapiteln vorgestellt und anhand von für die Fahrzeuganwendung geeigneten Algorithmen und Verfahren anschaulich erläutert.

Kapitel 4 stellt das Prinzip der Dynamischen Programmierung vor, das als einziges eine globale Lösung für kombinatorisch anspruchsvolle Problemstellungen findet und daher in einer hierarchischen Optimierung ganz zu Beginn einzusetzen ist. Zur Anwendung muss das Optimalsteuerungsproblem sowohl in der Zeit als auch in der Stellgröße diskretisiert werden, sodass ein vielstufiger Entscheidungsprozess entsteht. Wird zusätzlich die Diskretisierung so gewählt, dass unterschiedliche Stellgrößenkombinationen auf dieselben Zustandswerte führen, dann kann über das Optimalitätsprinzip von Bellman das Problem sehr effizient durch Rekursion gelöst werden. Die unterschiedlichen Verfahren bringen jedoch allesamt zwei große Nachteile mit sich. Sie skalieren sehr schlecht mit der Größe des Systemzustandsvektors einerseits, und die erforderliche Diskretisierung der Stellgröße führt auf ein ungewolltes Steuerverhalten andererseits. Damit können nur wenige Systemzustände des Fahrzeugs, etwa die Position und Orientierung, berücksichtigt werden und es bedarf einer anschließenden Feinoptimierung auf Basis der anderen Optimierungsmethoden.

Die in Kapitel 5 vorgestellten direkten Optimierungsmethoden basieren darauf, das Optimalsteuerungsproblem durch ein statisches Optimierungsproblem zu approximieren, sodass nur noch über eine endliche Anzahl von Parametern optimiert werden muss. Die Approximation kann über eine zeitliche Problemdiskretisierung erfolgen, sie muss es aber nicht. Der große Vorteil der Methodik besteht jedoch darin, dass der Parametervektor aus kontinuierlichen Werten besteht, sodass Diskretisierungseffekte eine untergeordnete Rolle spielen. Als nachteilig erweist sich die lokale Natur der statischen Optimierungsverfahren, die eine hinreichend gute Startlösung benötigen.

Für komplexe Aufgabenstellungen sind die direkten Optimierungsmethoden folglich mit der dynamischen Programmierung zu kombinieren.

In Kapitel 6 wird schließlich die dritte, auf dem Maximumprinzip von Pontryagin basierende Optimierungsmethodik vorgestellt, die im Rahmen der Arbeit als indirekte Trajektorienoptimierungsmethode bezeichnet wird. Sie leitet sich aus der Variationsrechnung her und verzichtet gänzlich auf eine Approximation des Optimalsteuerungsproblems. Jedoch stellt sie sich als vergleichsweise unflexibel in Anbetracht der für die Fahrzeuganwendung wichtigen Nebenbedingungen heraus. Für stark vereinfachte Problemstellungen liefert sie, neben tiefen Einblicken in die Problemstruktur, quasianalytische Lösungen. Sie können häufig als Kostenabschätzung in die Dynamische Programmierung und direkte Optimierungsmethodik eingebettet werden, um dort für eine drastische Beschleunigung der Rechenzeit bzw. für eine Erweiterung des Optimierungshorizonts zu sorgen. Für simple Anwendungsfälle liefert sie recheneffiziente Lösungen, die bereits auf heutigen Steuergeräten im Millisekundenbereich ausgeführt werden können.

Kapitel 7 stellt zusammenfassend die wesentlichen Eigenschaften der Optimierungsmethoden gegenüber und gibt Empfehlungen zu deren Kombination bei besonders herausfordernden dynamischen Optimierungsaufgaben, wie sie beim hochautomatisierten Fahren anzutreffen sind. Des Weiteren werden allgemeingültige Erfolgsmethoden für den Neuling auf dem Themengebiet beschrieben, die auf eine effiziente Erprobung neuer Algorithmen abzielen. Hierzu zählen die Realisierung kurzer Iterationsschleifen und die Schaffung einer durchgängige Entwicklungstoolkette, die im Zusammenspiel mit dem mathematischen Grundwissen der vorhergehenden Kapitel für einen schnellen Projektfortschritt unabdingbar sind.

Die wesentlichen Ergebnisse der Arbeit sind:

- Eingehende Beschreibung der automatischen Fahraufgabe als modellprädiktiver Regelkreis, der als Entwurfsmuster für moderne Assistenzsysteme mit aktiven Fahreingriffen heranzuziehen ist
- Übersichtsartige Darstellung der Grundfunktionsweisen der Module der Fahrzustands- und Umfelderfassung sowie der Aktuatorik einschließlich der in der Praxis etablierten Schnittstellen zur zentralen Fahrerassistenzfunktion
- Verdeutlichung der Herausforderungen und Vorstellung von Lösungsansätzen hinsichtlich Durchführbarkeits-, Stabilitäts- und Robustheitseigenschaften modellprädiktiver Fahreingriffe
- Didaktisch aufbereitete Darstellung moderner Manöveroptimierungsmethoden der dynamischen Optimierung, Vermittlung der dazugehörigen Mathematikgrundlagen in einer vereinheitlichten Beschreibung und deren Bewertung hinsichtlich Anwendbarkeit in der Praxis
- Erläuterung der theoretischen Methoden anhand einer Vielzahl von Praxisbeispielen, die über die Kapitel verteilt die hohe Praxisrelevanz der behandelten Thematik unterstreichen

Es verbleibt darauf hinzuweisen, dass die technische Entwicklung auf dem Gebiet der Fahrzeugautomatisierung aktuell eine bemerkenswerte Geschwindigkeit aufweist. Mit jeder neuen Fahrzeuggeneration kommen Assistenzsysteme mit einer verbesserten oder gänzlich neuen Sicherheits- oder Komfortfunktion auf den Markt. Das nächste große Ziel stellt die Hochautomatisierung auf Autobahnen dar, bei der der Fahrer die Fahrzeit produktiv nutzen kann, da er das System nicht mehr dauerhaft überwachen muss. Die technische Marktreife einer solchen Technologie wird ab 2020 erwartet [29].

Parallel zu den technischen Voraussetzungen muss dringend an der Schaffung eines rechtlichen Rahmenwerks gearbeitet werden, das es langfristig international zu harmonisieren gilt. Neben neuen Zulassungsvoraussetzung ist auch juristisch zu klären, wer für das verbleibende Restrisiko haftet [126], d.h. wenn der Fahrer zeitweise nicht mehr Teil der Regelschleife ist und es zu einem Unfall kommt.

Im Hinblick auf die Vollautomatisierung, bei der sich im Fahrzeug, wenn überhaupt, nur noch Mitfahrer befinden, sind neue Geschäftsmodelle zu erwarten. Die deutsche Automobilbranche muss sich hier zukünftig gegen bestehende amerikanische IT-Unternehmen aber auch gegen neue Akteure behaupten, die auf ein vollautomatisiertes, urbanes Mobilitätsserviceangebot abzielen, welches das traditionelle Endkundengeschäft der Automobilindustrie in Frage stellt [29]. Dieser Herausforderung kann nur durch eine möglichst baldige Bündelung der Kräfte von Herstellern und Zulieferern begegnet werden. Ein guter Anfang stellt der gemeinschaftliche Erwerb des Kartendiensts *Here* durch die deutschen Premiumhersteller dar [28]. Weitere Anstrengungen zur Standardisierung von Schnittstellen und Funktionsmodulen sind zu unternehmen [65], wie auch die flächendeckende Einführung von breitbandigen, latenzarmen Mobilfunknetzen (s. „Taktiles Internet" [55]) und weiterer Kommunikationsinfrastruktur in der Stadt zügig voranzutreiben.

A Herleitungen und Ausführungen

A.1 Koordinatensysteme der lokalen und globalen Eigenlokalisierung

Zur Darstellung eines optimierten Einsatzes der beiden Lokalisierungsmethoden und der entsprechenden Koordinatensysteme, s. Abb. A.1, soll das automatische Ausweichen auf einen unmittelbar vor dem Fahrzeug die Fahrbahn betretenden Fußgänger herangezogen werden. Dieser sei vom Videosensor erkannt, sodass seine Position in den Sensorkoordinaten der Kamera zur Verfügung steht, s. *Sensorfeste Koordinaten* in Abb. A.1. Da die Einbauposition und -ausrichtung des Sensors relativ zu einem fahrzeugfesten Referenzpunkt bekannt sind (dies ist Aufgabe der Sensorkalibrierung), kann die Fußgängerposition aus den Sensorkoordinaten mittels der inversen Transformation von T_{sens} in fahrzeugfeste Koordinaten umgerechnet werden. Entspricht der Ursprung der fahrzeugfesten Koordinaten noch nicht dem Bezugspunkt der Koppelnavigation (*Fahrzeugfeste Koordinaten II*, s. Abb. A.1 links unten), so muss die Fußgängerposition in das *Fahrzeugfeste Koordinatensystem I* transformiert werden; ansonsten entfällt dieser Zwischenschritt.

Die Koppelnavigation liefert nun in jedem Zeitschritt die aktuelle Koordinatentransformation $T_{lok}(t)$, sodass deren Inverse aus der zuvor berechneten fahrzeugfesten Fußgängerposition die dazugehörigen ortsfesten Koordinaten mit weitgehend[1] frei festgelegtem Ursprung liefert. Das Ergebnis ist die Fußgängerposition des aktuellen Zeitpunkts in ortsfesten Koordinaten, welche mit verstreichender Zeit aufgrund des Drifts in $T_{lok}(t)$ *langsam* an Genauigkeit verliert.

Zur Anpassung der Endausrichtung und -krümmung des Ausweichmanövers an den (für die Kamera nicht genau auszumachenden) Straßenverlauf soll nun eine digitale Straßenkarte hinzugezogen werden. Da sie absolut referenziert ist, d.h. in weltfesten Koordinaten erstellt wurde, muss der interessante Straßenverlauf in die ortsfesten Koordinaten transformiert werden, wo die Manöverplanung erfolgen soll. Wie zuvor beschrieben ist für diesen Schritt eine absolute Positionierung des Fahrzeugs erforderlich, etwa über GPS. Bei bekannter Antennenposition am Fahrzeug kann hierdurch die aktuelle Transformationsvorschrift $T_{glob}(t)$ errechnet werden, s. auch Abb. 2.19, welche schließlich den Straßenverlauf der Manöverberechnung in den ortsfesten Koordinaten zur Verfügung stellt und somit der Ausweichvorgang geplant und stabilisiert werden kann.

Der große Vorteil dieser Trennung von lokalen und globalen Koordinatensystemen liegt nun darin, dass sich die für die globale Lokalisierung typischen Korrektur-

---

[1] Aufgrund numerischer Ungenauigkeiten von großen Fließkommazahlen sollte sich der Ursprung immer in der Nähe des Fahrzeugs befinden, was beispielsweise durch *wrapping* der Koordinaten mittels Modulo-Operator [90] sichergestellt wird.

DOI 10.1515/9783110531923-009

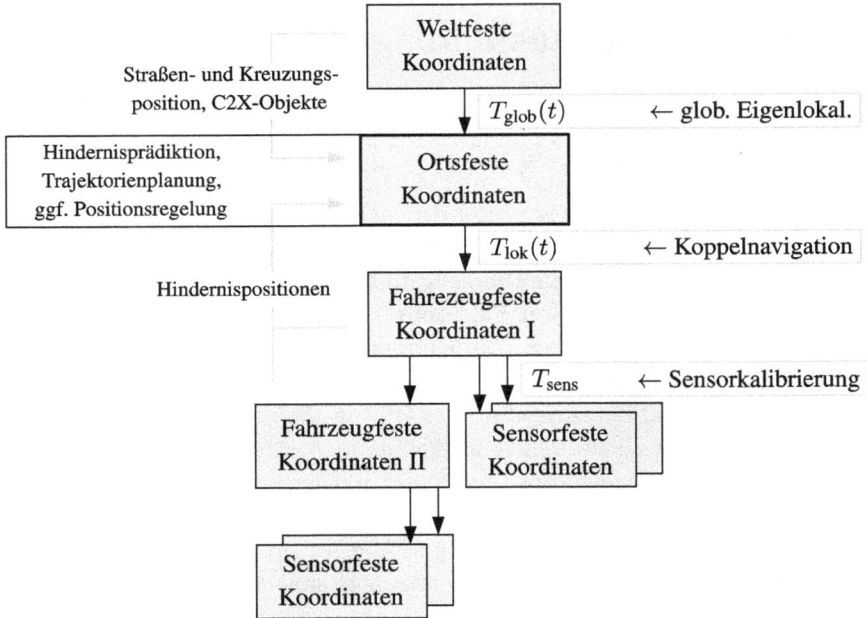

Abb. A.1: Beispielhafte Baumstruktur der Koordinatensysteme zur Entkopplung von lokalen und globalen Messinformationen.

sprünge der Position und Ausrichtung (Tunnelende bei GPS, Auftauchen von neuen Landmarken bei Video) nur auf das Optimierungskriterium (Wo möchte ich *langfristig* hinfahren?) auswirken, nicht jedoch unmittelbar auf die Fahrzeugregelung und Hindernisprädiktion. Letztere werden nämlich in lokalen, aufintegrierten und damit sprungfreien Koordinaten durchgeführt und profitieren dabei von der kurzen Zykluszeit der Koppelnavigation (z.B. 10 ms). Fällt gar die globale Lokalisierung ganz weg, so muss lediglich auf die global referenzierte Zusatzinformation im Fahrerassistenzsystem verzichtet werden, nicht jedoch auf die restliche Funktionalität.

A.2 Rekursive Lösbarkeit und Stabilität der MPC

Entsprechend der Herleitung in [76] seien zwei aufeinanderfolgende Zeitpunkte t_k und $t_k + \Delta t$ betrachtet. In Abb. A.2 ist die für einen Anfangszustand $x(t_k)$ auf dem endlichen Horizont optimale Trajektorie $\bar{x}^*(\tau, x(t_k))$, $\tau \in [t_k, t_k + T]$ mit einer dünnen schwarzen Linie eingezeichnet. Das MPC-Stellgesetz führt also das System über einen Zeitschritt Δt in den Zustand $\bar{x}^*(t_k + \Delta t, x(t_k))$ über. Dieser stellt den Anfangszustand für den nächsten Optimierungsschritt dar, dessen Lösungstrajektorie als dicke schwarze Linie eingezeichnet ist. Eine entsprechend der Nebenbedingungen zulässige Trajektorie ist

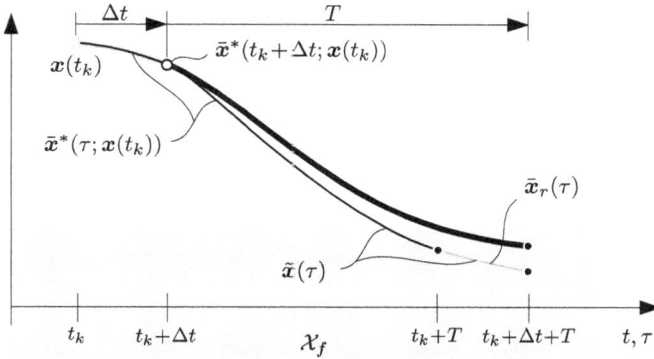

Abb. A.2: Veranschaulichung des Stabilitätsbeweises der modellprädiktiven Regelung mit Zielregion und -kosten, vgl. [76].

$\tilde{\boldsymbol{x}}(\tau)$, $\tau \in [t_k + \Delta t, t_k + \Delta t + T]$. Sie setzt sich aus dem hinteren Teil $\bar{\boldsymbol{x}}^*(\tau, \boldsymbol{x}(t_k))$ $\tau \in [t_k + \Delta t, t_k + T]$ der optimalen Trajektorie des vorherigen Optimierungsschritts und der Trajektorie $\bar{\boldsymbol{x}}_r(\tau)$, $\tau \in (t_k + T, t_k + \Delta t + T]$ zusammen, die sich durch Anwendung des lokalen Regelgesetzes $\bar{\boldsymbol{u}}(\tau) = \boldsymbol{r}(\bar{\boldsymbol{x}}_r(\tau))$ ergibt. Letztere ist durch eine dünne graue Linie dargestellt. Es gilt nun immer

$$J^*(\boldsymbol{x}^*(t_k + \Delta t; \boldsymbol{x}(t_k))) \le J(\tilde{\boldsymbol{x}}(\tau), \tilde{\boldsymbol{u}}(\tau)) \,, \tag{A.1}$$

da die optimalen Kosten J^* nie größer, als die der zusammengesetzten Trajektorie $\tilde{\boldsymbol{x}}(\tau)$ sein können. Die Ungleichung (3.15) kann nun umgeschrieben werden zu

$$\frac{\mathrm{d}}{\mathrm{d}\tau} V(\bar{\boldsymbol{x}}_r(\tau)) + l(\bar{\boldsymbol{x}}_r(\tau), \bar{\boldsymbol{u}}_r(\tau)) \le 0 \,, \tag{A.2}$$

womit sich die rechte Seite von (A.1) als

$$J(\tilde{\boldsymbol{x}}(\tau), \tilde{\boldsymbol{u}}(\tau)) = J^*(\boldsymbol{x}(t_k)) - \int_{t_k}^{t_k+\Delta t} l(\bar{\boldsymbol{x}}^*(\tau; \boldsymbol{x}(t_k)), \bar{\boldsymbol{u}}^*(\tau; \boldsymbol{x}(t_k)))\mathrm{d}\tau$$

$$+ \underbrace{V(\bar{\boldsymbol{x}}_r(t_k + \Delta t + T)) - V(\bar{\boldsymbol{x}}_r(t_k + T)) + \int_{t_k+T}^{t_k+\Delta t+T} l(\bar{\boldsymbol{x}}_r(\tau), \bar{\boldsymbol{u}}_r(\tau))\mathrm{d}\tau}_{\le 0}$$

darstellen lässt. Der unterklammerte Ausdruck ist nicht-positiv, da er das Integral von (A.2) ist. Insgesamt ergib sich somit aus (A.1)

$$J^*(\boldsymbol{x}^*(t_k + \Delta t; \boldsymbol{x}(t_k))) \le J^*(\boldsymbol{x}(t_k)) - \int_{t_k}^{t_k+\Delta t} l(\bar{\boldsymbol{x}}^*(\tau; \boldsymbol{x}(t_k)), \bar{\boldsymbol{u}}^*(\tau; \boldsymbol{x}(t_k)))\mathrm{d}\tau$$

was in Gleichheit dem unendlichen Optimierungshorizont entspricht und analog hierzu Stabilität garantiert [76].

A.3 Herleitung der Anhängergierdynamik

Zur Herleitung wird der Geschwindigkeitsvektor $\boldsymbol{v}_c$ vom Kupplungspunkt $\boldsymbol{r}_c$ mit Versatz $l_c > 0$ zur Hinterachse herangezogen. Zunächst wird dieser aus Sicht des Zugfahrzeugs unter Zuhilfenahme dessen Gierratenvektors $\boldsymbol{\omega}_v = [0,\, 0,\, \dot{\psi}_v]^{\mathrm{T}}$ und Geschwindigkeitsvektors $\boldsymbol{v}_v = [v_x, v_y, 0]_v^{\mathrm{T}}$ betrachtet, wodurch sich mit der Mittelpunktposition $\boldsymbol{r}_v$ von der Zugfahrzeughinterachse der Zusammenhang

$$
\begin{aligned}
\boldsymbol{v}_c &= \boldsymbol{v}_v + \boldsymbol{\omega}_v \times \left[\boldsymbol{r}_c - \boldsymbol{r}_v\right] \\
&= \begin{bmatrix} v_v \cos\psi_v \\ v_v \sin\psi_v \\ 0 \end{bmatrix} + \begin{bmatrix} 0 \\ 0 \\ \dot{\psi}_v \end{bmatrix} \times \begin{bmatrix} -l_c \cos\psi_v \\ -l_c \sin\psi_v \\ 0 \end{bmatrix}
\end{aligned}
\tag{A.3}
$$

ergibt. Analog wird mit dem Gierratenvektor $\boldsymbol{\omega}_t = [0,\, 0,\, \dot{\psi}_t]^{\mathrm{T}}$, dem Achsmittelpunkt $\boldsymbol{r}_t$ mit Geschwindigkeitsvektor $\boldsymbol{v}_t$ und der Deichsellänge $l_t > 0$ des Anhängers

$$
\begin{aligned}
\boldsymbol{v}_c &= \boldsymbol{v}_t + \boldsymbol{\omega}_t \times \left[\boldsymbol{r}_c - \boldsymbol{r}_t\right] \\
&= \begin{bmatrix} v_t \cos\psi_t \\ v_t \sin\psi_t \\ 0 \end{bmatrix} + \begin{bmatrix} 0 \\ 0 \\ \dot{\psi}_t \end{bmatrix} \times \begin{bmatrix} l_t \cos\psi_t \\ l_t \sin\psi_t \\ 0 \end{bmatrix}
\end{aligned}
\tag{A.4}
$$

erhalten. Gleichsetzen von (A.3) mit (A.4) liefert mit (3.16) unter Zuhilfenahme der Additionstheoreme die gesuchte Anhängergierdynamik (3.17) sowie die vorzeichenbehaftete Anhängergeschwindigkeit (3.18).

Abkürzungen und Notationen

Abkürzungen

ABS	Antiblockiersystem
ACC	Adaptive Cruise Control
ASIL	Automotive Safety Integrity Levels
CAN	Controller Area Network
ASR	Antischlupfregelung
CLF	Control-Lyapunov-Funktion
C2X	Car-to-X (Fahrzeug-Kommunikation)
DARPA	Defense Advanced Research Projects Agency
EHB	elektro-hydraulische Bremse
ESP	Elektronisches Stabilitätsprogramm
EPS	electric power steering (elektrische Servolenkung)
FAS	Fahrerassistenzsysteme
GPS	Global Positioning System
ICS	Inevitable Collision States
KD	Kickdown
LQ	linear quadratisch
LQR	Linear Quadratic Regulator
MEM	mikro-elektro-mechanisch
MPC	model predictive control (modellprädiktive Regelung)
PID	proportional-integral-derivative (Regler)
THZ	Tandemhauptbremszylinder
TTB	time-to-brake
TTC	time-to-collision
TTR	time-to-react
TTS	time-to-steer
SQP	sequentielles quadratisches Programm

Notationsvereinbarungen

Skalare	nicht fett, kursiv: a, b, c, A, B, C, ...
Vektoren	klein, fett, kursiv: $\boldsymbol{a}$, $\boldsymbol{b}$, $\boldsymbol{c}$, ...
Matrizen	groß, fett, kursiv: $\boldsymbol{A}$, $\boldsymbol{B}$, $\boldsymbol{C}$, ...
Mengen	kalligraphisch, groß: $\mathcal{A}$, $\mathcal{B}$, $\mathcal{C}$, ...
$()^*$	Optimale Lösung für die Variable
$\bar{()}$	interne Optimierungsvariable
$()_d$	Variable zur Beschreibung des Sollwerts

DOI 10.1515/9783110531923-010

$\dot{(\,)}$	Zeitableitung
$(\,)'$	Wegableitung
$:=$	Definition
argmax	Argument mit dem maximalen Wert
argmin	Argument mit dem minimalen Wert
max	Maximum
min	Minimum

Abbildungsverzeichnis

Literatur

[1] ALAMIR, M., A. MURILO, R. AMARI, P. TONA, R. FÜRHAPTER und P. ORTNER: *On the Use of Parameterized NMPC in Real-time Automotive Control*. Automotive Model Predictive Control, Seiten 139–149, 2010.

[2] ALLEN, P.K., B. YOSHIMI und A. TIMCENKO: *Real-time visual servoing*. In: *International Conference on Robotics and Automation*, Seiten 851–856. IEEE, 1991.

[3] ALLGÖWER, F. und E.D. GILLES: *Nichtlinearer Reglerentwurf auf der Grundlage exakter Linearisierungstechniken*. VDI Berichte, 1026:209–234, 1993.

[4] ALLIANZ ZENTRUM FÜR TECHNIK: *Wirkungspotentiale von ACC und Lane Guard System bei Nutzfahrzeugen*. Technischer Report, 2006.

[5] ALTAFINI, C.: *Some properties of the general n-trailer*. International Journal of Control, 74:409–424, 2001.

[6] ALTHOFF, M.: *Reachability Analyses and its Application to the Safety Assessment of Autonomous Cars*. Doktorarbeit, Technische Universität München, 2010.

[7] ALTHOFF, M., O. STURSBERG und M. BUSS: *Model-based probabilistic collision detection in autonomous driving*. IEEE Transactions on Intelligent Transportation Systems, 10(2):299–310, 2009.

[8] ANDERSON, S.J., S.C. PETERS, T.E. PILUTTI und K. IAGNEMMA: *An optimal-control-based framework for trajectory planning, threat assessment, and semi-autonomous control of passenger vehicles in hazard avoidance scenarios*. International Journal of Vehicle Autonomous Systems, 8(2):190–216, 2010.

[9] ARNOLD, E., J. NEUPERT, O. SAWODNY und K. SCHNEIDER: *Modell-prädiktive Trajektoriengenerierung für flachheitsbasierte Folgeregelungen am Beispiel eines Hafenmobilkrans*. at – Automatisierungstechnik, 56(8):395–405, 2008.

[10] BACHA, A., C. BAUMAN, R. FARUQUE, M. FLEMING, C. TERWELP, C. REINHOLTZ, D. HONG, A. WICKS, T. ALBERI, D. ANDERSON et al.: *Odin: Team VictorTango's entry in the DARPA Urban Challenge*. Journal of Field Robotics, 25(8), 2008.

[11] BARTH, A. und U. FRANKE: *Where will the oncoming vehicle be the next second?* In: *Intelligent Vehicles Symposium*, Seiten 1068–1073. IEEE, 2008.

[12] BEHRENDT, S., P. DÜNOW, C. STEINBRECHER und B.P. LAMPE: *Paralleles Rechnen von modellprädiktiven Regelungen auf der Optimierungsebene*. at – Automatisierungstechnik, 59(5):280–288, 2011.

[13] BELLMAN, R.: *The theory of dynamic programming*. Nummer RAND-P-550. Rand Corporation Santa Monica CA, 1954.

[14] BENDER, E., M. DARMS, M. SCHORN, U. STÄHLIN, R. ISERMANNM, H. WINNER und K. LANDAU: *Antikollisionssystem Proreta – Auf dem Weg zum unfallvermeidenden Fahrzeug: Teil 1: Grundlagen des Systems*. ATZ, 109(4):336–341, 2007.

[15] BERTSEKAS, D.P.: *Dynamic programming and optimal control*. Athena Scientific, Belmont, MA, 1995.

[16] BIRCK, S.: *Potenziale und Risiken älterer Kraftfahrer mit Unfällen und ihre Darstellung in der Lokalpresse*. Doktorarbeit, Universität Bonn, 2010.

[17] BISHOP, R.: *Intelligent Vehicle Technology and Trends*. Artech House Publishers, 2005.

[18] BÜKENS, C.: *Echtzeitanpassung des klassischen Riccati-Reglers*. Automatisierungstechnik, 57(6):269–278, 2009.

[19] BOISSONNAT, J.-D., A. CEREZO und J. LEBLOND: *A note on shortest paths in the plane subject to a constraint on the derivative of the curvature*. Report 2160, INRIA, 1994.

DOI 10.1515/9783110531923-011

[20]   BORENSTEIN, J., H.R. EVERETT, L. FENG und D. WEHE: *Mobile Robot Positioning – Sensors and Techniques*. Journal of Robotic Systems, 14:231–249, 1997.

[21]   BÖRGER, J.: *Fahrerintentionserkennung und Kursprädiktion mit erweiterten Maschinellen Lernverfahren*. Doktorarbeit, Universität Ulm, 2013.

[22]   BORRELLI, F., A. BEMPORAD und M. MORARI: *Predictive control for linear and hybrid systems*. Cambridge University Press, 2017.

[23]   BRANDT, T.: *A predictive potential field concept for shared vehicle guidance*. Doktorarbeit, Universität Paderborn, 2008.

[24]   BRECHTEL, S., T. GINDELE und R. DILLMANN: *Recursive importance sampling for efficient grid-based occupancy filtering in dynamic environments*. In: *International Conference on Robotics and Automation*, Seiten 3932–3938. IEEE, 2010.

[25]   BREUER, B. und K.H. BILL: *Bremsenhandbuch: Grundlagen, Komponenten, Systeme, Fahrdynamik*. Springer Vieweg, 2012.

[26]   BROCKETT, R.W.: *Asymptotic stability and feedback stabilization*. Defense Technical Information Center, 1983.

[27]   BUNDESANSTALT FÜR STRASSENWESEN: *Rechtsfolgen zunehmender Fahrzeugautomatisierung*. Gemeinsamer Schlussbericht, Januar 2012.

[28]   BURKERT, A.: *Das große Geschäft mit den Daten*. ATZ Elektronik, 10(4):8–13, 2015.

[29]   CACILO, A., S. SCHMIDT, PH. WITTLINGER, F. HERRMANN, O. SAWADE, H. DODERER und V. SCHOLZ: *Hochautomatisiertes Fahren auf der Autobahn – Industriepolitische Schlussfolgerungen*. Studie im Auftrag des Bundesministeriums für Wirtschaft und Energie, Fraunhofer-Institut für Arbeitswirtschaft und Organsiation IAO, 2015.

[30]   CHLOND, B., M. KAGERBAUER, P. OTTMANN und D. ZUMKELLER: *Mobilitätspanel: Pkw-Fahrleistungen und Treibstoffverbrauch im Vergleich: Die Datenquelle zur Analyse der Pkw-Nutzung*. Internationales Verkehrswesen, 61(3):71–75, 2009.

[31]   DANG, T.: *Kontinuierliche Selbstkalibrierung von Stereokameras*. Doktorarbeit, Universität Karlsruhe (TH), 2007.

[32]   DANG, T., J. DESENS, W. FRANKE, D. GAVRILA, L. SCHÄFERS und W. ZIEGLER: *Steering and evasion assist*. In: *Handbook of Intelligent Vehicles*, Seiten 759–782. Springer, 2012.

[33]   DE DONÁ, J.A., F. SURYAWAN, M.M. SERON und J. LÉVINE: *A flatness-based iterative method for reference trajectory generation in constrained NMPC*. In: *Nonlinear Model Predictive Control*, Seiten 325–333. Springer, 2009.

[34]   DICKMANS, E.D.: *Subject-object discrimination in 4D dynamic scene interpretation for machine vision*. In: *Workshop on Visual Motion*, Seiten 298–304, 1989.

[35]   DIEHL, M., H.G. BOCK, H. DIEDAM und P.B. WIEBER: *Fast Direct Multiple Shooting Algorithms for Optimal Robot Control*. Fast Motions in Biomechanics and Robotics, 340:65–93, 2006.

[36]   DIEHL, M., H.J. FERREAU und N. HAVERBEKE: *Efficient Numerical Methods for Nonlinear MPC and Moving Horizon Estimation*. In: *Nonlinear Model Predictive Control*, Seiten 391–417. Springer, 2009.

[37]   DIEWALD, F.: *Objektklassifikation und Freiraumdetektion auf Basis bildgebender Radarsensorik für die Fahrzeugumfelderfassung*. Doktorarbeit, Universität Ulm, 2013.

[38]   DINGUS, T.: *The 100-car naturalistic driving study, Phase II, Results of the 100-car field experiment*. Technischer Bericht DOT HS 810 593, National Highway Traffic Safety Administration, US Department of Transportation, 2006.

[39]   DOLD, J. und O. STURSBERG: *Robuste modellprädiktive Regelung kommunizierender Fahrzeugkolonnen*. at – Automatisierungstechnik, 58(4):207–216, 2010.

[40]   DOLGOV, D., S. THRUN, M. MONTEMERLO und J. DIEBEL: *Path planning for autonomous vehicles in unknown semi-structured environments*. The International Journal of Robotics Research, 29(5):485–501, 2010.

[41] DONGES, E.: *Aspekte der Aktiven Sicherheit bei der Führung von Personenkraftwagen.* Automobil-Industrie, 2:183–190, 1982.

[42] DONGES, E.: *Fahrerverhaltensmodelle.* In: WINNER, H., S. HAKULI und G. WOLF (Herausgeber): *Handbuch Fahrerassistenzsysteme*, Seiten 15–23. Vieweg + Teubner Verlag, Wiesbaden, 2012.

[43] DONGES, E. und K. NAAB: *Regelsysteme zur Fahrzeugführung und -stabilisierung in der Automobiltechnik.* Automatisierungstechnik, 44(5):226–236, 1996.

[44] DREYER, R.: *Sportküstenschifferschein.* Delius Klasing, 2004.

[45] DUBINS, L.E.: *On curves of minimal length with a constraint on average curvature and with prescribed initial and terminal positions and tangents.* American Journal of Mathematics, 79(3):497–516, 1957.

[46] EBUS, T.: *Lass die Finger weg, jetzt fahre ich!* Frankfurter Allgemeine Zeitung, 10.09.2013.

[47] EIGEL, T.: *Integrierte Längs- und Querführung von Personenkraftwagen mittels Sliding-Mode-Regelung.* Doktorarbeit, Technische Universität Braunschweig, 2010.

[48] ESKANDARIAN, A.: *Handbook of Intelligent Vehicles.* Springer, 2012.

[49] FALCONE, P., M. ALI und J. SJOBERG: *Predictive threat assessment via reachability analysis and set invariance theory.* IEEE Transactions on Intelligent Transportation Systems, 12(4):1352–1361, 2011.

[50] FALCONE, P., F. BORRELLI, J. ASGARI, H.E. TSENG und D. HROVAT: *Predictive Active Steering Control for Autonomous Vehicle Systems.* IEEE Transactions on Control Systems Technology, 15(3):566–580, 2007.

[51] FALLAH, M.S, A. KHAJEPOUR, B. FIDAN, S.-K. CHEN und B. LITKOUHI: *Controller development using optimal torque distribution for driver handling assistance.* In: *American Control Conference*, Seiten 2910–2915. IEEE, 2012.

[52] FERGUSON, D., M. DARMS, C. URMSON und S. KOLSKI: *Detection, prediction, and avoidance of dynamic obstacles in urban environments.* In: *Intelligent Vehicles Symposium*, Seiten 1149–1154. IEEE, 2008.

[53] FERGUSON, D., T.M. HOWARD und M. LIKHACHEV: *Motion Planning in Urban Environments: Part I.* In: *International Conference on Intelligent Robots and Systems*, Seiten 1063–1069. IEEE/RSJ, 2008.

[54] FERGUSON, D., T.M. HOWARD und M. LIKHACHEV: *Motion Planning in Urban Environments: Part II.* In: *International Conference on Intelligent Robots and Systems*, Seiten 1070–1076. IEEE/RSJ, 2008.

[55] FETTWEIS, G., H. BOCHE, T. WIEGAND, E. ZIELINSKI, H. SCHOTTEN, P. MERZ, S. HIRCHE, A. FESTAG, W. HÄFFNER, M. MEYER, R. STEINBACH, E. KRAEMER, R. STEINMETZ, F. HOFMANN, P. EISERT, R. SCHOLL, F. ELLINGER, I. WEISS, und E. RIEDEL: *Taktiles Internet.* VDE-Positionspapier, Informationstechnische Gesellschaft im VDE (ITG), 2014.

[56] FINDEISEN, R. und F. ALLGÖWER: *An Introduction to Nonlinear Model Predictive Control.* In: *21st Benelux Meeting on Systems and Control*, Band 11. Institute for Systems Theory in Engineering, University of Stuttgart, 2002.

[57] FINDEISEN, R., L. IMSLAND, F. ALLGOWER und B.A. FOSS: *State and output feedback nonlinear model predictive control: An overview.* European Journal of Control, 9(2–3):190–206, 2003.

[58] FIORINI, P. und Z. SHILLER: *Motion Planning in Dynamic Environments using Velocity Obstacles.* International Journal of Robotics Research, 17(7):760–722, July 1998.

[59] FLIESS, M., J. LÉVINE, P. MARTIN und P. ROUCHON: *Flatness and defect of non-linear systems: introductory theory and examples.* International Journal of Control, 61(6):1327–1361, 1995.

[60] FÖLLINGER, O.: *Optimale Regelung und Steuerung: Eine Einführung für Ingenieure.* Methoden der Regelungs- und Automatisierungstechnik. Oldenbourg, München, 1994.

[61] FOX, D., W. BURGARD und S. THRUN: *The dynamic window approach to collision avoidance.* IEEE Robotics & Automation Magazine, 4(1):23–33, 1997.

[62] FRAICHARD, T.: *A short paper about motion safety.* In: *International Conference on Robotics and Automation*, Seiten 1140–1145. IEEE, 2007.

[63] FRASCH, J.V., A.J. GRAY, M. ZANON, H.J. FERREAU, S. SAGER, F. BORRELLI und M. DIEHL: *An auto-generated nonlinear MPC algorithm for real-Timeime obstacle avoidance of ground vehicles.* In: *Proceedings of the European Control Conference*, 2013.

[64] FUCHSHUMER, S., K. SCHLACHER und T. RITTENSCHOBER: *Nonlinear vehicle dynamics control – A flatness based approach.* In: *Conference on Decision and Control*, Seiten 6492–6497. IEEE, 2005.

[65] FÜRST, S., J. MÖSSINGER, S. BUNZEL, T. WEBER, F. KIRSCHKE-BILLER, P. HEITKÄMPER, G. KINKELIN, K. NISHIKAWA und K. LANGE: *AUTOSAR – A Worldwide Standard is on the Road.* In: *14th International VDI Congress Electronic Systems for Vehicles*, Band 62, 2009.

[66] GANDHI, T. und M.M. TRIVEDI: *Pedestrian protection systems: Issues, survey, and challenges.* IEEE Transactions on Intelligent Transportation Systems, 8(3):413–430, 2007.

[67] GEIGER, A., P. LENZ und R. URTASUN: *Are we ready for autonomous driving? The KITTI vision benchmark suite.* In: *Conference on Computer Vision and Pattern Recognition*, Seiten 3354–3361. IEEE, 2012.

[68] GERDTS, M., S. KARRENBERG, B. MÜLLER-BESSLER und G. STOCK: *Generating locally optimal trajectories for an automatically driven car.* Optimization and Engineering, 10(4):439–463, 2009.

[69] GERHARDT, J. und W. HESS: *Verfahren und Vorrichtung zum Betreiben einer Brennkraftmaschine.* Patent DE19812485B4, 2007.

[70] GESAMTVERBAND DER DEUTSCHEN VERSICHERUNGSWIRSCHAFT E.V.: *Jahresbericht 2009, Studie der Unfallforschung der Versicherer*, 2009.

[71] GINDELE, T., S. BRECHTEL und R. DILLMANN: *A probabilistic model for estimating driver behaviors and vehicle trajectories in traffic environments.* In: *International Conference on Intelligent Transportation Systems*, Seiten 1625–1631. IEEE, 2010.

[72] GLATTFELDER, A.H., W. SCHAUFELBERGER und H. FÄSSLER: *Stability of override control systems.* International Journal of Control, 37(5):1023–1037, 1983.

[73] GONZÁLEZ-CANTOS, A. und A. OLLERO: *Backing-up maneuvers of autonomous tractor-trailer vehicles using the qualitative theory of nonlinear dynamical systems.* The International Journal of Robotics Research, 28(1):49–65, 2009.

[74] GRAF, K. und C. WURMTHALER: *Eine neue Kaskadenstruktur.* at – Automatisierungstechnik, 51(3):113–118, 2003.

[75] GRAICHEN, K.: *Nichtlineare modellprädiktive Regelung basierend auf Fixpunktiterationen.* at – Automatisierungstechnik, 60(8):442–451, 2012.

[76] GRAICHEN, K.: *Methoden der Optimierung und optimalen Steuerung.* Vorlesungsskript, Universität Ulm, 2014.

[77] GRAICHEN, K., M. EGRETZBERGER und A. KUGI: *Ein suboptimaler Ansatz zur schnellen modellprädiktiven Regelung nichtlinearer Systeme.* at – Automatisierungstechnik, 58(8):447–456, 2010.

[78] GRÖLL, L.: *Methodik zur Integration von Vorwissen in die Modellbildung.* Habilitationsschrift, Karlsruher Institut für Technologie (KIT), KIT Scientific Publishing, 2015.

[79] GRUHLE, W.-D.: *Steuerung und Regelung von Automatikgetrieben.* In: ISERMANN, R. (Herausgeber): *Elektronisches Management motorischer Fahrzeugantriebe*, Seiten 288–305. Springer, 2010.

[80] VON GRUNDHOFF, S.: *Fährt sich wie von selbst.* Zeit Online, 2011.

[81] GRÜNE, L. und J. PANNEK: *Nonlinear Model Predictive Control: Theory and Algorithms.* Springer, 2011.

[82] Gu, T., J. Snider, J.M. Dolan und J. Lee: *Focused Trajectory Planning for autonomous on-road driving.* In: *Intelligent Vehicles Symposium, 2013 IEEE*, Seiten 547–552. IEEE, 2013.

[83] Hagenmeyer, B. und M. Zeitz: *Flachheitsbasierter Entwurf von linearen und nichtlinearen Vorsteuerungen.* at – Automatisierungstechnik, 52(1):3–12, 2004.

[84] Hattori, Y., E. Ono und S. Hosoe: *Optimum vehicle trajectory control for obstacle avoidance problem.* IEEE/ASME Transactions on Mechatronics, 11(5):507–512, 2006.

[85] Heather, K.: *Self-driving cars now legal in California.* CNN, Oktober 2012.

[86] Heissing, B. und M. Ersoy: *Fahrwerkhandbuch.* Vieweg + Teubner Verlag, 2. Auflage, 2008.

[87] Herceg, M., M. Kvasnica, C.N. Jones und M. Morari: *Multi-parametric toolbox 3.0.* In: *European Control Conference*, Seiten 502–510. IEEE, 2013.

[88] Hillenbrand, J., A.M. Spieker und K. Kroschel: *A Multilevel Collision Mitigation Approach; Its Situation Assessment, Decision Making, and Performance Tradeoffs.* IEEE Transactions on Intelligent Transportation Systems, 7(4):528–540, 2006.

[89] Hillenbrand, M.: *Funktionale Sicherheit nach ISO 26262 in der Konzeptphase der Entwicklung von Elektrik/Elektronik Architekturen von Fahrzeugen.* Doktorarbeit, Karlsruher Institut für Technologie (KIT), 2012.

[90] Himmelsbach, M., F. von Hundelshausen und H.-J. Wünsche: *LIDAR-based perception for offroad navigation.* In: *Fahrerassistenzworkshop*, 2008.

[91] Hippe, P.: *Eine neue Methode zur Regelung von Strecken mit Stellbegrenzung.* at – Automatisierungstechnik, 52(9):421–431, 2004.

[92] Horn, J.: *Zweidimensionale Geschwindigkeitsmessung texturierter Oberflächen mit flächenhaften bildgebenden Sensoren.* Doktorarbeit, Universität Karlsruhe (TH), 2006.

[93] Houenou, A., P. Bonnifait, V. Cherfaoui und W. Yao: *Vehicle trajectory prediction based on motion model and maneuver recognition.* In: *Intelligent Robots and Systems (IROS), 2013 IEEE/RSJ International Conference on*, Seiten 4363–4369. IEEE, 2013.

[94] Howard, T.M. und A. Kelly: *Optimal rough terrain trajectory generation for wheeled mobile robots.* The International Journal of Robotics Research, 26(2):141–166, 2007.

[95] Huckle, T. und S. Schneider: *Numerische Methoden: Eine Einführung für Informatiker, Naturwissenschaftler, Ingenieure und Mathematiker.* Springer, Berlin, 2. Auflage, 2006.

[96] Hult, R.: *Path Planning for Highly Automated Vehicles.* Diplomarbeit, Chalmers University of Technology, 2013.

[97] Irle, P., L. Gröll und M. Werling: *Zwei Zugänge zur Projektion auf 2d-Kurven für die Bahnregelung autonomer Fahrzeuge.* at – Automatisierungstechnik, 57(8):403–410, 2009.

[98] Isermann, R.: *Fahrdynamikregelung: Modellbildung, Fahrerassistenzsysteme, Mechatronik.* Vieweg Verlag, 2006.

[99] Isermann, R.: *Mechatronische Fahrzeugantriebe.* In: *Elektronisches Management motorischer Fahrzeugantriebe*, Seiten 1–35. Springer, 2010.

[100] Isermann, R., M. Schorn und U. Stählin: *Anticollision system PRORETA with automatic braking and steering.* Vehicle System Dynamics, 46(S1):683–694, 2008.

[101] Isidori, A.: *Nonlinear Control Systems.* Springer, 1995.

[102] ISO/DIS 26262: *Road vehicles – Functional safety.* Final Draft International Standard, August 2012.

[103] Johansen, T.A.: *Introduction to nonlinear model predictive control and moving horizon estimation.* Selected Topics on Constrained and Nonlinear Control, Seiten 1–53, 2011.

[104] Kalman, R.E. et al.: *A new approach to linear filtering and prediction problems.* Journal of Basic Engineering, 82:35–45, 1960.

[105] Kammel, S., J. Ziegler, B. Pitzer, M. Werling, T. Gindele, D. Jagszent, J. Schröder, M. Thuy, M. Goebl, F. v. Hundelshausen, O. Pink, C. Freese und C. Stiller: *Team AnnieWAY's*

autonomous system for the DARPA Urban Challenge 2007. Journal of Field Robotics, 25(9):615–639, 2008.

[106] KARCH, G. und S. GRÜNER: *Mechatronische Lenksysteme*. at – Automatisierungstechnik, 55(6):281–289, 2007.

[107] KARRENBERG, S.: *Zur Erkennung unvermeidbarer Kollisionen von Kraftfahrzeugen mit Hilfe von Stellvertretertrajektorien*. Doktorarbeit, Technische Universität Carolo-Wilhelmina zu Braunschweig, 2008.

[108] KELLER, C.G., T. DANG, H. FRITZ, A. JOOS, C. RABE und D.M. GAVRILA: *Active pedestrian safety by automatic braking and evasive steering*. IEEE Transactions on Intelligent Transportation Systems, 12(4):1292–1304, 2011.

[109] KELLY, A. und B. NAGY: *Reactive nonholonomic trajectory generation via parametric optimal control*. The International Journal of Robotics Research, 22(7–8):583–601, 2003.

[110] KESSLER, G.C., J.P. MASCHUW, N. ZAMBOU und A. BOLLIG: *Konzept zur Sollwertgenerierung und Modellgestützten Prädiktiven Regelung für die Querführung von Nutzfahrzeugkonvois*. at – Automatisierungstechnik, 55(6):298–305, 2007.

[111] KHALIL, H.K.: *Nonlinear Systems*. Prentice Hall Upper Saddle River, 3. Auflage, 2002.

[112] KIENCKE, U. und L. NIELSEN: *Automotive Control Systems: For Engine, Driveline, and Vehicle*. Springer, 2005.

[113] KNEPPER, R. und A. KELLY: *High performance state lattice planning using heuristic look-up tables*. In: *International Conference on Intelligent Robots and Systems*, Seiten 3375–3380. IEEE, 2006.

[114] KOHLHEPP, P., M. STRAND, G. BRETTHAUER und R. DILLMANN: *The Elastic View Graph Framework for Autonomous, Surface-based 3D-SLAM Part I: Concept and Local Layer (Schritthaltendes flächenbasiertes 3D-SLAM mit elastisch gekoppelten Teilkarten)*. at – Automatisierungstechnik, 55(3):136–145, 2007.

[115] KÖNIG, L.: *Ein virtueller Testfahrer für den querdynamischen Grenzbereich*. Doktorarbeit, Universität Stuttgart, 2008.

[116] KÖNIG, L., J. NEUBECK und J. WIEDEMANN: *Nichtlineare Lenkregler für den querdynamischen Grenzbereich*. at – Automatisierungstechnik, 55(6):314–321, 2007.

[117] KRSTIC, M., I. KANELLAKOPOULOS und P.V. KOKOTOVIC: *Nonlinear and adaptive control design*. John Wiley and Sons 1995.

[118] LATEGAHN, H.: *Mapping and Localization in Urban Environments Using Cameras*. Doktorarbeit, Karlsruher Institut für Technologie (KIT), 2013.

[119] LATEGAHN, H., A. GEIGER, B. KITT und C. STILLER: *Motion-without-structure: Real-time multipose optimization for accurate visual odometry*. In: *Intelligent Vehicles Symposium*, Seiten 649–654. IEEE, 2012.

[120] LATOMBE, J.C.: *Robot Motion Planning*. Springer Verlag, 1990.

[121] LaVALLE, S.M.: *Planning Algorithms*. Cambridge University Press, 2006.

[122] LAWITZKY, A., D. ALTHOFF, C.F. PASSENBERG, G. TANZMEISTER, D. WOLLHERR und M. BUSS: *Interactive Scene Prediction for Automotive Applications*. In: *Intelligent Vehicles Symposium*, Seiten 1028–1033. IEEE, 2013.

[123] LAWITZKY, A., A. NICKLAS, D. WOLLHERR und BUSS M.: *Determining States of Inevitable Collision using Reachability Analysis*. In: *International Conference on Intelligent Robots and Systems*, Seiten 4142–4147. IEEE, 2014.

[124] LEENEN, R., N.J. SCHOUTEN und J. ZUURBIER: *Central State Estimator for Vehicle Control Systems*. In: *Society of Automotive Engineers of Japan*, Nummer 20075048 in *70–07*, 2007.

[125] LEFÈVRE, S., C. LAUGIER und J. IBAÑEZ-GUZMÁN: *Risk assessment at road intersections: comparing intention and expectation*. In: *Intelligent Vehicles Symposium*, Seiten 165–171. IEEE, 2012.

[126] Lennart, S.L., F. Diermeyer und M. Lienkamp: *Rechtliche Aspekte beim automatisierten und teleoperierten Fahren*. ATZextra, 20(7):38–41.

[127] Levinson, J. und S. Thrun: *Robust vehicle localization in urban environments using probabilistic maps*. In: *International Conference on Robotics and Automation*, Seiten 4372–4378. IEEE, 2010.

[128] Lewandowitz, L.: *Markenspezifische Auswahl, Parametrierung und Gestaltung der Produktgruppe Fahrerassistenzsysteme*. Doktorarbeit, Karlsruher Institut für Technologie (KIT), 2011.

[129] Lewis, F. und V. Syrmos: *Optimal Control*. John Wiley & Sons, Inc., 1995.

[130] Li, X.R. und V.P. Jilkov: *Survey of maneuvering target tracking. Part I. Dynamic models*. IEEE Transactions on Aerospace and Electronic Systems, 39(4):1333–1364, 2003.

[131] Liebemann, E.K., K. Meder, J. Schuh und G. Nenninger: *Safety and performance enhancement: the Bosch electronic stability control (ESP)*. SAE Paper, 20004:21-0060, 2004.

[132] Likhachev, M. und D. Ferguson: *Planning long dynamically feasible maneuvers for autonomous vehicles*. The International Journal of Robotics Research, 28(8):933–945, 2009.

[133] Lin, M.C. und S. Gottschalk: *Collision detection between geometric models: a survey*. In: *Proceedings of IMA Conference on Mathematics of Surfaces 1998*, 1998.

[134] Lindberg, T.: *Entwicklung einer ABK-Metapher für gruppierte Fahrerassistenzsysteme*. Doktorarbeit, Technische Universität Berlin, 2011.

[135] Liu, C., W.H. Chen und J. Andrews: *Optimisation based control framework for autonomous vehicles: Algorithm and experiment*. In: *International Conference on Mechatronics and Automation*, Seiten 1030–1035, 2010.

[136] Lunze, J.: *Regelungstechnik 1: Systemtheoretische Grundlagen, Analyse und Entwurf einschleifiger Regelungen*, Band 1. Springer Verlag, 2005.

[137] Lunze, J.: *Regelungstechnik 2: Mehrgrößensysteme, Digitale Regelung*. Springer Verlag, 2012.

[138] Mählisch, M.: *Filtersynthese zur simultanen Minimierung von Existenz-, Assoziations- und Zustandsunsicherheiten in der Fahrzeugumfelderfassung mit heterogenen Sensordaten*. Doktorarbeit, Universität Ulm, 2009.

[139] Markgraf, C.: *Autonomes Fahren mit Hilfe der Magnetnageltechnik*. Doktorarbeit, Universität Hannover, 2002.

[140] Martinez-Gomez, L. und T. Fraichard: *Collision avoidance in dynamic environments: An ICS-based solution and its comparative evaluation*. In: *International Conference on Robotics and Automation*, Seiten 100–105. IEEE, 2009.

[141] Maurer, M. und C. Stiller: *Fahrerassistenzsysteme mit maschineller Wahrnehmung*. Springer, 2005.

[142] McNaughton, M.: *Parallel Algorithms for Real-time Motion Planning*. Doktorarbeit, Carnegie Mellon University, 2011.

[143] McNaughton, M., C. Urmson, J.M. Dolan und J.W. Lee: *Motion Planning for Autonomous Driving with a Conformal Spatiotemporal Lattice*. In: *International Conference on Robotics and Automation*, Seiten 4889–4895. IEEE, 2011.

[144] Mitschke, M. und H. Wallentowitz: *Dynamik der Kraftfahrzeuge*. Springer, 2004.

[145] Müller-Bessler, B., G. Stock und J. Hoffmann: *Reproducible driving near the stability limit*. Technischer Bericht, Volkswagen AG, 2006.

[146] Montemerlo, M., J. Becker, S. Bhat, H. Dahlkamp, D. Dolgov, S. Ettinger, D. Haehnel, T. Hilden, G. Hoffmann, B. Huhnke et al.: *Junior: The Stanford entry in the Urban Challenge*. Journal of Field Robotics, 25(9), 2008.

[147] Moosmann, F.: *Interlacing Self-Localization, Moving Object Tracking and Mapping for 3D Range Sensors*. Doktorarbeit, Karlsruher Institut für Technologie (KIT), 2012.

[148] MORAS, J., V. CHERFAOUI und P. BONNIFAIT: *Credibilist occupancy grids for vehicle perception in dynamic environments.* In: *International Conference on Robotics and Automation*, Seiten 84–89. IEEE, 2011.

[149] MORAVEC, H. und A. ELFES: *High resolution maps from wide angle sonar.* In: *International Conference on Robotics and Automation*, Seiten 116–121. IEEE, 1985.

[150] MORIN, P. und C. SAMSON: *Springer Handbook of Robotics*, Kapitel: Motion control of wheeled mobile robots, Seiten 799–826. Springer, 2008.

[151] NANAO, M. und T. OHTSUKA: *Vehicle dynamics control for collision avoidance considering physical limitations.* In: *SICE Annual Conference*, Seiten 688–693. IEEE, 2011.

[152] NOCEDAL, J. und S.J. WRIGHT: *Numerical Optimization.* Springer Science + Business Media, 2006.

[153] ODENTHAL, D., T. BÜNTE, H.-D. HEITZER und C. EICKER: *Übertragung des Lenkgefühls einer Servo-Lenkung auf Steer-by-Wire.* at – Automatisierungstechnik, 51(7):329–337, 2003.

[154] PAPAGEORGIOU, M.: *Optimierung: Statische, dynamische, stochastische Verfahren.* Springer, 2012.

[155] PARK, J.M., D.W. KIM, Y.S. YOON, H.J. KIM und K.S. YI: *Obstacle avoidance of autonomous vehicles based on model predictive control.* Proceedings of the Institution of Mechanical Engineers, Part D: Journal of Automobile Engineering, 223(12):1499–1516, 2009.

[156] PFEFFER, P. und M. HARRER: *Lenkungshandbuch: Lenksysteme, Lenkgefühl, Fahrdynamik von Kraftfahrzeugen.* Springer, 2013.

[157] PINK, O.: *Bildbasierte Selbstlokalisierung von Straßenfahrzeugen.* Doktorarbeit, Karlsruher Institut für Technologie (KIT), 2010.

[158] PIVTORAIKO, M., R.A. KNEPPER und A. KELLY: *Optimal, smooth, nonholonomic mobile robot motion planning in state lattices.* Technischer Bericht, Robotics Institute, Carnegie Mellon University, Pittsburgh, PA, 2007.

[159] PIVTORAIKO, M., R.A. KNEPPER und A. KELLY: *Differentially constrained mobile robot motion planning in state lattices.* Journal of Field Robotics, 26(3):308–333, 2009.

[160] PIYABONGKARN, D., J.Y. LEW, R. RAJAMANI, J.A. GROGG und Q. YUAN: *On the use of torque-biasing systems for electronic stability control: Limitations and possibilities.* IEEE Transactions on Control Systems Technology, 15(3):581–589, 2007.

[161] PRADALIER, C. und K. USHER: *Robust trajectory tracking for a reversing tractor trailer.* Journal of Field Robotics, 25(6–7):378–399, 2008.

[162] PRESS, W.H., S.A. TEUKOLSKY, W.T. VETTERLING und B.P. FLANNERY: *Numerical recipes: The Art of Scientific Computing.* Cambridge University Press, 2007.

[163] PREUSSE, C., H. KELLER und K.J. HUNT: *Fahrzeugführung durch ein Fahrermodell.* at – Automatisierungstechnik, 12(49):540–546, 2001.

[164] PROKOP, G.: *Modeling human vehicle driving by model predictive online optimization.* Vehicle System Dynamics, 35(1):19–53, 2001.

[165] RATHGEBER, C., F. WINKLER, D. ODENTHAL und S. MÜLLER: *Lateral Trajectory Tracking Control for Autonomous Vehicles.* In: *European Control Conference*, Seiten 1024–1029, 2014.

[166] RAUSKOLB, F.W., K. BERGER, C. LIPSKI, M. MAGNOR, K. CORNELSEN, J. EFFERTZ, T. FORM, F. GRAEFE, S. OHL, W. SCHUMACHER et al.: *Caroline: An autonomously driving vehicle for urban environments.* Journal of Field Robotics, 25(9):674–724, 2008.

[167] RAWLINGS, J.B.: *Tutorial overview of model predictive control.* Control Systems, IEEE, 20(3):38–52, 2000.

[168] REEDS, J.A. und L.A. SHEPP: *Optimal paths for a car that goes both forwards and backwards.* Pacific Journal of Mathematics, 145(2):367–393, 1990.

[169] REIF, K.: *Sensoren im Kraftfahrzeug*. Springer, 2010.

[170] REINISCH, K.: *Kybernetische Grundlagen und Beschreibung kontinuierlicher Systeme*. Verlag Technik, 1974.

[171] REINISCH, P.: *Eine risikoadaptive Eingriffsstrategie für Gefahrenbremssysteme*. Doktorarbeit, Universität Duisburg-Essen, 2012.

[172] ROHRMULLER, F., M. ALTHOFF, D. WOLLHERR und M. BUSS: *Probabilistic mapping of dynamic obstacles using markov chains for replanning in dynamic environments*. In: *International Conference on Intelligent Robots and Systems*, Seiten 2504–2510. IEEE, 2008.

[173] ROPPENECKER, G.: *Zustandsregelung linearer Systeme – Eine Neubetrachtung*. at – Automatisierungstechnik, 57(10):491–498, 2009.

[174] ROTHFUSS, R., J. RUDOLPH und M. ZEITZ: *Flachheit: Ein neuer Zugang zur Steuerung und Regelung nichtlinearer Systeme*. at – Automatisierungstechnik, 45(11):517–525, 1997.

[175] ROUCHON, P., M. FLIESS, J. LÉVINE und P. MARTIN: *Flatness and motion planning: the car with n trailers*. In: *European Control Conference*, Seiten 1518–1522, 1993.

[176] ROUCHON, P., M. FLIESS, J. LÉVINE und P. MARTIN: *Flatness, motion planning and trailer systems*. In: *Conference on Decision and Control*, Seiten 2700–2705. IEEE, 1993.

[177] RYU, J. und J.C. GERDES: *Integrating inertial sensors with GPS for vehicle dynamics control*. Journal of Dynamic Systems, Measurement, and Control, 126(2):243–254, 2004.

[178] SAMPEI, M. und K. FURUTA: *On time scaling for nonlinear systems: Application to linearization*. IEEE Transactions on Automatic Control, 31(5):459–462, 1986.

[179] SAMPEI, M. und K. FURUTA: *Robot control in the neighborhood of singular points*. IEEE Journal of Robotics and Automation, 4(3):303–309, 1988.

[180] SAMPEI, M., T. TAMURA, T. KOBAYASHI und N. SHIBUI: *Arbitrary path tracking control of articulated vehicles using nonlinear control theory*. IEEE Transactions on Control Systems Technology, 3:125–131, 1995.

[181] SCHALLER, T., J SCHIEHLEN und B. GRADENEGGER: *Stauassistenz – Unterstützung des Fahrers in der Quer- und Längsführung: Systementwicklung und Kundenakzeptanz*. In: *3. Tagung Aktive Sicherheit durch Fahrerassistenz*, 2008.

[182] SCHMIDT, C.: *Fahrstrategien zur Unfallvermeidung im Straßenverkehr für Einzel- und Mehrobjektszenarien*. Dissertation, Karlsruher Institut für Technologie (KIT), 2014.

[183] SCHMIDT, S. und R. KASPER: *Ein hierarchischer Ansatz zur optimalen Bahnplanung und Bahnregelung für ein autonomes Fahrzeug*. at – Automatisierungstechnik, 60(12):743–754, 2012.

[184] SCHRAMM, D., M. HILLER und R. BARDINI: *Modellbildung und Simulation der Dynamik von Kraftfahrzeugen*. Springer-Verlag, Berlin, 2010.

[185] SCHWARZ, C., C. WEYAND und D. ZÖBEL: *Generisches Verfahren zur präzisen Pfadverfolgung für Serienfahrzeuggespanne*. In: *Autonome Mobile Systeme*, Seiten 97–104, 2009.

[186] SICILIANO, B. und O. KHATIB (Herausgeber): *Springer Handbook of Robotics*. Springer, Berlin, 2008.

[187] SÖHNITZ, I.: *Querregelung eines autonomen Straßenfahrzeugs*. Doktorarbeit, Technische Universität Braunschweig, 2001.

[188] SOUERES, P. und J. BOISSONNAT: *Optimal trajectories for nonholonomic mobile robots*. Robot Motion Planning and Control, Lecture Notes in Control and Information Sciences, 229:93–170, 1998.

[189] STANGL, A.: *Incremental Path Planning for Collision-Free Waypoint Navigation of Mobile Robots*. Diplomarbeit, Technische Universität München, 2013.

[190] STATISTISCHES BUNDESAMT DEUTSCHLAND: *Zahl der Verkehrstoten 2011 um 9,4% gestiegen*. Pressemitteilung Nr. 065, Februar 2012.

[191] STILLER, C., S. KAMMEL, I. LULCHEVA und J. ZIEGLER: *Probabilistische Methoden in der Umfeldwahrnehmung Kognitiver Automobile*. at – Automatisierungstechnik, 56(11):563–574, 2008.

[192] STRECKER, J. und T. WERNER: *Verfahren zur Bestimmung einer Zahnstangenkraft für eine Lenkvorrichtung in einem Fahrzeug*. Patent DE102010030986, 2012.

[193] SUNDAR, S. und Z. SHILLER: *Optimal obstacle avoidance based on the Hamilton-Jacobi-Bellman equation*. IEEE Transactions on Robotics and Automation, 13(2):305–310, 1997.

[194] SVARICEK, F.: *Nulldynamik linearer und nichtlinearer Systeme: Definitionen, Eigenschaften und Anwendungen*. at – Automatisierungstechnik, 54(7):310–322, 2006.

[195] TAN, H-S., J. GULDNER, S. PATWARDHAN, C. CHEN und B. BOUGLER: *Development of an automated steering vehicle based on roadway magnets-a case study of mechatronic system design*. IEEE/ASME Transactions on Mechatronics, 4(3):258–272, 1999.

[196] TANZMEISTER, G., J. THOMAS, D. WOLLHERR und M. BUSS: *Grid-based Mapping and Tracking in Dynamic Environments using a Uniform Evidential Environment Representation*. In: *International Conference on Robotics and Automation*. IEEE, 2014. Under review.

[197] TANZMEISTER, G., M. FRIEDL, D. WOLLHERR und M. BUSS: *Efficient evaluation of collisions and costs using grid maps for autonomous vehicle motion planning*. IEEE Transactions on Intelligent Transportation Systems, 15(5):2249–2260, 2014.

[198] THRUN, S., W. BURGARD und D. FOX: *Probabilistic Robotics*. Intelligent Robotics and Autonomous Agents. MIT Press, 2005.

[199] TILBURY, D., J.P. LAUMOND, R. MURRAY, S. SASTRY und G. WALSH: *Steering car-like systems with trailers using sinusoids*. In: *International Conference on Robotics and Automation*, Seiten 1993–1998. IEEE, 1992.

[200] TOGAI, K., Y. DANNO, M. YOSHIDA, M. SHIMADA und K. UEDA: *Ausgangsleistungssteuerung für Verbrennungsmotor*. Patent DE69007902T2, 1994.

[201] TRÄCHTLER, A.: *Integrierte Fahrdynamikregelung mit ESP, aktiver Lenkung und aktivem Fahrwerk*. at – Automatisierungstechnik, 53(1):11–19, 2005.

[202] UNBEHAUEN, H.: *Regelungstechnik*. Springer, 1989.

[203] UNITED NATIONS: *Convention on Road Traffic*. Wien, November 1968.

[204] URMSON, C., J. ANHALT, D. BAGNELL, C. BAKER, R. BITTNER, M.N. CLARK, J. DOLAN, D. DUGGINS, T. GALATALI, C. GEYER et al.: *Autonomous driving in urban environments: Boss and the Urban Challenge*. Journal of Field Robotics, 25(8), 2008.

[205] VAN AREM, B.: *A Strategic Approach to Intelligent Functions in Vehicles*. In: ESKANDARIAN, A. (Herausgeber): *Handbook of intelligent vehicles*, Seiten 17–29. Springer, 2012.

[206] VANDERBORGHT, B., A. ALBU-SCHÄFFER, A. BICCHI, E. BURDET, D. CALDWELL, R. CARLONI, M. CATALANO, O. EIBERGER, W. FRIEDL und G. GANESH: *Variable impedance actuators: A review*. Robotics and Autonomous Systems, 61(12):1601–1614, 2013.

[207] VENHOVENS, P., K. NAAB und B. ADIPRASITO: *Stop and go cruise control*. International Journal of Automotive Technology, 1(2):61–69, 2000.

[208] VON VIETINGHOFF, A.: *Nichtlineare Regelung von Kraftfahrzeugen in querdynamisch kritischen Fahrsituationen*. Doktorarbeit, Universität Karlsruhe (TH), 2008.

[209] WAHL, A. und E.D. GILLES: *Optimale Regelverfahren zur automatischen Bahnführung von Binnenschiffen*. at – Automatisierungstechnik, 51(6):255–264, 2003.

[210] WALDMANN, P.: *Entwicklung eines Fahrzeugführungssystems zum Erlernen der Ideallinie auf Rennstrecken*. Doktorarbeit, Technischen Universität Cottbus, 2009.

[211] WALTER, M., N. NITZSCHE, D. ODENTHAL und S. MÜLLER: *Lateral vehicle guidance control for autonomous and cooperative driving*. In: *European Control Conference*, Seiten 2667–2672, 2014.

[212] WARMAN, M.: *Google's robot cars pass driving test.* The Telegraph, May 2012.

[213] WEILKES, M., L. BÜRKLE, T. RENTSCHLER und M. SCHERL: *Zukünftige Fahrzeugführungsassistenz – Kombinierte Längs- und Querregelung.* at – Automatisierungstechnik, 53(1):4–10, 2005.

[214] WERLING, M., M. GOEBL, O. PINK und C. STILLER: *A hardware and software framework for cognitive automobiles.* In: *Intelligent Vehicles Symposium*, Seiten 1080–1085. IEEE, 2008.

[215] WERLING, M. und L. GRÖLL: *Low-level Controllers Realizing High-level Decisions in an Autonomous Vehicle.* In: *Intelligent Vehicles Symposium*, Seiten 1113–1119. IEEE, 2008.

[216] WERLING, M., L. GRÖLL und G. BRETTHAUER: *Ein Multiregler zur Erprobung vollautonomen Fahrens.* at – Automatisierungstechnik, 56(11):585–591, 2008.

[217] WERLING, M., L. GRÖLL und G. BRETTHAUER: *Invariant Trajectory Tracking With a Full-Size Autonomous Road Vehicle.* IEEE Transactions on Robotics, 26(4):758–765, 2010.

[218] WINNER, H., S. HAKULI und G. WOLF: *Handbuch Fahrerassistenzsysteme.* Vieweg+Teubner Verlag, Wiesbaden, 2012.

[219] XU, W., W. YAO, H. ZHAO und H. ZHA: *A vehicle model for micro-traffic simulation in dynamic urban scenarios.* In: *International Conference on Robotics and Automation*, Seiten 2267–2274. IEEE, 2011.

[220] YOON, Y., J. SHIN, H.J. KIM, Y. PARK und S. SASTRY: *Model-predictive active steering and obstacle avoidance for autonomous ground vehicles.* Control Engineering Practice, 17(7):741–750, 2009.

[221] VAN ZANTEN, A.: *Die Bremsanlage in Fahrerassistenzsystemen.* In: BREUER, B. und K.H. BILL (Herausgeber): *Bremsenhandbuch*, Seiten 463–490. Springer Vieweg, 4. Auflage, 2012.

[222] ZEITZ, M.: *Differenzielle Flachheit: Eine nützliche Methodik auch für lineare SISO-Systeme.* at – Automatisierungstechnik, 58(1):5–13, 2010.

[223] ZIEGLER, J. und C. STILLER: *Spatiotemporal state lattices for fast trajectory planning in dynamic on-road driving scenarios.* In: *International Conference on Intelligent Robots and Systems*, Seiten 1879–1884. IEEE/RSJ, 2009.

[224] ZIEGLER, J. und C. STILLER: *Fast Collision Checking for Intelligent Vehicle Motion Planning.* In: *Intelligent Vehicles Symposium*, Seiten 518–522. IEEE, 2010.

[225] ZIEGLER, J., M. WERLING und J. SCHRÖDER: *Navigating car-like robots in unstructured environments using an obstacle sensitive cost function.* In: *Intelligent Vehicles Symposium*, Seiten 787–791. IEEE, 2008.

Im Rahmen der Arbeit entstandene Veröffentlichungen

[226] Althoff, D., M. Buss, A. Lawitzky, M. Werling und D. Wollherr: *On-line Trajectory Generation for Safe and Optimal Vehicle Motion Planning*. In: *Autonomous Mobile Systems*, Seiten 99–107, 2012.

[227] Althoff, D., M. Werling, N. Kaempchen, D. Wollherr und M. Buss: *Lane-based safety assessment of road scenes using Inevitable Collision States*. In: *Intelligent Vehicles Symposium*, Seiten 31–36. IEEE, 2012.

[228] Eichhorn, A., M. Werling, P. Zahn und D. Schramm: *Maneuver Prediction at Intersections using Cost-to-go Gradients*. In: *International Conference on Intelligent Transportation Systems*. IEEE, 2013.

[229] Levinson, J., J. Askeland, J. Becker, J. Dolson, D. Held, S. Kammel, J. Zico Kolter, D. Langer, O. Pink, V. Pratt, M. Sokolsky, G. Stanek, D. Stavens, A. Teichman, M. Werling und S. Thrun: *Towards fully autonomous driving: systems and algorithms*. In: *Intelligent Vehicles Symposium*. IEEE, 2011.

[230] Werling, M.: *Integrated Trajectory Optimization*. In: Winner, H., S. Hakuli, F. Lotz und C. Singer (Herausgeber): *Handbook of Driver Assistance Systems*, Seiten 1–19. Springer International Publishing, 2015.

[231] Werling, M., L. Gröll und G. Bretthauer: *Trajektorienregelung von zeitkritischen Fahrmanövern*. at – Automatisierungstechnik, 60(1):28–37, 2012.

[232] Werling, M., B. Gutjahr, S. Galler und L. Gröll: *Riccati-Trajektorienplanung für den aktiven Fußgängerschutz*. at – Automatisierungstechnik, 63(3):202–210, 2015.

[233] Werling, M., M. Heidingsfeld, P. Reinisch und L. Gröll: *Assistiertes und automatisiertes Rückwärtsrangieren mit Anhänger*. at – Automatisierungstechnik, 62(1):34–45, 2014.

[234] Werling, M., S. Kammel, J. Ziegler und L. Gröll: *Optimal trajectories for time-critical street scenarios using discretized terminal manifolds*. The International Journal of Robotics Research, 31(3):346–359, 2012.

[235] Werling, M. und D. Liccardo: *Automatic collision avoidance using model-predictive online optimization*. In: *Conference on Decision and Control*, Seiten 6309–6314. IEEE, 2012.

[236] Werling, M., P. Reinisch und K. Gresser: *Kombinierte Brems-Ausweich-Assistenz mittels nichtlinearer modellprädiktiver Trajektorienplanung für den aktiven Fußgängerschutz*. In: *8. Uni-DAS Workshop Fahrerassistenzsysteme*, 2012.

[237] Werling, M., P. Reinisch und L. Gröll: *Robust power-slide control for a production vehicle*. International Journal of Vehicle Autonomous Systems, 13(1):27–42, 2015.

[238] Werling, M., P. Reinisch, M. Heidingsfeld und K. Gresser: *Reversing the General One-Trailer-System: Asymptotic Curvature Stabilization and Path Tracking*. IEEE Transactions on Intelligent Transportation Systems, 15(2):627–636, 2014.

[239] Werling, M., P. Reinisch und D. Schramm: *Vernetzungstechnologien als Beitrag zur integrierten Kollisionsvermeidung*. In: *5. Tagung Fahrerassistenz*, 2012.

DOI 10.1515/9783110531923-012

Stichwortverzeichnis